高等教育土木类专业系列教材

建筑施工安全

JIANZHU SHIGONG ANQUAN

［第2版］

主编 姚 刚 杨 阳

参编 何理勇 向在兴 夏 源 刘光云 关 凯

主审 华建民

重庆大学出版社

内容提要

本教材包括建筑施工安全基础知识、深基坑工程施工安全技术、高大模板支架工程安全技术、高处作业安全技术、施工现场临时用电安全技术、防火防爆安全技术、建筑机械安全技术、建筑施工安全防护用品、建筑施工安全事故调查与处理、建筑施工安全专项方案等建筑施工安全内容。

本教材可作为土木工程专业卓越工程师项目的专用教材,也可作为土木建筑类其他专业的教学用教材,同时还可供从事安全生产工作的广大技术人员参考。

图书在版编目(CIP)数据

建筑施工安全 / 姚刚,杨阳主编. -- 2 版. -- 重庆 :
重庆大学出版社, 2024. 9. --(高等教育土木类专业系
列教材). -- ISBN 978-7-5689-4751-0

Ⅰ. TU714

中国国家版本馆 CIP 数据核字第 2024GE8958 号

高等教育土木类专业系列教材
建筑施工安全
(第 2 版)

主编 姚 刚 杨 阳
主审 华建民

责任编辑:王 婷   版式设计:王 婷
责任校对:关德强   责任印制:赵 晟

*

重庆大学出版社出版发行
出版人:陈晓阳
社址:重庆市沙坪坝区大学城西路 21 号
邮编:401331
电话:(023)88617190 88617185(中小学)
传真:(023)88617186 88617166
网址:http://www.cqup.com.cn
邮箱:fxk@cqup.com.cn(营销中心)
全国新华书店经销
重庆永驰印务有限公司印刷

*

开本:787mm×1092mm 1/16 印张:16.75 字数:379 千
2017 年 10 月第 1 版 2024 年 9 月第 2 版 2024 年 9 月第 3 次印刷
ISBN 978-7-5689-4751-0 定价:49.00 元

第 2 版前言

"建筑施工安全"是土木工程专业的一门专业课程，其主要内容为讲授土木工程施工中的施工安全基本理论及主要工种的施工安全技术。

本教材是"高等教育土木类专业系列教材"之一，体现了面向 21 世纪课程改革的研究成果，突出新时代土木工程专业人才培养特色，实现施工过程的安全与质量并重理念。第 2 版的修订，在《建筑施工安全》第 1 版的基础上，以现行国家法律、法规及工程建设安全标准为依据，注重纳入施工安全新技术、新工艺、新方法，体现先进性和新颖性；基于新时代土木工程专业人才培养目标要求，突出综合运用土木工程施工安全及相关学科的基本理论和知识来解决工程实际问题的能力的培养，强调"动手能力"的培养；将施工安全理论与案例阐述相结合，并配有实用于教学的 PPT 课件、工程安全方案等教学资源库，实现了教学组织的便利化，充分体现"适于教、易于学"的理念；针对新时期建设行业面向西部大开发、成渝城市群、长江经济带建设以及"一带一路"的发展大格局，实现建设行业安全事故的有效控制，促进建设行业的高质量发展，体现科学性和时代特点；以建筑施工安全控制为重点，兼顾土木工程施工安全控制的其他领域，具有通用性和推广性。

本教材由重庆大学姚刚、杨阳担任主编，华建民担任主审。各章编写修订工作具体分工为：杨阳（第 1 章）、何理勇（第 2 章）、向在兴（第 3 章、第 4 章）、夏源（第 5 章、第 7 章）、刘光云（第 6 章）、关凯（第 8、9 章）、姚刚（第 10 章）。

编　者

2023 年 11 月

前　言

　　"建筑施工安全"是土木工程专业卓越工程师计划的一门专业课程,其主要内容为讲授土木工程施工中的施工安全基本理论及主要工种安全技术。

　　本教材是以高等教育土建类专业规划教材·卓越工程师系列计划为依据组织编写的,教材体现了面向21世纪课程改革研究成果,突出卓越工程师计划的专业培养特色,实现施工过程中的安全与质量并重理念。在充分研究土木工程施工安全事故发生规律的基础上,本教材重点阐述施工安全基础理论及重要工种工程施工安全控制方法,形成点面结合、重点突出的内容特色。

　　本教材以现行国家法律、法规及工程建设安全标准为依据,注重纳入施工安全新技术、新工艺、新方法,体现先进性和新颖性;基于卓越工程师的培养目标要求,突出综合运用土木工程施工安全及相关学科的基本理论和知识,以具备解决工程实际问题的能力,理论性与实用性并重,强调"动手能力"的培养;施工安全理论与案例阐述相结合,并配有实用于教学的PPT课件,实现了教学组织的便利化,充分体现"适于教、易于学"的理念;在内容上充分体现了三十多年来我国建设行业施工安全的丰富成果,针对新时期建设行业面向西部大开发、长江经济带建设以及"一带一路"的发展大格局,实现行业安全事故的有效控制,提升建设行业的发展质量,体现科学性和时代特点;以建筑施工安全控制为重点,兼顾土木工程施工安全控制的其他领域,具有通用性和推广性。

　　在卓越工程师计划系列教材编委会的统筹下,由重庆大学组织了本教材的编写。本教材由姚刚任主编,华建民任主审。参与各章编写的有:杨阳(第1章)、何理勇(第2章)、向在兴(第3章、第4章)、夏源(第5章、第7章)、刘光云(第6章)、关凯(第8、9章)、姚刚(第10章)。

编　者

2017年6月

目　录

1

建筑施工安全基础知识

[本章学习目标]

管生产必须管安全,安全不能脱离生产。要减少事故率,就必须加强从业人员的安全意识,对从业人员进行安全教育。通过本章学习,从业人员能够掌握本岗位的安全知识,达到在施工生产中不伤害自己、不伤害别人、不被别人伤害的目的。

1.了解:施工安全应急预案基础知识、职业安全与工业卫生基础知识;

2.熟悉:安全事故基础知识、安全生产基础知识;

3.掌握:施工现场危险源基础知识。

[工程实例导入]

江西省宜春市丰城电厂三期扩建项目位于丰城市西面石上村铜鼓山,总投资额约76.7亿元,拟建2台100万kW、高168 m、直径135 m的双曲线型自然通风冷却塔。2016年6月18日,丰电三期扩建工程建设完成土建施工,进入安装阶段。2016年11月24日,冷却塔施工平桥吊倒塌,造成混凝土通道倒塌事故,截至11月24日22时,确认事故现场74人死亡、2人受伤。

1.1 施工安全基础知识

▶1.1.1 安全事故的概念

安全事故是指生产经营单位在生产经营活动(包括与生产经营有关的活动)中突然发生的,伤害人身安全和健康,或者损坏设备设施,或者造成经济损失的,导致原生产经营活动(包括与生产经营活动有关的活动)暂时中止或永远终止的意外事件。

安全事故涉及的范围很广,不论是生产中还是生活中发生的,可能造成人员伤害和(或)经济损失的、非预谋性的意外事件都属于安全事故。

建筑安全事故具有事故的一般性,即普遍性、随机性、必然性、因果相关性、突变性、潜伏性、危害性、可预见性等。建筑安全事故还有着特殊性,即严重性、复杂性、可变性、多发性。

▶1.1.2 安全事故的分类

安全事故可以按事故的原因、类别和严重程度分类。

(1)按事故的原因分类

从建筑活动的特点及事故发生的原因和性质来看,建筑安全事故可以分为四类,即生产事故、质量问题事故、技术事故和环境事故。

①生产事故:主要是指在建筑产品的生产、维修、拆除过程中,操作人员因违反有关施工操作规程而直接导致的安全事故。生产事故一般都是在施工作业过程中出现的,事故发生比较频繁,是建筑安全事故的主要类型之一。目前,我国对建筑安全生产的管理主要是针对生产事故。

②质量问题事故:主要是指由于设计不符合规范或施工达不到要求等原因而导致建筑结构实体或使用功能存在瑕疵,进而引发的安全事故。质量问题可能发生在施工作业过程中,也可能发生在建筑实体的使用过程中。在建筑实体的使用过程中,质量问题带来的危害十分严重。如果同时有灾害(如地震、火灾)发生,其后果将极其严重。质量问题事故也是建筑安全事故的主要类型之一。

③技术事故:主要是指由于工程技术原因而导致的安全事故。曾被确信无疑的技术可能会在突然之间出现问题,最初微不足道的瑕疵可能导致灾难性的后果,很多时候正是由于一些不经意的技术失误才导致了严重的事故,技术事故的后果通常是毁灭性的。技术事故可能发生在施工生产阶段,也可能发生在使用阶段。

④环境事故:主要是指建筑实体在施工或使用过程中,由于使用环境或周边环境原因而导致的安全事故。使用环境原因主要是对建筑实体的使用不当,比如荷载超标、按静荷载设计而按动荷载使用,以及使用高污染建筑材料或放射性材料等。对于使用高污染建筑材料或放射性材料的建筑物,一是给施工人员造成职业病危害,二是对使用者的身体带来伤害。周边环境原因主要是自然灾害方面的,比如山体滑坡。在一些地质灾害频发的地区,应该特别注意环境事故的发生。

(2)按事故类别分类

依据《企业职工伤亡事故分类标准》(GB 6441—86),按照事故类别,施工现场的事故可以分为 14 类:物体打击、车辆伤害、机械伤害、起重伤害、触电、灼烫、火灾、高处坠落、坍塌、透水、爆炸、中毒、窒息、其他伤害。

(3)按事故严重程度分类

①轻伤事故:是指造成职工肢体伤残,或某器官功能性或器质性程度损伤,表现为劳动能力轻度或暂时丧失的伤害,一般指受伤职工歇工在 1 个工作日以上,计算损失工作日低于 105 日的失能伤害。

②重伤事故:是指造成职工肢体残缺或视觉、听觉等器官受到严重损伤,一般指能引起

人体长期存在功能障碍,或损失工作日等于和超过105日,劳动能力有重大损失的失能伤害。

③死亡事故:是指事故发生后当即死亡(含急性中毒死亡)或负伤后在30天以内死亡的事故。

▶1.1.3　安全事故的危害

(1)人员伤亡

建筑工程安全事故会直接带来人员的伤亡。建筑工程安全事故带来的人员伤亡数在各项安全事故中一直居高不下,在各产业系统中居于第二位,仅次于采矿业。

(2)财产损失

建筑工程安全事故不仅给国家、企业和个人造成经济损失,也给社会带来了不安定因素。建筑业中较高的事故发生率和巨大的经济损失已经成为制约建筑业劳动生产率提高和技术进步的主要原因。

▶1.1.4　施工现场主要事故原因分析及其预防

(1)施工现场主要事故原因分析

建筑施工作业是一个复杂的人、机系统,由施工作业人员、电器和机械设备、环境(施工现场)、管理4个方面组成。它们之间是相互联系与制约的关系,即事故的原因取决于人、物、环境3个因素的联系,它们的状况又受管理状态的制约。

①人的因素。人的因素又可以分为3种:一是教育原因,包括缺乏基本的文化知识和认知能力,缺乏安全生产的知识和经验,缺乏必要的安全生产技术和技能等;二是身体原因,包括生理状态或健康状态不佳,如听力、视力不良,反应迟钝,疾病、醉酒、疲劳等生理机能障碍等;三是态度原因,即缺乏积极工作和认真的态度,如急慢、反抗、不满等情绪,以及消极或亢奋的工作态度等。

②物的因素。在建筑生产活动中,物的因素是指物的不安全状态,也是事故产生的直接因素。导致事故发生的物的因素不仅包括机器设备的原因,还包括钢筋、脚手架的高空坠落等物的因素。物之所以成为事故的原因,是由于物质的固有属性及其具有的潜在破坏和伤害能力的存在。

③环境因素。与建筑行业紧密相关的环境,就是施工现场。整洁、有序、精心布置的施工现场的事故发生率肯定较之杂乱的现场低。到处是施工材料,机具乱摆放,生产及生活用电私拉乱扯,不但给正常生活带来不便,而且会引起人的烦躁情绪,从而增加事故隐患。

④管理因素。应该从管理的角度出发,达到对人、物、环境的最优化配置,以防患于未然。大量的安全事故表明,事故的直接原因是人的不安全行为和物的不安全状态,但是造成"人失误"和"物故障"的这一直接原因却常常是管理上的缺陷。

(2)施工现场主要事故预防措施

①通过管理改进,对工作班组综合危险性、材料及构件综合危险性、机械设施综合危险性、作业环境危险性、技术工艺危险性、现场管理危险性等进行综合管理,使得工作单元的综合危险性降低,从而改善整体的安全条件。

②通过技术和工艺改进，例如场外施工，改变材料的危险特性、使用不同的材料，改用新型安全工艺和安全施工方法，采用安全性更高的机械设备和整体性、模数化构配件进行生产，达到降低材料、构件综合危险性和机械、设施综合危险性的目的。

③减少人误触发因素，加强人员安全意识，实现本质安全化目标。

1.2 安全生产基础知识

▶1.2.1 安全生产的基本原则与要求

1)安全生产的基本原则

(1)"管生产经营必须管安全"的原则

一切从事生产、经营活动的单位和管理部门都必须管安全，必须依照国务院"安全生产是一切经济部门和生产企业的头等大事"的指示精神，全面开展安全生产工作。要落实"管生产必须管安全"的原则，就要在管理生产的同时认真贯彻执行国家安全生产的法规、政策和标准，制定本企业本部门的安全生产规章制度(包括各种安全生产责任制、安全生产管理规定、安全卫生技术规范、岗位安全操作规程等)，健全安全生产组织管理机构，配齐专(兼)职人员。

(2)"安全具有否决权"的原则

"安全具有否决权"的原则是指安全工作是衡量企业经营管理工作好坏的一项基本内容。该原则要求，在对企业进行各项指标考核、评选先进时，必须要首先考虑安全指标的完成情况，安全生产指标具有一票否决的作用。

(3)"三同时"原则

"三同时"是指凡是我国境内新建、改建、扩建的基本建设项目(工程)、技术改造项目(工程)和引进的建设项目，其劳动安全卫生设施必须符合国家规定的标准，必须与主体工程同时设计、同时施工、同时投入生产和使用。

(4)"五同时"原则

"五同时"是指企业的生产组织及领导者在计划、布置、检查、总结、评比生产工作的时候，同时计划、布置、检查、总结、评比安全工作。

(5)"四不放过"原则

"四不放过"是指在调查处理工伤事故时，必须坚持事故原因分析不清不放过、事故责任者和群众没有受到教育不放过、没有采取切实可行的防范措施不放过和事故责任者没有被处理不放过。

(6)"三个同步"原则

"三个同步"是指安全生产与经济建设、深化改革、技术改造同步规划、同步发展、同步实施。

2)安全生产的要求

安全生产应制订以下制度：

①安全生产责任制度。明确企业主要负责人是本单位安全生产的第一责任人,强调要层层建立并认真落实责任制。

②安全生产与企业改革发展"三同步"制度。强调要把安全生产纳入企业发展战略和规划的整体布局,做到同步规划、同步实施、同步发展。

③安全工作"两定期"制度。要求企业领导班子定期分析安全形势,定期组织开展安全检查。

④企业内部安全工作机构和人员力量配置制度。

⑤安全培训和经营管理、特种作业人员的安全资格制度。

⑥安全质量标准化工作制度。企业要加强安全质量管理,规范各环节、各岗位的安全质量行为。

⑦重大隐患治理和应急救援制度。要加强对重大危险源的监控和重大隐患的治理,制订应急预案,建立预警和救援机制。

⑧安全生产许可制度。企业必须依法取得安全生产许可证。

⑨安全投入和"三同时"制度。企业要保障安全投入,安全设施要与主体工程同时设计、同时施工、同时投入生产和使用。

⑩按照"四不放过"原则进行事故追查的制度。

⑪工伤保险制度。企业要依法参加工伤社会保险,积极发展人身意外保险。

⑫工作报告制度。企业安全生产工作的重大事项,要及时向安全监管部门和有关主管部门报告。

▶1.2.2 安全生产的相关法律法规

1)安全生产责任制度

《中华人民共和国建筑法》第五章第三十六条规定:"建筑工程安全生产管理必须坚持安全第一、预防为主的方针,建立健全安全生产的责任制度和群防群治制度"。

安全生产责任制是最基本的安全管理制度,是所有安全生产管理制度的核心。安全生产责任制是根据安全生产管理方针和"管生产的同时必须管安全"的原则,将各级负责人员、各职能部门及其工作人员和各岗位生产工人在安全生产方面应做的事情及应负的责任加以明确规定的一种制度。具体来说,就是将安全生产责任分解到相关单位的主要负责人、项目负责人、班组长以及每个岗位的作业人员身上。

按照《建设工程安全生产管理条例》和《建筑施工安全检查标准》的有关规定,安全生产责任制度的主要内容如下:

①安全生产责任制度主要包括企业主要负责人的安全责任,负责人或其他副职的安全责任,项目负责人(项目经理)的安全责任,生产、技术、材料等各职能管理负责人及其工作人员的安全责任,技术负责人(工程师)的安全责任,专职安全生产管理人员的安全责任,施工人员的安全责任,班组长的安全责任和岗位人员的安全责任等。

②工程项目部专职安全人员的配备要按照住建部的规定,1万 m^2 以下工程配备1人;1万~5万 m^2 的工程配备不少于2人;5万 m^2 以上的工程配备不少于3人。

③项目要对各级、各部门安全生产责任制规定检查和考核办法,并按照规定期限进行考

核,对考核结果及兑现情况要有记录。

④项目的主要工种要有相应的安全技术操作规程,包括砌筑、抹灰、混凝土、木工、电工、钢筋、机械、起重司机、信号指挥、脚手架、水暖、油漆、塔吊、电梯、电气焊等工种,特殊作业应另行补充。要将安全技术操作规程列为日常安全活动和安全教育的主要内容,并应悬挂在操作岗位前。

⑤项目独立承包的工程在签订承包合同中必须有安全生产工作的具体指标和要求。工程由多单位施工时,总分包单位在签订分包合同的同时要签订安全生产合同(协议),签订合同前要检查分包单位的营业执照、企业资质证、安全资格证等。分包队伍的资质要与工程要求相符,在安全合同中要明确总分包单位各自的安全职责。原则上,实行总承包的由总承包单位负责,分包单位向总包单位负责,服从总包单位对施工现场的安全管理,分包单位在其分包范围内建立施工现场安全生产管理制度,并组织实施。

企业实行安全生产责任制必须做到在计划、布置、检查、总结、评比生产的时候,同时计划、布置、检查、总结、评比安全工作。其内容大体分为横向和纵向两个方面:横向方面是各个部门的安全生产责任制,即各职能部门(如安全环保、设备、技术、生产、财务等部门)的安全生产责任制;纵向方面是各级人员的安全生产责任制,即从最高管理者、管理者代表到项目负责人(项目经理)、技术负责人(工程师)、专职安全生产管理人员、施工员、班组长和岗位人员等各级人员的安全生产责任制。只有这样,才能建立健全安全生产责任制,做到群防群治。

2) 安全生产教育培训制度

(1)管理人员的安全教育

企业法定代表人安全教育的主要内容包括:

①国家有关安全生产的方针、政策、法律、法规及有关规章制度。

②安全生产管理职责、企业安全生产管理知识及安全文化。

③有关事故案例及事故应急处理措施等。

(2)项目经理、技术负责人和技术干部的安全教育

项目经理、技术负责人和技术干部安全教育的主要内容包括:

①安全生产方针、政策和法律、法规。

②项目经理部安全生产责任。

③典型事故案例剖析。

④本系统安全及其相应的安全技术知识。

(3)行政管理干部的安全教育

行政管理干部安全教育的主要内容包括:

①安全生产方针、政策和法律、法规。

②基本的安全技术知识。

③本职的安全生产责任。

(4)企业安全管理人员的安全教育

企业安全管理人员安全教育内容应包括:

①国家有关安全生产的方针、政策、法律、法规和安全生产标准。

②企业安全生产管理、安全技术、职业病防治知识、安全文件。

③员工伤亡事故和职业病统计报告及调查处理程序。

④有关事故案例及事故应急处理措施。

（5）班组长和安全员的安全教育

班组长和安全员的安全教育内容包括：

①安全生产法律、法规，安全技术及技能，职业病和安全文化的知识。

②本企业、本班组和工作岗位的危险因素、安全注意事项。

③本岗位安全生产职责。

④典型事故案例。

⑤事故抢救与应急处理措施。

（6）特种作业人员安全教育

①特种作业人员必须经专门的安全技术培训并考核合格，取得《中华人民共和国特种作业操作证》后，方可上岗作业。

②特种作业人员应当接受与其所从事的特种作业相应的安全技术理论培训和实际操作培训。已经取得职业高中、技工学校及中专以上学历的毕业生，从事与其所学专业相应的特种作业，持学历证明经考核发证机关同意，可以免予相关专业的培训。

③跨省、自治区、直辖市从业的特种作业人员，可以在户籍所在地或者从业所在地参加培训。

（7）企业员工的安全教育

企业员工的安全教育主要有新员工上岗前的三级安全教育、改变工艺和变换岗位安全教育、经常性安全教育3种形式。

①新员工上岗前的三级安全教育。三级安全教育通常是厂级安全教育、车间级安全教育、班组级安全教育。对建设工程来说，具体指企业（公司）、项目（或工区，工程处，施工队）、班组三级。企业新员工上岗前必须进行三级安全教育，按规定通过三级安全教育和实际操作训练流程，并经考核合格后方可上岗。

②改变工艺和变换岗位时的安全教育。企业（或工程项目）在实施新工艺、新技术或使用新设备、新材料时，必须对有关人员进行相应级别的安全教育。要按新的安全操作规程教育和培训参加操作的岗位员工和有关人员，使其了解新工艺、新设备、新产品的安全性能及安全技术，以适应新的岗位作业的安全要求。

当组织内部员工发生从一个岗位调到另外一个岗位，或从某工种改变为另一工种，或因放长假离岗一年以上重新上岗的情况，企业必须进行相应的安全技术培训和教育，以使其掌握现岗位安全生产特点和要求。

③经常性安全教育。无论何种教育都不可能一劳永逸，安全教育同样如此，必须坚持不懈、经常不断地进行，这就是经常性安全教育。在经常性安全教育中，安全思想、安全态度教育尤为重要。进行安全思想、安全态度教育，要通过采取多种多样形式的安全教育活动，激发员工搞好安全生产的热情，促使员工重视和真正实现安全生产。经常性安全教育的形式有：每天的班前班后会上说明安全注意事项，安全活动日，安全生产会议，事故现场会，张贴安全生产招贴画、宣传标语及标志等。

3)安全生产群防群治制度

群防群治制度是"安全第一,预防为主"的具体体现,也是群众路线在安全工作中的具体体现,是生产经营单位进行民主管理的重要内容。要更好地搞好安全生产工作,确保工程的顺利进行,尽可能减少伤亡事故发生,仅仅靠有限的管理人员和安全监督员是不够的,需要大家共同努力,共同预防,共同治理,发动群众、组织群众,坚持安全生产、人人有责的原则。为此,有必要建立安全生产群防群治制度。从实践中可知,建立建筑安全生产管理的群防群治制度,应当做到以下几点:

①及时组织群众交流经验,取长补短,推动安全生产工作顺利开展。广泛深入发动群众查隐患、揭险情、订措施、堵漏洞,坚持贯彻以预防为主的方针。

②项目施工过程中人人有责任,应时刻关注整个环节安全生产状况,不能只顾自己的工作,忽视周围环境、设施和设备等安全状况,避免被他人及设备伤害。

③项目部各班组每日上班前要进行安全交底、安全检查;每周进行事故隐患分析和讲评安全状况;定期开展无事故竞赛活动,群策群力,找事故苗子,查事故隐患,积极采取措施保证安全生产。

④要求每位职工在接受上级有关部门和项目部安全监督管理员管理的同时,自己必须参与安全生产防患工作,多提安全防患建议,献计献策,要关心现场的作业环境隐患整改。

⑤要求每位职工在生产过程中要多参与治理安全生产工作,发生隐患问题,立即报告项目部有关安全监督员,积极配合他人做好安全隐患整改工作。

⑥若发现违章指挥、强令职工冒险作业,或在生产过程中发现明显重大事故隐患和职业危害,群众有权向有关部门提出停工解决的建议。

⑦积极组织群众开展安全技能和操作规程的教育,执行安全生产规章制度,搞好安全生产。对安全生产献计献策的群众和管理人员要进行奖励,对不遵守安全生产记录违章作业者进行教育和处罚,形成一个群防群治的良好生产体系。

4)安全生产许可制度

2013年7月经修改后发布的《安全生产许可证条例》中规定,国家对矿山企业、建筑施工企业和危险化学品、烟花爆竹、民用爆炸物品生产企业实行安全生产许可制度。企业未取得安全生产许可证的,不得从事生产活动。

《行政许可法》规定下列事项可以设定行政许可:直接涉及国家安全、公共安全、经济宏观调控、生态环境保护以及直接关系人身健康、生命财产安全等特定活动,需要按照法定条件予以批准的事项。

《建筑施工企业安全生产许可证管理规定》明确,建筑施工企业申请安全生产许可证时,应当向住房城乡建设主管部门提供下列材料:

①建筑施工企业安全生产许可证申请表。

②企业法人营业执照。

③申请安全生产许可证应当具备的与安全生产条件相关的文件、材料。

建筑施工企业申请安全生产许可证,应当对申请材料实质内容的真实性负责,不得隐瞒有关情况或者提供虚假材料。

5）安全责任追究制度

依照《中华人民共和国安全生产法》（以下简称《安全生产法》）的规定，各类安全生产法律关系的主体必须履行各自的安全生产法律义务，保障安全生产。《安全生产法》的执法机关将依照有关法律规定，追究安全生产违法犯罪分子的法律责任，对有关生产经营单位给予法律制裁。安全生产法律责任的主体也称安全生产法律关系主体（简称责任主体），是指依照《安全生产法》的规定享有安全生产权利、负有相应安全生产义务和承担相应责任的社会组织和公民。

责任主体主要包括：

①有关人民政府和负有安全生产监督管理职责的部门及其领导人、负责人。《安全生产法》明确规定了各级地方人民政府和负有安全生产监督管理职责的部门对其管辖行政区域和职权范围内的安全生产工作进行监督管理。监督管理既是法定职权，又是法定义务。如果由于有关地方人民政府和负有安全生产监督管理职责的部门的领导人和负责人违反法律规定而导致重大、特大事故，执法机关将依法追究因其失职、渎职和负有领导责任的行为所应承担的法律责任。

②生产经营单位及其负责人、有关主管人员。《安全生产法》对生产经营单位的安全生产行为作出了法律规范，生产经营单位必须依法从事生产经营活动，否则将负法律责任。《安全生产法》第二十一条规定了生产经营单位的主要负责人应负有的七项安全生产职责。第二十四条规定："矿山、金属冶炼、建筑施工、运输单位和危险物品的生产、经营、储存单位，应当设置安全生产管理机构或者配备专职安全生产管理人员。前款规定以外的其他生产经营单位，从业人员超过一百人的，应当设置安全生产管理机构或者配备专职安全生产管理人员；从业人员在一百人以下的，应当配备专职或者兼职的安全生产管理人员。"第二十条还对生产经营单位的主要负责人和安全生产管理人员的安全资质作出了规定。生产经营单位的主要负责人、分管安全生产的其他负责人和安全生产管理人员是安全生产工作的直接管理者，保障安全生产是他们义不容辞的责任。

③生产经营单位的从业人员。从业人员直接从事生产经营活动，他们往往是各种事故隐患和不安全因素的第一知情者和直接受害者。从业人员的安全素质高低，对安全生产至关重要。所以，《安全生产法》在赋予他们必要的安全生产权利的同时，设定了他们必须履行的安全生产义务。如果因从业人员违反安全生产义务而导致重大、特大事故，那么必须承担相应的法律责任。

④安全生产中介服务机构和安全生产中介服务人员。《安全生产法》第十五条规定："依法设立的为安全生产提供技术、管理服务的机构，依照法律、行政法规和执业准则，接受生产经营单位的委托为其安全生产工作提供技术、管理服务。"从事安全生产评价认证、检测检验、咨询服务等工作的机构及其安全生产的专业工程技术人员，必须具有执业资质才能依法为生产经营单位提供服务。如果机构及其工作人员对其承担的安全评价、认证、监测、检验事项出具虚假证明，视其情节轻重，将追究其行政责任、民事责任和刑事责任。

▶1.2.3 从业人员安全生产的权利和义务

1)从业人员安全生产的权利

作业人员有权对施工现场的作业条件、作业程序和作业方式中存在的安全问题提出批评、检举和控告,有权对不安全作业提出整改意见;有权拒绝违章指挥和强令冒险作业,在施工中发生危及人身安全的紧急情况时,作业人员有权立即停止作业或者在采取必要的应急措施后撤离危险区域。

2)从业人员安全生产的义务

从业人员应当遵守安全施工的强制性标准、规章制度和操作规程,正确使用安全防护用具、机械设备,不得妨碍和伤害他人及不破坏公共利益和环境。从业人员进场前,应当接受安全生产教育培训,合格后方可上岗。

▶1.2.4 安全警示标志

安全警示标志是由安全色、几何图形、图像符号构成的,用以表示禁止、警告、指令和提示等安全信息,其目的是用于提示、警告从业人员,使其提高注意力,加强自我保护,避免事故的发生。它主要分为禁止标志、提示标志、警告标志、指令标志四类。

禁止标志是为了禁止和制止人们的不安全行为,安全色为红色,图形为圆形中间带斜杠,部分禁止标志如图1.1所示。

　(a)禁止堆放　　　　(b)禁止穿钉鞋　　　　(c)禁止乘人　　　　(d)运转时禁止加油

图1.1　禁止标志

提示标志是向人们提供目标所在位置与方向性的信息,安全色为绿色,部分提示标志如图1.2所示。

　(a)可动火区　　　　(b)安全通道　　　　(c)紧急出口　　　　(d)避险处

图1.2　提示标志

警告标志是为了提醒人们预防可能发生的危险,安全色为黄色,部分警告标志如图1.3所示。

　(a)当心爆炸　　　　(b)当心火灾　　　　(c)当心坠落　　　　(d)当心吊物

图1.3　警告标志

指令标志是强制人们必须遵守的要求,安全色为蓝色,部分指令标志如图 1.4 所示。

(a)必须系安全带　　　(b)必须加锁　　　(c)必须戴安全帽　　　(d)必须穿防护鞋

图 1.4　指令标志

1.3　施工现场危险源基础知识

▶1.3.1　施工现场危险源的分类

1)第一类危险源

第一类危险源是施工过程中存在的可能发生意外能量释放(如爆炸、火灾、触电、辐射)而造成伤亡事故的能量和危险物质,包括机械伤害、电能伤害、热能伤害、光能伤害、化学物质伤害、放射和生物伤害等。

2)第二类危险源

第二类危险源是导致能量或危险物质的约束或限制措施破坏或失效的各种因素,包括:机械设备、装置、原部件等性能低下而不能实现预定功能,即发生物的不安全状态;人的行为结果偏离被要求的标准,即人的不安全行为;由于环境问题促使人的失误或物的故障发生。

▶1.3.2　施工现场重大危险源的识别

1)施工场所重大危险源

存在于分部分项工艺过程、施工机械运行过程和物料的重大危险源主要有:

①脚手架、模板和支撑、起重机、人工挖孔桩、基坑施工等的稳定问题,造成机械设备倾覆、结构坍塌、人员伤亡等意外。

②施工高度大于 2 m 的作业面,因安全防护不到位、人员未配系安全带等原因造成人员踏空、滑倒等高处坠落摔伤或坠落物体打击下方人员等意外。

③焊接、金属切割、冲击钻孔、凿岩等施工,临时用电遇地下室积水及各种施工电气设备的安全保护(如漏电、绝缘、接地保护、一机一闸)不符合要求,造成人员触电、局部火灾等意外。

④工程材料、构件及设备的堆放与频繁吊运、搬运等过程中因各种原因发生堆放散落、高空坠落、撞击人员等意外。

2)施工场所周围重大危险源

①人工挖孔桩、隧道掘进、地下市政工程接口、室内装修、挖掘机作业时损坏地下燃气管道等,因通风排气不畅造成人员窒息或中毒意外。

②深基坑、隧道、大型管沟的施工,因为支护、支撑等设施失稳、坍塌,造成施工场所破坏、

人员伤亡。基坑开挖、人工挖孔桩等施工降水,造成周围建筑物因地基不均匀沉降而出现倾斜、开裂、倒塌等意外。

③海上施工作业由于受自然气象条件(如台风、汛、雷电、风暴潮等侵袭)影响,发生船翻人亡且群死群伤意外。

▶1.3.3 施工现场重大危险源控制措施

1)重大危险源的检查

①辨识各类危险因素及其原因。

②依次评价已辨识的危险事件发生的概率。

③评价危险事件的后果。

④进行风险评价,并评价危险事件发生概率和发生后果的联合作用。

⑤风险控制,即将上述评价结果与安全目标值进行比较,检查风险值是否达到可接受水平,否则需进一步采取措施,降低危险水平。

2)重大危险源的控制和管理

①项目部应加强对重大危险源的控制与管理,制定重大危险源的管理制度,建立施工现场重大危险源的辨识、登记、公示、控制管理体系,明确具体责任,认真组织实施。

②对存在重大危险源的分部分项工程,项目部在施工前必须编制专项施工方案。专项施工方案除应有切实可行的安全技术措施外,还应当包括监控措施、应急预案以及紧急救护措施等内容。

危大
工程范围

③专项施工方案由项目部技术部门的专业技术人员及监理单位安全专业监理工程师进行审核,由项目部技术负责人、监理单位总监理工程师签字。凡属住建部《危险性较大工程安全专项施工方案编制及专家论证审查办法》中规定的危险性较大工程,项目部应组织专家组对专项施工方案进行审查论证。

④对存在重大危险部位的施工,项目部应按专项施工方案,由工程技术人员严格进行技术交底,并有书面记录和签字,确保作业人员清楚掌握施工方案的技术要领。重大危险部位的施工应按方案实施,凡涉及验收的项目,方案编制人员应参加验收,并及时形成验收记录。

⑤项目部要对从事重大危险部位施工作业的施工队伍、特种作业人员进行登记造册,掌握作业队伍,采取有效措施。在作业活动中要对作业人员进行管理,控制和分析不安全的行为。

⑥项目部应根据工程特点和施工范围,对施工过程进行安全分析,对分部分项工程、各道工序、各个环节可能发生的危险因素及物体的不安全状态进行辨识,并登记、汇总重大危险源明细;制订相关的控制措施,对施工现场重大危险源部位进行环节控制,并公示控制的项目、部位、环节及内容等,以及可能发生事故的类别、对危险源采取的防护设施情况及防护设施的状态,将责任落实到个人。

⑦项目部应将重大危险源公示项目作为每天施工前对施工人员安全交底内容,提高作业人员防范能力,规范安全行为。

⑧安监部门应对重大危险源专项施工方案进行审核,对施工现场重大危险源的辨识、登记、公示、控制情况进行监督管理,对重大危险部位作业进行旁站监理。对旁站过程中发现的安全隐患及时开具监理通知单,问题严重的,有权停止施工。对整改不力或拒绝整改的,应及时将有关情况报当地建设行政主管部门或建设工程安全监督管理机构。

⑨项目部要保证用于重大危险源防护措施所需的费用,及时划拨;施工单位要将施工现场重大危险源的安全防护、文明施工措施费单独列支,保证专款专用。

⑩项目部应对施工项目建立重大危险源施工档案,每周组织有关人员对施工现场重大危险源进行安全检查,并做好施工安全检查记录。

⑪各级主管部门或工程安全监督管理机构应对施工现场的重大危险源实施重点管理,进行定期或不定期专项检查。应重点检查重大危险源管理制度的建立和实施;检查专项施工方案的编制、审批、交底和过程控制;检查现场实物与内业资料的相符性。

⑫各级主管部门或工程安全监督管理机构和项目监理单位,应把施工单位对重大危险源的监控及施工情况作为工程项目安全生产阶段性评价的一项重要内容,落实控制措施,保证工程项目安全生产。

1.4　施工安全应急预案基础知识

▶1.4.1　施工安全应急预案的概念

施工安全应急预案是对特定的潜在事件和紧急情况发生时所采取措施的计划安排,是应急响应的行动指南。

《安全生产法》规定,生产经营单位的主要负责人具有组织制订并实施本单位的生产安全事故应急救援预案的职责。《建设工程安全生产管理条例》进一步规定,施工单位应当制订本单位生产安全事故应急救援预案,建立应急救援组织或者配备应急救援人员,配备必要的应急救援器材、设备,并定期组织演练。

▶1.4.2　编制施工安全应急预案的目的和意义

编制应急预案的目的是防止紧急情况发生时出现混乱,使其能够按照合理的响应流程采取适当的救援措施,预防和减少可能随之引发的职业健康安全和环境影响。

施工生产安全事故多具有突发性、群体性等特点,如果施工单位事先根据本单位和施工现场的实际情况,针对可能发生事故的类别、性质、特点和范围等事先制订当事故发生时有关的组织、技术措施和其他应急措施,做好充分的应急救援准备工作,不但可以采用预防技术和管理手段降低事故发生的可能性,而且一旦发生事故,还可以在短时间内就组织有效抢救,防止事故扩大,减少人员伤亡和财产损失。

▶1.4.3　施工安全应急预案的编制

《中华人民共和国突发事件应对法》(以下简称《突发事件应对法》)规定,应急预案应当根据本法和其他有关法律、法规的规定,针对突发事件的性质、特点和可能造成的社会危害,具体规定突发事件应急管理工作的组织指挥体系与职责,突发事件的预防与预警机制、处置程序、应急保障措施,以及事后恢复与重建措施等内容。

《建设工程安全生产管理条例》规定,施工单位应当根据建设工程施工的特点和范围,对施工现场易发生重大事故的部位、环节进行监控,制订施工现场生产安全事故应急救援预案。

《生产安全事故应急预案管理办法》进一步规定,生产经营单位的应急预案按照针对情况的不同,分为综合应急预案、专项应急预案和现场处置方案。生产经营单位编制的综合应急预案、专项应急预案和现场处置方案之间应当相互衔接,并与所涉及的其他单位的应急预案相互衔接。

综合应急预案,应当包括本单位的应急组织机构及其职责、应急预案体系、事故风险描述、预警及信息报告、应急响应、保障措施、应急预案管理等内容;专项应急预案,应当包括应急指挥机构与职责、处置程序和措施等内容;现场处置方案,应当包括应急工作职责、应急处置措施和注意事项等内容。

应急预案的编制应当符合下列基本要求:

①符合有关法律、法规、规章和标准的规定。

②结合本地区、本部门、本单位的安全生产实际情况。

③结合本地区、本部门、本单位的危险性分析情况。

④应急组织和人员的职责分工明确,并有具体的落实措施。

⑤有明确、具体的应急程序和处置措施,并与其应急能力相适应。

⑥有明确的应急保障措施,满足本地区、本部门、本单位的应急工作要求。

⑦应急预案基本要素齐全、完整,应急预案附件提供的信息准确。

⑧应急预案内容与相关应急预案相互衔接。

此外,《中华人民共和国消防法》还规定,企业应当履行落实消防安全责任制,制订本单位的消防安全制度、消防安全操作规程,制订灭火和应急疏散预案的消防安全职责。2018年12月经修正后的《中华人民共和国职业病防治法》规定,用人单位应当建立、健全职业病危害事故应急救援预案。《中华人民共和国特种设备安全法》规定,特种设备使用单位应当制订特种设备事故应急专项预案,并定期进行应急演练。《使用有毒物品作业场所劳动保护条例》规定,从事使用高毒物品作业的用人单位,应当配备应急救援人员和必要的应急救援器材、设备,制订事故应急救援预案,并根据实际情况变化对应急救援预案适时进行修订,定期组织演练。

▶1.4.4 施工安全应急预案评审和备案

《生产安全事故应急预案管理办法》规定,建筑施工单位应当组织专家对本单位编制的应急预案进行评审,评审应当形成书面纪要并附有专家名单。应急预案的评审或者论证应当注重应急预案基本要素的完整性、组织体系的合理性、应急处置程序和措施的针对性、应急保障措施的可行性、应急预案的衔接性等内容。施工单位的应急预案经评审后,由施工单位主要负责人签署公布。

中央管理的企业(总厂、集团公司、上市公司)的综合应急预案和专项应急预案,报国务院国有资产监督管理部门、国务院安全生产监督管理部门和国务院有关主管部门备案;其所属单位的应急预案分别抄送所在地的省、自治区、直辖市或者设区的市人民政府安全生产监督管理部门和有关主管部门备案。其他生产经营单位中涉及实行安全生产许可的,其综合应急预案和专项应急预案,按照隶属关系报所在地县级以上地方人民政府安全生产监督管理部门和有关主管部门备案。

生产经营单位申报应急预案备案,应当提交以下材料:应急预案备案申报表、应急预案评审意见、应急预案电子文档、风险评估结果和应急资源调查清单。

对于实行安全生产许可的生产经营单位,已经进行应急预案备案登记的,在申请安全生产许可证时,可以不提供相应的应急预案,仅提供应急预案备案登记表。

▶1.4.5 施工生产安全事故应急预案的培训和演练

《国务院关于坚持科学发展安全发展促进安全生产形势持续稳定好转的意见》规定,应定期开展应急预案演练,切实提高事故救援实战能力。企业生产现场带班人员、班组长和调度人员在遇到险情时,要按照预案规定,立即组织停产撤人。

《生产安全事故应急预案管理办法》进一步规定,各级人民政府应急管理部门、各类生产经营单位应当采取多种形式开展应急预案的宣传教育,普及生产安全事故预防、避险、自救和互救知识,提高从业人员和社会公众的安全意识与应急处置技能。生产经营单位应当组织开展本单位的应急预案、应急知识、自救互救和避险逃生技能的培训活动,使有关人员了解应急预案内容,熟悉应急职责、应急处置程序和措施。应急预案的要点和程序应当张贴在应急地点和应急指挥场所,并设有明显的标志。

生产经营单位应当制订本单位的应急预案演练计划,根据本单位的事故风险特点,每年至少组织一次综合应急预案演练或者专项应急预案演练,每半年至少组织一次现场处置方案演练。应急预案演练结束后,应急预案演练组织单位应当对应急预案演练效果进行评估,撰写应急预案演练评估报告,分析存在的问题,并对应急预案提出修订意见。

▶1.4.6 施工生产安全事故应急预案的修订

《国务院关于坚持科学发展安全发展促进安全生产形势持续稳定好转的意见》进一步指出,建立健全安全生产应急预案体系,要加强动态修订完善。

《生产安全事故应急预案管理办法》进一步规定,有下列情形之一的,应急预案应当及时修订并归档:

①依据的法律、法规、规章、标准及上位预案中有关规定发生重大变化的;
②应急指挥机构及职责发生调整的;
③安全生产面临的风险发生重大变化的;
④重要应急资源发生重大变化;
⑤在应急演练和事故应急救援中发现需要修订预案的重大问题的;
⑥编制单位认为应当修订的其他情况。

1.5 职业安全与工业卫生基础知识

▶1.5.1 职业危害的主要工种及分类

1)职业危害的主要工种

建筑行业有职业病危害的工种十分广泛,主要工种在表1.1中列出。

表1.1 建筑行业有职业危害的工种

有害因素分类	主要危害	次要危害	危害的主要工种和工作
粉尘	矽尘	岩石尘、黄泥沙尘、噪声、振动、三硝基甲苯	石工、碎石机工、碎砖工、掘进工、风钻工、炮工、出碴工
		高温	筑炉工
		高温、锰、磷、铅、三氧化硫等	型砂工、喷砂工、清砂工、浇铸工、玻璃打磨工
	石棉尘	矿渣棉、玻纤尘	安装保温工、石棉瓦拆除工
	水泥尘	振动、噪声	混凝土搅拌机司机、砂浆搅拌机司机、水泥上料工、搬运工、料库工
	金属尘	苯、甲苯、二甲苯环氧树脂	建材、建筑科研所试验工,各公司材料试验工
		噪声、金刚砂尘	砂轮磨锯工、金属打磨工、金属除锈工、钢窗校直工、钢模板校平工
	木屑尘	噪声及其他粉尘	制材工、平刨机工、压刨机工、开榫机工、凿眼机工
	其他粉尘	噪声	生石灰过筛、河沙运料和上料工
铅	铅尘、铅烟、铅蒸气	硫酸、环氧树脂、乙二胺甲苯	充电工、铅焊工、熔铅、制铅版、除铅锈、锅炉管端退火工、白铁工、通风工、电缆头制作工、印刷工、铸字工、管道管铅工、油漆工、喷漆工
四乙铅	四乙铅	汽油	驾驶员、汽车修理工、油库工
苯、甲苯、二甲苯		环氧树脂、乙二胺、铅	油漆工、喷漆工、环氧树脂、涂刷工、油库工、冷沥青涂刷工、浸漆工、烤漆工、塑料件制作和焊接工
高分子化合物	聚氧乙烯	铝及化合物、环氧树脂、乙二胺	粘接工、塑料工、制管工、焊接工、玻璃瓦工、热补胎工
锰	锰烟、锰尘	红外线、紫外线	电焊工、气焊工、对焊工、点焊工、自动保护焊、惰性气体保护焊、冶炼

续表

有害因素分类	主要危害	次要危害	危害的主要工种和工作
铬氧化合物	六价铬、锌、酸、碱、铅	六价铬锌、酸、碱、铅	电镀工、镀锌工
氨			制冷安装工、冻结法施工、熏图工
汞	汞及其化合物		仪表安装工、仪表监测工
二氧化硫			硫酸酸洗工、电镀工、充电工、钢筋等除锈工、冶炼工
氮氧化合物	二氧化碳	硝酸	密闭管道、球罐、气柜内电焊烟雾,放炮、硝酸试验工
一氧化碳	CO	CO_2	煤气管道修理工、冬季施工暖棚、冶炼、铸造
辐射	非电离辐射	紫外线、红外线、可见光、激光、射频辐射	电焊工、气焊工、不锈钢焊工、电焊配合工、木材烘干工、医院同位素工作人员
	电离辐射	X射线、α射线、γ射线、超声波	金属和非金属探伤试验工,氩弧焊工,放射科工作人员
噪声		振动、粉尘	离心制管机、混凝土振动棒、混凝土平板振动器、电锤、气锤、铆枪、打桩机、打夯机、风钻、发电机、空压机、碎石机、砂轮机、推土机、剪板机、带锯、圆锯、平刨、压刨、模板校平工、钢窗校平工
振动	全身振动	噪声	电气锻工、桩工、打桩机司机、推土机司机、汽车司机、小翻斗车司机、吊车司机、打夯机司机、挖掘机司机、铲运机司机、离心制管工
	局部振动	噪声	风钻工,风铲工,电钻工,混凝土振动棒、混凝土平板振动器,手提式砂轮机、钢模校平工,钢窗校平工,铆枪工

2)职业危害的分类

（1）粉尘

生产性粉尘根据其理化特性和作用特点不同,可引起不同的疾病。

①呼吸系统疾病:长期吸入不同种类的粉尘可导致不同类型的尘肺病或其他肺部疾患。我国按病因将尘肺病分为12种,并作为法定尘肺列入职业病名单目录,它们是:矽肺、煤工尘肺、石墨肺、碳黑尘肺、石棉肺、滑石尘肺、水泥尘肺、云母尘肺、陶工尘肺、铝尘肺、电焊工尘肺、铸工尘肺。

②中毒:吸入铅、锰、砷等粉尘,可导致全身性中毒。

③呼吸系统肿瘤:石棉、放射性矿物、镍、铬等粉尘均可导致肺部肿瘤。

④局部刺激性疾病:如金属磨料可引起角膜损伤、浑浊,沥青粉尘可引起光感性皮炎等。

（2）毒物

在生产中接触到的原料、中间产物、成品和生产过程中的废水、废渣等,凡少量即对人有毒性的,都称为毒物。毒物以粉尘、烟尘、雾、蒸气或气体的形态散布于车间空气中,主要经呼吸道和皮肤进入体内,其危害程度与毒物的挥发性、溶解性和固态物的颗粒大小等因素有关。毒物污染皮肤后,按其理化特性和毒性,有的起腐蚀或刺激作用,有的起过敏性反应,有些脂溶性毒物对局部皮肤虽无明显损害,但可经皮肤吸收,引起全身中毒。

（3）放射线

建筑施工中常用 X 射线和γ射线进行工业探伤、焊缝质量检查等,会对操作人员造成放射性伤害。

（4）噪声

噪声对人体的危害是全身性的,既可以引起听觉系统的变化,也可以对非听觉系统产生影响。这些影响的早期主要是生理性改变,长期接触比较强烈的噪声,可以引起病理性改变。此外,建筑作业场所中的噪声还干扰语言交流,影响工作效率,甚至可能引起意外事故。

（5）振动

振动对人体的影响分为全身振动和局部振动。全身振动是由振动源（振动机械、车辆、活动的工作平台）通过身体的支持部分（足部和臀部）,将振动沿下肢或躯干传布全身引起振动为主。局部振动是振动工具、振动机械或振动工件传向操作者的手和臂。振动病主要是由于局部肢体（主要是手）长期接触强烈振动而引起的。长期受低频、大振幅的振动时,由于振动加速度的作用,可使植物神经功能紊乱,引起皮肤分析器与外周血管循环机能改变,可能出现一系列病变。

（6）弧光辐射

弧焊时的电弧温度高达 5 000 K 以上,会产生强烈的弧光辐射,当弧光辐射长时间作用到人体,可能被体内组织吸收引起人体组织的致热作用、光化作用和电离作用,致使人体组织发生急性或慢性损伤,其中尤以紫外线和红外线危害最为严重,并且这种危害具有重复性。

①紫外线主要造成对皮肤和眼睛的伤害。皮肤受强烈紫外线照射后可引起弥漫性红斑、出现小水泡、渗出液、浮肿、脱皮、有烧灼感等。紫外线对眼睛的伤害是引起电光性眼炎。

②红外线主要引起人体组织的致热作用。眼睛受到红外线的辐射,会迅速产生灼伤和灼痛,形成闪光幻觉感,并且氩弧焊红外线的作用又大于手弧焊。

（7）高温作业

在高气温或同时存在高湿度或热辐射的不良气象条件下进行的劳动,通称为高温作业。高温作业按其气象条件的特点可分为高温强辐射作业、高温高湿作业和夏季露天作业 3 个基本类型。高温环境容易影响人体的生理及心理状态,在这种环境下工作,除了会影响工作效率外,更会引发各种意外和危机。中暑是高温作业中最常发生的职业病,中暑可分为热射病、热痉挛和日射病。在实际工作中遇到的中暑病例,常常是 3 种类型的综合表现。

▶1.5.2　工业卫生主要危险及有害因素分析

1)火灾、爆炸

工业事故中,火灾与爆炸灾害占有很高的比例,所造成的灾害损失也最大。爆炸是由于能量迅速解放所引发的,其破坏力非常大。

2)机械伤害

机械伤害指机械设备与工具引起的绞、辗、碰、割、戳、切等伤害,如工件或刀具飞出、切屑伤人、手或身体被卷入、手或其他部位被刀具碰伤、被转动的机构缠住等,但属于车辆、起重设备的情况除外。机械伤害的主要包含以下4种情况:各类机械设备对人体造成的一切伤害;随机械部件运转的工件对人体的伤害;机械零件、部件及其被夹持的工件或他们的碎片飞起伤人;组成车辆的机械部件对人体的伤害。

机械伤害的主要形式有7种:

①卷入:在机械系统传输能量的突出部分(如突出的螺杆头等)或是在皮带系统的咬合部位,由于人的错误动作,使人体因袖口、衣襟、手套、发辫等被缠绕而卷入机内受到伤害。

②夹辗:相互啮合并旋转着的齿轮对、轧辊等将人体夹入碾伤。

③切刈:机械的刀具、锯齿、叶片等将人体某部位切刈伤害。

④锤击:动力驱动的锤头伤人。

⑤飞物击伤:机械部位或所夹持的工件及它们的碎片飞起伤人。

⑥挤压:升降台下落压伤人体。

⑦摩擦或碰撞:机械部件与人体相互运动时将人体碰伤或擦伤。

3)触电

触电伤害表现为多种形式,电流通过人体内部器官,会破坏人的心脏、肺部、神经系统等,使人出现痉挛、呼吸窒息、心室纤维性颤动、心脏骤停甚至死亡。触电事故即电流通过人体引起人体内部器官的创伤甚至造成死亡,或引起人体外部器官的创伤。建筑施工现场的触电事故主要是由于配电线路架设、电气设备安装和起重机械运行不符合安全技术要求,以及存在想凑合使用而乱拉乱接电线等现象所造成的。造成触电的基本原因,大多数是由于轻视电的危险性,缺乏用电常识,以及设备不合格或忽视设备缺陷的危险性而造成的。在建筑施工中,应严格遵守安全用电规范,减少和避免触电事故的发生。触电主要伤害形式包括:人体接触带电的设备金属外壳、裸露的临时电线、漏电的手持电动工具等;起重设备误触高压线或感应带电;雷击伤害;触电坠落。

4)高处坠落

高处坠落事故是由于高处作业引起的,故可以根据高处作业的分类形式对高处坠落事故进行简单的分类。根据《高处作业分级》(GB/T 3608—2008)的规定,凡在坠落高度基准面2 m以上(含2 m)有可能坠落的高处进行的作业,均称为高处作业。根据高处作业者工作时所处的部位不同,高处作业坠落事故可分为:临边作业高处坠落事故、洞口作业高处坠落事故、攀登作业高处坠落事故、悬空作业高处坠落事故、操作平台作业高处坠落事故、交叉作业高处坠落事故等。

5）起重伤害

起重伤害是指从事起重作业时引起的机械伤害事故，包括各种起重作业引起的机械伤害，但不包括触电、检修时制动失灵引起的伤害、上下驾驶室时引起的坠落式跌倒。起重伤害的种类主要有以下 6 种：

①物体打击类：起重过程中因吊荷或钢绳坠落或摆动伤人，如吊物脱钩砸人、钢绳断裂抽人、移动吊物撞人等。

②倒塌类：起重过程中，吊荷放置不稳倒塌或因吊荷及吊钩等起重设备的构件摆动以及落地时振动、起重指挥人员作业时碰撞，而引起原有堆置物倒塌伤人。

③倾覆类：起重过程中因设备有缺陷或支垫不平或地基不良而引起的起重设备倾覆伤人。

④机械伤害类：起重作业时起重设备的机械部分伤人，如人员被起重设备挤压、绞入钢绳或滑车等受伤。

⑤坠落类：起重过程中发生的人员坠落。

⑥其他类：如起重作业过程中人员被夹伤、跌倒等。

起重伤害的主要形式主要有以下 5 种：重物坠落、起重机失稳侧翻、高处坠落、挤压、其他伤害。

6）中毒窒息

中毒指人员接触、吸入有毒物质或误吃有毒食物而引起的人体急性中毒事故，不含放炮引起的炮烟中毒。窒息指人的肺部不能正常吸进空气（氧气）和不能充分把体内产生的 CO_2 排出体外时所产生的一种现象，可分为外窒息和内窒息。外窒息是由掩盖假死或溺水引起的；内窒息是由于空气中氧气不足及 CO_2、SO_2、H_2S 或其他有害气体引起的。窒息多数发生在废弃的坑道、暗井、涵洞、地下管道等不通风的地方。因为氧气缺乏所发生的突然晕倒甚至死亡的事故，两种现象合为一体，称为中毒和窒息事故，不适用于病理变化导致的中毒和窒息的事故，也不适用于慢性中毒的职业病导致的死亡。

7）灼伤（烫伤）

灼伤（烫伤）包括强酸、强碱溅到身体上引起的灼伤，火焰引起的烧伤，高温物体引起的烫伤，放射线引起的皮肤损伤等事故，适用于烧伤、烫伤、化学灼伤、放射性皮肤损伤等伤害，不包括电烧伤以及火灾事故引起的烧伤。

▶1.5.3 职业安全与工业卫生控制技术及防范措施

职业安全与工业卫生控制技术及防范措施主要从作业场所防护、个人防护和检查 3 个方面进行。

1）尘肺病预防控制措施

①作业场所防护措施：加强水泥等易扬尘材料的存放处、使用处的扬尘防护，任何人不得随意拆除，在易扬尘部位设置警示标志。

②个人防护措施：落实相关岗位的持证上岗，给施工作业人员提供扬尘防护口罩，杜绝施工操作人员的超时工作。

③检查措施:在检查项目工程安全的同时,检查工人作业场所的扬尘防护措施的落实,检查个人扬尘防护措施的落实,每月不少于一次,并指导施工作业人员减少扬尘的操作方法和技巧。

2)眼病的预防控制措施

①作业场所防护措施:为电焊工提供通风良好的操作空间。

②个人防护措施:电焊工必须持证上岗,作业时佩戴有害气体防护口罩、眼睛防护罩,杜绝违章作业,采取轮流作业,杜绝施工操作人员的超时工作。

③检查措施:在检查项目工程安全的同时,检查落实工人作业场所的通风情况及个人防护用品的佩戴情况,实行8小时工作制,及时制止违章作业。

3)振动病的预防控制措施

①作业场所防护措施:在作业区设置防职业病警示标志。

②个人防护措施:机械操作工要持证上岗,佩戴振动机械防护手套,延长换班休息时间,杜绝作业人员的超时工作。

③检查措施:在检查工程安全的同时,检查落实警示标志的悬挂、工人持证上岗、防震手套佩戴、工作时间不超时等情况。

4)中毒预防控制措施

①作业场所防护措施:加强作业区的通风排气措施。

②个人防护措施:相关工种持证上岗,给作业人员提供防护口罩,采取轮流作业,杜绝作业人员的超时工作。

③检查措施:在检查工程安全的同时,检查落实作业场所的通风、工人持证上岗、佩戴口罩、工作时间不超时等情况,并指导提高中毒事故中职工救人与自救的能力。

5)噪声引起的职业病的预防控制措施

①作业场所防护措施:在作业区设置防职业病警示标志,对噪声大的机械加强日常保养和维护,减少噪声污染。

②个人防护措施:为施工操作人员提供劳动防护耳塞,采取轮流作业,杜绝施工操作人员的超时工作。

③检查措施:在检查工程安全的同时,检查落实作业场所的降噪措施,让工人佩戴防护耳塞,且其工作时间不超时。

6)高温中暑的预防控制措施

①作业场所防护措施:在高温期间,为职工备足饮用水或绿豆汤、防中暑药品和器材。

②个人防护措施:减少工人工作时间,尤其是延长中午休息时间。

③检查措施:夏季施工,在检查工程安全的同时,应检查落实饮水、防中暑物品的配备,让工人劳逸适宜,并指导提高中暑情况发生时职工救人与自救的能力。

7)其他相应职业病的预防控制措施

针对长期超时、超强度的工作,精神长期过度紧张等因素造成相应职业病,其预防控制措施包括:

①作业场所防护措施：提高机械化施工程度，减小工人劳动强度，为职工提供良好的生活、休息、娱乐场所，加强施工现场的文明施工。

②个人防护措施：不盲目抢工期，即使抢工期也必须安排充足的人员使其能够按时换班作业，采取 8 小时作业换班制度；及时发放工人工资，稳定工人情绪。

③检查措施：按时检查工人劳动强度、文明施工、工作时间不超时、工人工资发放等情况。

思考题

1.施工场所周围重大危险源有哪些？应该如何排查重大危险源？

2.请列举出本年度两起工程安全事故案例，并对主要事故原因进行分析，给出预防措施。

深基坑工程施工安全技术

[本章学习目标]

　　1.了解:深基坑工程的发展与现状,深基坑工程支护机构的类型与适用条件;

　　2.熟悉:深基坑工程安全等级的分级,深基坑工程施工要求,深基坑工程施工安全专项方案设计;

　　3.掌握:重力式水泥土墙施工安全技术,支挡式支护结构施工安全技术,土钉墙支护结构施工安全技术,深基坑土石方开挖施工安全技术,地下水与地表水控制及基坑施工监测。

[工程实例导入]

　　随着我国城市建设的快速发展,高层建筑、超高层建筑和地下工程大量涌现,基坑工程向更大、更深、条件更加复杂的方向发展,而且基坑周边建(构)筑物较多,地下市政设施、管线密布,甚至有的基坑紧邻地铁、隧道,因此带来了更多的基坑工程安全与周边环境保护问题。近年来,因为设计或施工失误,加上安全管理跟不上,深基坑工程施工中暴露出来的安全问题也越来越多。例如,2008年11月15日,杭州萧山湘湖段地铁施工现场发生基坑塌陷事故。事故造成21人死亡,经济损失约1.5亿元,是中国地铁建设史上最惨痛的事故。2009年6月27日,上海闵行区"莲花河畔景苑"小区一栋在建的13层住宅楼,因开挖大楼南侧约5 m深的车库基坑时将十余米高的弃土堆在大楼的北侧,导致大楼整体倒塌,造成一起骇人听闻的倒楼事件。诸如此类工程事故还非常多,此处不再一一列举。

2.1 概述

　　深基坑工程事故,一方面会造成支护结构破坏,导致施工人员受到伤害,工期延误;另一方面,往往会导致基坑周边建筑物或构筑物和地下市政管线损坏,严重时还会引发火灾、爆炸或有毒有害物质泄漏,从而给人民生命财产造成严重损失。深基坑工程发生事故的原因涉及工程勘察、设计、施工、监理、第三方监测和建设单位等各方面,根据现有资料统计分析,其中施工方面原因造成的基坑工程事故大约占50%。因此,重视基坑工程,尤其是重视深基坑工程的施工安全,对降低事故发生的概率、提高基坑工程安全度具有重要的现实意义。

▶ 2.1.1 深基坑工程的发展与现状

1)深基坑工程的发展

20 世纪 90 年代前,伴随我国城市建设的快速发展,深基坑工程逐渐出现。基坑主要的支护结构形式是采用水泥搅拌桩的重力式支护结构,对于比较深的基坑则采用排桩结构,对于有地下水的基坑则需再加水泥搅拌桩止水帷幕。

20 世纪 90 年代后,通过总结基坑工程施工经验,国内开始制定基坑工程规范。工程界也开始出现超深、超大的深基坑工程,基坑面积达到 2 万~3 万 m²,深度达到 20 m 左右,复合式土钉墙在浅基坑中推广使用,SMW 工法开始推广使用,地下连续墙被大量采用,逆作法施工、支护结构与主体结构相结合的设计方法开始得到重视和运用。

进入 21 世纪以后,出现了更深、更大的深基坑工程,基坑面积达到 4 万~5 万 m²,深度超过 30 m,最深达到 50 m,逆作法施工、支护结构与主体结构相结合的设计方法在更多的工程中推广应用。

2)深基坑工程的特点

(1)影响深基坑工程质量与安全的因素众多

深基坑工程的质量与安全和勘察、设计、施工、监测、现场管理及周边环境等因素密切相关。

(2)深基坑工程越来越深,面积越来越大

越来越深、越来越大的深基坑工程对设计理论和施工技术都提出了更严格的要求,特别是支撑系统的布置、围护墙的位移及坑底隆起的控制均有相当难度。

(3)施工场地越来越紧凑

随着旧城改造的推进,基坑工程经常在紧靠重要市政公用设施的已建或在建的密集建筑群中施工,场地狭窄,增加了施工难度,这必须通过有效的资源整合才能解决。另外,相邻场地的基坑施工,如沉桩、降水、挖土等施工环节会影响与制约施工安全,也会增加协调工作的难度。

(4)深基坑工程的地质条件往往较差

城市建设场地只能根据城市规划确定,深基坑工程的地质条件往往较差。在土质软弱、高水位及其他复杂条件下开挖深基坑,很容易产生土体滑移、基坑失稳、桩体变位、坑底隆起、支挡结构严重漏水等危害,对周边建筑物、地下构筑物及管线的安全也会造成很大威胁。

(5)深基坑支护结构具有多样性

不同的深基坑支护结构各有其适用范围和优缺点,在相同的地质条件下往往有几种不同的支护结构可以采用,可通过多方面比较,从中选择最合适的深基坑支护结构。

(6)深基坑工程施工周期长

深基坑工程从开挖到完成地面以下的全部隐蔽工程,所需的时间很长,往往会经历多次降雨、周边堆载或振动等,对基坑稳定性不利。

3)深基坑工程的施工安全状况

近年来,深基坑工程的数量、规模、分布急剧增加,同时暴露出来的安全问题也越来越多。总体来看,目前我国深基坑工程的安全问题可分为以下几类:

(1)基坑周边环境破坏

因降水、土方开挖引起周围地表不均匀沉降,导致路面开裂、管道断裂、邻近建(构)筑物沉降或倾斜。

(2)深基坑支护体系破坏

深基坑支护体系破坏包括以下4个方面:基坑支护体系折断、基坑支护体系整体失稳、支护结构墙底向基坑内发生较大的"踢脚"变形和基坑内撑失稳。

(3)土体渗透破坏

土体渗透破坏包括以下两个方面:基坑坑底或土壁发生"流砂现象"和基坑坑底管涌。

(4)其他方面的安全事故

其他方面的安全事故包括由于机械设备故障、施工失误或天气等原因造成的基坑安全事故。

住房和城乡建设部在《房屋市政工程生产安全重大事故隐患判定标准(2022 版)》中规定,基坑工程有下列 4 种情形之一的,应判定为重大事故隐患:一是对因基坑工程施工可能造成损害的毗邻重要建筑物、构筑物和地下管线等,未采取专项防护措施的;二是基坑土方超挖且未采取有效措施的;三是深基坑施工未进行第三方监测的;四是有下列基坑坍塌风险预兆之一,且未及时处理的:支护结构或周边建筑物变形值超过设计变形控制值;基坑侧壁出现大量漏水、流土;基坑底部出现管涌;桩间土流失孔洞深度超过桩径。基坑工程施工中,应准确判定、及时消除各类重大事故隐患,牢牢守住安全生产底线。

▶2.1.2 深基坑工程安全等级

建筑深基坑是指为进行建(构)筑物地下部分的施工及地下设施、设备埋设,由地面向下开挖,深度大于或等于 5 m 的空间。住房和城乡建设部在《危险性较大的分项分部工程安全管理办法》中规定:开挖深度≥5 m 的基坑(槽)的土方开挖、支护、降水工程;或开挖深度虽未超过 5 m,但地质条件、周围环境和地下管线复杂的土方开挖、支护、降水工程;或影响毗邻建(构)物安全的基坑(槽)的土方开挖、支护、降水工程,是属于"超过一定规模的危险性较大的分部分项工程范围"。因此,建筑深基坑工程施工应根据深基坑工程地质条件、水文地质条件、周边环境保护要求、支护结构类型及使用年限、施工季节等因素,注重地区经验,因地制宜、精心组织,确保安全。

为了便于工程应用,根据现行国家标准《建筑地基基础设计规范》(GB 50007—2011)规定的地基基础设计等级,结合基坑本体安全、工程桩基与地基施工安全、基坑侧壁土层与荷载条件、环境安全等因素将基坑施工安全等级划分为一级和二级,具体划分条件见表2.1。

表 2.1　建筑深基坑工程施工安全等级

施工安全等级	划分条件
一级	1.复杂地质条件及软土地区的二层及二层以上地下室的基坑工程； 2.开挖深度大于 15 m 的基坑工程； 3.基坑支护结构与主体结构相结合的基坑工程； 4.设计使用年限超过 2 年的基坑工程； 5.侧壁为填土或软土,场地因开挖施工可能引起工程桩基发生倾斜、地基隆起等改变桩基、地铁隧道运营性能的工程； 6.基坑侧壁受水浸湿可能性大或基坑工程降水深度大于 6 m 或降水对周边环境有较大影响的工程； 7.地基施工对基坑侧壁土体状态及地基产生挤土效应较严重的工程； 8.在基坑影响范围内存在较大交通荷载,或大于 35 kPa 短期作用荷载的基坑工程； 9.基坑周边环境条件复杂,对支护结构变形控制要求严格的工程； 10.采用型钢水泥土墙支护方式,需要拔除型钢对基坑安全检查可能产生较大影响的基坑工程； 11.采用逆作法上下同步施工的基坑工程； 12.需要进行爆破施工的基坑工程
二级	除一级以外的其他基坑工程

▶ 2.1.3　深基坑工程支护结构的类型与适用条件

深基坑工程土石方开挖的施工工艺一般有两种:一是放坡开挖(无支护开挖),该工艺既简单又经济,在空旷地区或周围环境能保证边坡稳定的条件下应优先采用;二是有支护开挖,在城市或场地狭窄的地方施工,往往不具备放坡开挖的条件,此时只能选择在支护结构的保护下开挖。

根据基坑工程的特点,安全、合理地选择合适的支护结构,并进行科学的设计与施工是基坑工程要解决的主要内容。各种支护结构的类型及其适用条件见表 2.2。

表 2.2　各类支护结构的适用条件

结构类型		适用条件	
		安全等级	基坑深度、环境条件、土类和地下水条件
支挡式结构	锚拉式结构	一级、二级、三级	适用于较深的基坑	1.排桩适用于可采用降水或截水帷幕的基坑； 2.地下连续墙宜同时用作主体地下结构外墙,可同时用于截水； 3.锚杆不宜用在软土层和高水位的碎石土、砂土层中； 4.当邻近基坑有建筑物地下室、地下构筑物等,锚杆的有效锚固长度不足时,不应采用锚杆； 5.当锚杆施工会造成基坑周边建(构)筑物的损害或违反城市地下空间规划等规定时,不应采用锚杆
	支撑式结构		适用于较深的基坑	
	悬臂式结构		适用于较浅的基坑	
	双排桩		当锚拉式、支撑式和悬臂式结构不适用时,可考虑采用双排桩	
	支护结构与主体结构结合的逆作法		适用于基坑周边环境条件很复杂的深基坑	

续表

结构类型		适用条件		
		安全等级	基坑深度、环境条件、土类和地下水条件	
土钉墙	单一土钉墙	二级、三级	适用于地下水位以上或经降水的非软土基坑,且基坑深度不宜大于12 m	当基坑潜在滑动面内有建筑物、重要地下管线时,不宜采用土钉墙
	预应力锚杆复合土钉墙		适用于地下水位以上或经降水的非软土基坑,且基坑深度不宜大于15 m	
	水泥土桩垂直复合土钉墙		用于非软土基坑时,基坑深度不宜大于12 m;用于淤泥质土基坑时,基坑深度不宜大于6 m;不宜用在高水位的碎石土、砂土、粉土层中	
	微型桩垂直复合土钉墙		适用于地下水位以上或经降水的基坑,用于非软土基坑时,基坑深度不宜大于12 m;用于淤泥质土基坑时,基坑深度不宜大于6 m	
重力式水泥土墙		二级、三级	适用于淤泥质土、淤泥基坑,且基坑深度不宜大于7 m	
放坡		三级	1.施工场地应满足放坡条件; 2.可与上述支护结构形式结合	

注:①当基坑不同部位的周边环境条件、土层性状、基坑深度等不同时,可在不同部位分别采用不同的支护形式。
　　②支护结构可采用上、下部以不同结构类型组合的形式。
　　③本表中的安全等级是指《建筑基坑支护技术规程》(JGJ 120—2012)中规定的支护结构的安全等级,而非基坑的安全等级。支护结构的安全等级,根据支护结构失效、土体过大变形对基坑周边环境或主体结构施工安全的影响而定:影响很严重,安全等级为一级;影响严重,安全等级为二级;影响不严重,安全等级为三级。

▶2.1.4 深基坑工程施工要求

基坑工程应保证支护结构、周边建(构)筑物、地下管线、道路、城市轨道交通等市政设施的安全和正常使用,并应保证主体地下结构的施工空间和安全;边坡工程应保证支挡结构、周边建(构)筑物、道路、桥梁、市政管线等市政设施的安全和正常使用。深基坑工程是属于"超过一定规模的危险性较大的分部分项工程",必须慎重、认真地对待深基坑工程施工。不管是支护结构施工,土石方开挖、降排水施工,还是施工全过程的检查与监测,以及基坑的使用与维护,都必须从安全角度出发,认真组织、协调,以确保基坑施工安全。

1)深基坑工程施工全过程安全控制

深基坑工程施工的主要施工过程有支护结构施工(包括支撑的拆除)、地下水与地表水控制和深基坑土石方开挖。在全部施工过程中,应符合以下要求:

(1)确保施工条件与设计条件保持一致

深基坑工程施工过程中,开挖基坑条件、水文地质条件应与勘察报告的情况一致;周边环境保护(包括坑顶堆载条件,周边管线保护和建筑物、构筑物保护),都应与设计条件一致;基坑开挖全过程应与设计工况保持一致。

当基坑施工过程中发现地质情况或环境条件与原地质报告、环境调查报告不一致或环境条件发生变化时,应暂停施工,并及时会同相关设计、勘察单位经过补充勘察、设计验算或设计修改后方可恢复施工。对涉及方案选型等重大方案修改的基坑工程,应重新组织评审和论证。

(2)重视施工全过程的安全检查与检测

施工前,应检查周边环境是否符合基坑施工安全要求。基坑开挖期间,应检查降水效果是否符合土方开挖的要求,是否按照分层分段原则进行挖土;除此之外,还应及时检查基坑变形的监测数据并进行分析,以确保深基坑工程施工安全。在整个施工期间,应检查降水、土方开挖、支护结构体系施工及拆除等施工阶段的用电、消防、防台风、防汛等安全技术措施是否落实,机械设备使用和维护的安全技术措施是否落实。

(3)开展信息施工法

所谓信息施工法,就是根据施工现场的地质情况和监测数据,对地质结论、设计参数进行验证,对施工安全性进行判断并及时调整施工方案的施工方法。基坑开挖与支护结构施工、基坑工程监测应严格按设计要求进行,并应实施动态设计和信息化施工。深基坑工程施工过程中应全面落实信息化施工技术,当安全监测结果达到报警值后,启动应急预案,组织专家会同基坑设计、监测、监理等单位进行专门论证,查明原因后恢复施工。基坑工程实施信息施工法应符合下列规定:

①施工准备阶段应根据设计要求和相关规范要求建立基坑安全监测体系。

②土方开挖、降水施工前,监测设备和元器件应安装、调试完成。

③高压旋喷注浆帷幕、三轴搅拌帷幕、土钉、锚杆等注浆类施工时,应通过对孔隙水压力、深层土体位移等的监测和分析,评估水下施工对基坑周边环境的影响,必要时应调整施工速度、工艺和工法。

④对同时进行土方开挖、降水、支护结构、截水帷幕、工程桩等施工的基坑工程,应根据施工现场施工和运行的具体情况,通过试验和实测,区分不同危险源对基坑周边环境造成的影响,并采取相应的控制措施。

⑤应根据实施阶段和工况节点对变形控制指标进行控制目标分解。当阶段性控制目标或工况节点控制目标超标时,应立即采取措施对下一阶段或工况节点实现累加控制目标。

⑥应建立基坑安全巡查制度,及时反馈,并应有专业技术人员参与。

2)施工单位在基坑工程施工前应具备的技术资料

(1)基坑环境调查报告

明确基坑周边市政管线现状及渗漏情况,邻近建(构)筑物基础形式、埋深、结构类型、使用状况;相邻区域内正在施工和使用的基坑工程情况;相邻建筑工程打桩振动及重载车辆通行等情况。

(2)基础支护及降水设计施工图

对施工安全等级为一级的基坑工程,明确基坑变形控制设计指标,明确基坑变形、周围保护建筑、相关管线变形报警值。基坑工程设计施工图必须按有关规定通过专家评审。

(3)基坑工程施工方案设计

基坑工程施工前,应编制基坑工程专项施工方案,其内容应包括:支护结构、地下水控制、土方开挖和回填等施工技术参数,基坑工程施工工艺流程,基坑工程施工方法,基坑工程施工安全技术措施,应急预案,工程监测要求等。深基坑工程专项方案设计编制时,应将开挖影响范围内的塔吊荷载、临建荷载、临时边坡稳定性等纳入设计验算范围。基坑工程施工专项方案必须按有关规定通过专家论证。

（4）基坑安全监测方案

基坑工程施工，除应按《建筑基坑工程监测技术规范》的规定进行第三方专业监测外，施工方应同时编制安全监测方案并实施施工监测。对施工安全等级为一级的基坑工程，应进行基坑安全监测方案的专家评审。

3）施工单位在深基坑工程实施前应进行的工作

①组织所有施工技术人员熟悉设计文件、工程地质与水文地质报告、安全监测方案和相关技术标准，并参与基坑工程图纸会审和技术交底。

②进行施工现场勘查和环境调查，进一步了解施工现场、基坑影响范围内地下管线、建筑物地基基础情况，必要时可制订预先加固方案。

③掌握支护结构施工与地下水控制、土方开挖、安全监测的重点与难点，明确施工与设计和监测进行配合的义务与责任。

④按照评审通过的基坑工程设计施工图、基坑工程安全监测方案、施工勘查与环境调查报告等文件，编制基坑工程施工组织设计，并应按照有关规定组织施工开挖方案的专家论证。施工安全等级为一级的基坑工程尚应编制施工安全专项方案。

4）深基坑工程施工组织设计应包含的主要内容

深基坑施工组织设计是根据完整的工程技术资料和设计图纸，对深基坑工程的全部生产施工活动进行全面规划和部署的主要技术管理文件，应包含以下内容：

①工程概况

②编制依据

③施工安排

④施工方案设计

a.支护结构施工对环境的影响预测及控制措施。

b.降水与排水系统设计。

c.土石方开挖与支护结构、降水配合施工的流程、技术与要求。

d.冬雨季期间开挖施工、地下管线渗漏等极端条件下的施工安全专项方案。

e.基坑工程安全应急预案。

f.基坑安全使用的维护要求与技术措施。

⑤施工进度计划

⑥施工准备与资源配置计划

⑦计算书与附图

2.2 深基坑工程施工安全专项方案设计

深基坑工程施工安全专项方案是根据施工图设计文件、施工与使用及维护全过程的危险源分析结果、周边环境与地质条件、施工工艺与机械设备、施工经验等进行安全分析，选择相应的安全控制、监测预警、应急救援技术,制订应急预案并确定应急响应措施的主要安全技术管理文件。对于施工安全等级为一级的基坑工程,必须编制施工安全专项方案。对施工安全专项方案,应根据各省市建设行政主管部门的有关规定或要求组织专家论证,若无规定,由总承包单位技术负责人组织3名及以上的专家进行论证。

危大工程
编制指南

施工单位应根据环境条件、地质条件、设计文件等基础性资料和相关工程建设标准,结合自身施工经验,针对各级风险工程编制施工安全专项方案,经施工单位技术负责人签认后,报监理审查。监理单位应组织对施工安全专项方案的审查,填报施工方案安全性评估表和施工组织合理性评估表。对施工安全专项方案的审查,应邀请专家、相关单位和人员参加。施工单位应根据审查意见修改完善施工安全专项方案,报监理单位审批后方可正式施工,同时报建设单位备案。

基坑工程施工前应进行技术交底,并应做好交底记录。施工过程中各工序开工前,施工技术管理人员必须向所有参加作业的人员进行施工组织和安全技术交底,如实告知危险源、防范措施、应急预案,形成文件并签署。安全技术交底应包括如下内容:现场勘查与环境调查报告,施工组织设计,主要施工技术、关键部位施工工艺工法、参数,各阶段危险源分析结果与安全技术措施,应急预案与应急响应等。

▶2.2.1 深基坑工程施工安全专项方案编制

深基坑工程施工前,应根据施工、使用与维护的危险源分析结果编制基坑工程施工安全专项方案。

1)基坑工程施工安全专项方案应满足的要求

①应有针对危险源及其特征制订的具体安全技术应对措施。

②应按照消除、隔离、减弱危险源的顺序选择基坑工程安全技术措施。

③对重大危险源应论证安全技术方案的可靠性和可行性。

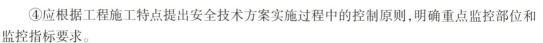

深基坑工程
施工安全
专项方案

④应根据工程施工特点提出安全技术方案实施过程中的控制原则,明确重点监控部位和监控指标要求。

⑤应包括基坑安全使用与维护全过程。

⑥设计与施工发生变更或调整时,施工安全专项方案应进行相应的调整和补充。

2)安全专项方案的主要内容

①工程概况,包含基坑所在位置、基坑规模、基坑安全等级,以及现场勘查与环境调查结果、支护结构形式及相应附图。

②工程地质与水文地质条件,包含对基坑工程施工安全不利的因素分析。

③风险因素分析,包含基坑工程本体安全、周边环境安全、施工设备安全及人员生命财产安全的危险源分析。

④各施工阶段与危险源控制相对应的安全技术措施,包含围护结构施工、支撑体系施工与拆除、土方开挖、降水等施工阶段危险源控制措施;各阶段用电、消防、防台风、防汛等安全技术措施。

⑤信息施工法实施细则,包含对施工监测成果信息的发布、分析、决策与指挥系统。

⑥安全控制技术措施、处理预案。

⑦安全管理措施,包含安全管理组织和人员教育培训等措施。

⑧对突发事件的应急响应机制,包含信息报告、先期处理、应急启动和应急终止。

▶2.2.2 **深基坑工程施工危险源分析**

危险源分析应根据基坑工程周边环境条件和控制要求、工程地质条件、支护设计与施工方案、地下水与地表水控制方案、施工能力与管理水平、工程经验等进行分析,并应根据危险程度和发生频率,识别为重大危险源和一般危险源。危险源分析应采用动态分析方法,并应在施工安全专项方案中及时对危险源进行更新和补充。

1)重大危险源的特征

符合下列特征之一的,必须列为重大危险源:

①开挖施工对邻近建(构)筑物、设施必然造成安全影响或有特殊保护要求的(此处的特殊保护要求是指对邻近地铁、历史保护建筑、危房、交通主干道、基坑边塔吊、给水管线、煤气管线等重要管线采取的安全保护要求)。

②达到设计使用年限继续使用的。

③改变现行设计方案,进行加深、扩大及改变使用条件的。

④邻近的工程建设(包括打桩、基坑开挖降水施工)影响基坑支护安全的。

⑤邻水的基坑。

2)一般危险源的特征

符合下列情况的,应列为一般危险源:

①存在影响基坑工程安全性、适用性的材料低劣、质量缺陷、构件损伤和其他不利状态。

②支护结构、工程桩施工产生的振动、剪切等可能产生流土、土体液化、渗流破坏。

③截水帷幕可能发生严重渗漏。

④交通主干道位于基坑开挖影响范围内,或基坑周围建筑物管线、市政管线可能产生渗漏、管沟存水,或存在渗漏变形敏感性强的排水管等可能发生的水作用产生的危险源。

⑤雨期施工,土钉墙、浅层设置的预应力锚杆可能失效或承载力严重下降。

⑥侧壁为杂填土或特殊性岩土。

⑦基坑开挖可能产生过大隆起。

⑧基坑壁存在振动荷载。

⑨内支撑因各种因素失效或发生连续破坏。

⑩对支护结构可能产生横向冲击荷载。

⑪台风、暴雨或强降雨降水致使施工用电中断,基坑排水体系失效。

⑫土钉、锚杆蠕变产生过大变形及地面裂缝。

▶2.2.3 **深基坑工程施工应急预案**

对深基坑工程,应根据施工现场安全管理、工程特点、周边环境特征和安全等级制订深基坑工程施工应急预案。

1)应急预案的主要内容

应急预案是对基坑工程施工过程中可能发生的事故或灾害,为迅速、有序、有效地开展应急与救援行动,降低事故损失而预先制订的全面、具体的实施方案。根据《建筑施工安全技术统一规范》(GB 50870—2013)的规定,建筑施工安全专项应急预案应包括下列主要内容:

①建筑施工中潜在的风险及其类别、危险程度。

②发生紧急情况时应急救援组织机构与人员职责分工、权限。

③应急救援设备、器材、物资的配置、选择、使用方法和调用程序,以及为保持其持续的适用性,对应急救援设备、器材、物资进行维护和定期检测的要求。

④应急救援技术措施的选择和采用。

⑤与企业内部相关职能部门以及外部(政府、消防、救险、医疗等)相关单位或部门的信息报告、联系方法。

⑥组织抢险急救、现场保护、人员撤离或疏散等活动的具体安排等。

2)基坑工程出现险情的应急措施

当深基坑工程出现基坑及支护结构变形较大、超过预警值且采取相关措施后,情况没有大的改善,或者周边建(构)筑物变形持续发展或已发生影响正常使用等险情时,应采取下列应急措施:

①基坑变形超过预警值时,应调整分层、分段开挖等施工方案,并宜采取坑内回填反压后增加临时支撑、锚杆等。

②周围地表或建筑物变形速度急剧加大,基坑有失稳趋势时,宜采用卸载、局部或全部回填反压,待稳定后再加固处理。

③基坑隆起变形过大时,应采取坑内加载反压、调整分区分步开挖、及时浇筑快硬混凝土垫层等措施。

④坑外地下水位下降过快引起周边建筑物与地下管线沉降速度超过警戒值,应调整抽水速度减缓地下水位下降速度或采取回灌措施。

⑤围护结构渗水、流土,可采用坑内引流、封堵或坑外快速注浆的方式进行堵漏。情况严重时应立即回填,再进行处理。

⑥开挖底面出现流砂、管涌时,应立即停止挖土施工,根据情况采取回填、降水法降低水头差、设置反滤层封堵流土点方式进行处理。

3)基坑工程施工引起邻近建筑物开裂及倾斜的应急措施

①立即停止开挖,回填反压。

②增设锚杆或支撑。

③采取回灌、降水等措施调整降深。

④在建筑物周边采用注浆加固土体。

⑤制订建筑物的纠偏方案并组织实施。

⑥情况紧急时应及时疏散人员。

4)基坑工程施工引起邻近地下管线破裂的应急措施

①应立即关闭危险管道阀门,采取措施防止发生火灾、爆炸、冲刷、渗流破坏等安全事故。

②停止基坑开挖,回填反压,基坑侧壁卸载。

③及时加固、修复或更换破裂管线。

5）基坑工程施工的紧急避险

基坑工程坍塌事故会产生重大财产损失，应尽量避免人员伤亡。基坑工程坍塌事故一般具有明显征兆，如支护结构局部破坏产生的异常声响、位移的快速变化、水土的大量涌出等。当基坑工程变形监测数据超过预警值，或出现基坑、周边建（构）筑物、管线失稳破坏征兆时，应立即停止施工作业，撤离人员，待险情排除后方可恢复施工。

▶2.2.4　深基坑工程施工应急响应

应急响应需根据应急预案采取抢险准备、信息报告、应急启动和应急终止4个程序，统一执行。

1）抢险准备

应急响应前的应急准备，应包括下列内容：
①应急响应需要的人员、设备、物资准备。
②增加基坑变形监测手段与频次措施。
③储备截水堵漏的必要器材。
④清理应急通道。

2）信息报告

当基坑工程发生险情时，应立即启动应急响应，并向上级和有关部门报告以下信息：
①险情发生的时间、地点。
②险情的基本情况及抢救措施。
③险情的伤亡情况及抢救情况。

3）应急启动

基坑工程施工与使用中，应针对下列情况启动应急响应：
①基坑支护结构水平位移或周边建（构）筑物、周边道路（地面）出现裂缝、沉降，地下管线不均匀沉降或支护结构内力等指标超过限值时。
②建筑物裂缝超过限值时，或土体分层竖向位移或地表裂缝宽度突然超过预警值时。
③施工过程中出现大量涌水、涌砂时。
④基坑底隆起变形超过预警值时。
⑤基坑施工过程遭遇大雨或暴雨天气，出现大量积水时。
⑥基坑降水设备出现突然性停电或设备损坏，造成地下水位升高时。
⑦基坑施工过程因各种因素导致人身伤亡事故出现时。
⑧遭受自然灾害、事故或其他突发事件影响的基坑。
⑨其他有特殊情况可能影响基坑安全时。

4）应急终止

应急终止应满足下列条件：
①引起事故的危险源已经消除或险情得到有效控制。
②应急救援行动已完全转化为社会公共救援。
③局面已无法控制和挽救，场内相关人员已全部撤离。

④应急总指挥根据事故的发展状态认为事故是终止的。

⑤事故已经在上级主管部门结案。

应急终止后,应针对事故发生及抢险救援经过、事故原因分析、事故造成的后果、应急预案效果及评估情况提出书面报告,并按有关程序上报。

2.3 深基坑工程支护结构施工安全技术

基坑支护结构应给基坑土方开挖和地下结构工程的施工创造安全的条件,并控制土方开挖和地下结构工程施工对周围环境可能造成的不良影响,因此无论采用何种类型的支护结构,都应满足以下3个方面的要求:

(1)适度的施工空间

基坑支护结构应保证土方开挖和地下结构施工有足够的工作面,且围护结构的变形也不会影响土方开挖和地下结构施工。

(2)无水的作业条件

通过采取降水、排水和截水等各种措施,保证地下结构工程的作业面处在地下水位以上,以方便土方开挖和地下结构工程的施工。

(3)安全的作业环境

基坑工程施工期间,应严格控制支护结构体系变形,确保基坑和周边环境的安全。

对支护结构的精心设计与施工是深基坑工程安全开挖的先决条件,深基坑工程支护结构施工,应满足以下安全规定:

①为保证基坑工程、地下结构安全施工和减少对基坑周边环境影响,基坑工程施工前应根据设计文件,结合现场条件和周边环境保护要求、气候等情况,编制支护结构施工方案。邻水基坑施工方案应根据波浪、潮位等对施工的影响进行编制,并应符合防汛主管部门的相关规定。

②根据工程实践,基坑支护结构变形与施工工况有很大关系。因此,基坑支护结构施工应与降水、开挖相互协调,支护结构的施工与拆除应符合设计工况的要求,并应遵循先撑后挖的原则。

③支护结构施工与拆除应采取对周边环境的保护措施,不得影响周边建(构)筑物及邻近市政管线与地下设施等的正常使用;支撑结构爆破拆除前,应对永久性结构及周边环境采取隔离防护措施。

④支护结构施工与场地的地质条件密切相关,具有一定的不可预见性,因此,支护结构施工前应进行工艺性试验确定施工技术参数,通过试验性施工,可以评估施工工艺和各项参数对基坑及周边环境的影响程度,并根据试验结果调整参数、工法或反馈修改设计方案,对之后的正式施工进行指导,从而避免支护结构正式施工时发生类似事故,确保工程顺利进行。

⑤支护结构施工和开挖过程中,应对支护结构自身、已施工的主体结构和邻近道路、市政管线、地下设施、周围建(构)筑物等进行监测,并应采用信息施工法配合设计单位采用动态设计法及时调整施工方法及预防风险措施。可通过采用设置隔离桩、加固既有建筑地基基坑、反压与配合降水纠偏等技术措施,控制邻近建(构)筑物产生过大的不均匀沉降。

⑥施工现场道路布置、材料堆放、车辆行走路线等应符合荷载设计控制要求。重型设备

行走区域应与设计协商,先行采取加固处理,或按实际荷载大小、位置进行相关区域支护结构设计。坑外的临时施工堆载,如零星的建筑材料、小型施工器材等,设计中通常按不大于20 kN/m² 考虑。在基坑开挖期间,挖土机、土方车等作用在坑边或围护墙附近,荷载较大且时间较长或频繁出现,应符合荷载设计控制要求。

当基坑开挖深度深且设置多道支撑,或基坑周边无施工场地和施工通道时,可考虑设置施工栈桥或施工平台供车辆行走与材料堆放。施工栈桥既可与基坑支撑、立柱体系结合设置,也可独立设置。当设置施工栈桥措施时,应按设计文件编制施工栈桥的施工、使用及保护方案。

⑦当遇有可能产生相互影响的邻近工程进行桩基施工、基坑开挖、边坡工程、盾构掘进、爆破等施工作业时,应确定相互间合理的施工顺序和方法,必要时应采取措施减少相互影响。

⑧遇有雷雨、6 级以上大风等恶劣天气时,应暂停施工,并对现场的人员、设备、材料等采取相应的保护措施。

▶2.3.1 重力式水泥土墙施工安全技术

重力式水泥土墙是以水泥基材料为固化剂,采用深层搅拌机或高压旋喷机等特殊机械,通过喷浆施工将固化剂与地基土强制拌和,形成具有一定强度、整体性和水稳性的水泥土柱状体,将水泥土柱状体相互搭接,形成具有一定强度和整体结构的水泥土柱状加固体挡墙。

重力式水泥土墙具有挡土、止水的双重作用,适用于淤泥质土、含水量较高的黏土、粉质黏土、粉质土等软土地基。鉴于目前施工机械、工艺和控制质量的水平,采用重力式水泥土墙围护的基坑,开挖深度不宜超过 7 m,在基坑周边环境保护要求较高的情况下,基坑深度应控制在 5 m 以内,以降低工程的风险。

1)重力式水泥土墙的破坏形式

重力式水泥土墙是通过固化剂对土体进行加固后形成有一定厚度和嵌固深度的重力式墙体,是一种无支撑自立式挡土结构。水泥土重力式围护墙依靠墙体自重、墙底摩阻力和墙前基坑开挖面以下土体的被动土压力稳定墙体,承受墙后水、土压力,满足围护墙的整体稳定、抗倾稳定、抗滑稳定和控制墙体变形等要求。因此,水泥土支护结构应对水泥土强度和深度进行检验。水泥土重力式围护墙可近似看作软土地基中的刚性墙体,其变形主要表现为墙体水平平移、墙顶前倾、墙底前滑以及几种变形的叠加等,其破坏形式主要有以下几种:

①由于墙前被动区土体强度较低、设计抗滑稳定性不够,导致墙体变形过大或整体刚性移动,如图 2.1(a)所示。

②由于墙体后侧发生挤土施工、基坑边堆载、重型施工机械作用等引起墙后土压力增加,或者由于墙体抗倾覆稳定性不够导致墙体倾覆,如图 2.1(b)所示。

③由于墙体入土深度不够,或由于墙底土体太软弱、抗剪强度不够等原因,导致墙体及附近土体整体滑移破坏,基底土体隆起,如图 2.1(c)所示。

④由于设计墙体抗压强度、抗剪强度或抗拉强度不够,或者由于施工质量达不到设计要求,导致墙体受压、剪或拉等破坏,如图 2.1(d)所示。

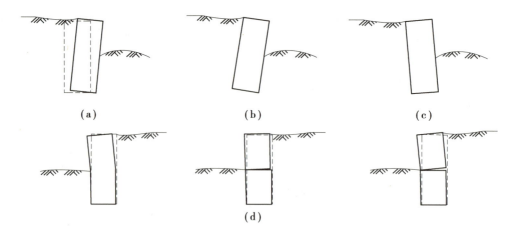

图 2.1　重力式水泥土墙破坏形式示意图

2）重力式水泥土墙的施工方法

将水泥基材料和地基土强行搅拌,目前常用的施工方法有两种——搅拌法成桩和高压喷射法成桩。

搅拌法成桩是指利用一种特殊的搅拌头或钻头,在地基中钻进至一定深度后,喷出固化剂,使其沿着钻孔深度与地基土强行拌和而形成的加固土桩体。搅拌法成桩分为湿法(水泥浆或石灰浆搅拌)和干法(水泥干粉喷射搅拌)两种,均用机械强力将水泥与土搅拌形成水泥土桩。湿法施工时,固化剂通常采用水泥浆体或石灰浆体,注浆量较易控制,成桩质量较为稳定,桩体均匀性好,大部分水泥土桩都采用湿法施工。

高压喷射法成桩,也称旋喷法成桩,是以高压将水泥浆从注浆管喷射出来,喷嘴在喷射浆液时一边缓慢旋转,一边徐徐提升,高压水泥浆不断切削土体并与之混合而形成圆柱状桩体。根据喷射方法的不同,喷射注浆可分为单管法、二重管法和三重管法。该工艺施工简便,喷射注浆施工时只需在土层中钻一个直径 50～300 mm 的小孔,便可在土中喷射成直径 0.4～2 m 的加固水泥土桩,因而能在狭窄施工区域或靠近已建基础施工。但此法水泥用量大、造价高,一般在场地受限、搅拌法无法施工时才选用此法。

3）重力式水泥土墙的施工安全

①重力式水泥土墙应通过试验性施工,并应通过调整搅拌机的提升(下沉)速度、喷浆量以及喷浆、喷气压力等工作压力等施工参数,减小对周边环境的影响。施工完成后应检测墙体连续性及强度。

②水泥土搅拌桩机施工过程中,其下部严禁站立非工作人员。桩机移动过程中,非工作人员不得在其周围活动,移动路线上不应有障碍物。

③水泥土重力式围护墙施工时若遇有河塘、洼地,应抽水和清淤,并应采取素土回填夯实。在有暗浜区域,水泥土搅拌桩应适当提高水泥掺量。

④钢管、钢筋或竹筋插入应在水泥搅拌桩成桩后及时完成,插入位置和深度应符合设计要求。

⑤施工时因故停浆,应在恢复喷浆前,将搅拌桩机头提升或下沉 0.5 m 后喷浆搅拌施工。

⑥水泥搅拌桩施工的间隔时间不宜大于 24 h;当超过 24 h 时,搭接施工时应放慢搅拌速度。若无法搭接或搭接不良,应作冷缝记录,在搭接处采取补救措施。

▶ 2.3.2　支挡式结构施工安全技术

支挡式结构,是以挡土构件和锚杆或支撑为主要构件,或以挡土构件为主要构件的支护结构。其中,挡土构件是设置在基坑侧壁并嵌入基坑底面的支护结构竖向构件,例如地下连续墙、由支护桩组成的排桩等;锚杆是一种设置于钻孔内、端部伸入稳定土层中的钢筋(或钢绞线)与孔内注浆体组成的受拉杆体,它一端与支护结构构件连接,另一端锚固在稳定岩土体内。

支挡式结构包括悬臂式支挡结构、支撑式支挡结构、锚拉式支挡结构、双排桩等几种类型。另外,支护结构与主体结构结合的逆作法形成的基坑支护也属于支挡式结构。

组成支挡式结构的构件包括地下连续墙、排桩、锚杆、支撑等。悬臂式支挡结构是以顶端自由的挡土构件为主要构件的支挡式结构;支撑式支挡结构是以挡土构件和支撑为主要构件的支挡式结构;锚拉式支挡结构是以挡土构件和锚杆为主要构件的支挡式结构;双排桩是沿基坑侧壁排列设置的由前、后两排支护桩和梁连接成的刚架及冠梁所组成的支挡式结构。

1)地下连续墙施工安全技术

地下连续墙是在地面上采用一种专用挖槽机械,沿着深基坑的周边轴线,在泥浆护壁条件下,分段开挖出深槽,清槽后在槽内吊放钢筋笼,然后用导管法浇筑水下混凝土筑成一个单元槽段,如此逐段进行,在地下形成一道连续的钢筋混凝土墙壁,作为截水、防渗、承重、挡土的结构。地下连续墙应对混凝土强度、桩身(墙体)完整性和深度进行检验,嵌岩支护结构应对桩端的岩性进行检验。

地下连续墙的特点有:施工振动小,墙体刚度大,整体性好,施工速度快,可省土石方,可用于密集建筑群中建造深基坑支护及进行逆作法施工,适用于建造建筑物的地下室、地下商场、停车场、地下油库、挡土墙、高层建筑的深基础、逆作法施工围护结构等。

(1)地下连续墙施工规定

①地下连续墙成槽前应设置钢筋混凝土导墙及施工道路。导墙养护期间,重型机械设备不应在导墙附近作业或停留。

②地下连续墙成槽应进行槽壁稳定验算。

③对暗河地区、扰动土区、浅部砂性土中的槽段或邻近建筑物保护要求较高时,宜在连续墙施工前对槽壁进行加固。

④地下连续墙单元槽段成槽施工宜采用跳幅间隔的施工顺序。

⑤在保护设施不齐全、监管人不到位的情况下,严禁人员下槽、孔内清理障碍物。

⑥成槽机、起重机应在平坦坚实的路面上作业、行走和停放。外露传动系统应有防护罩,转盘方向轴应设有安全警告牌。成槽机、起重机工作时,回转半径内不应有障碍物,吊臂下严禁站人。

(2)地下连续墙成槽泥浆制备规定

①护壁泥浆使用前应根据材料和地质条件进行试配,并进行室内性能试验,泥浆配合比宜按现场试验确定。

②泥浆的供应及处理系统应满足泥浆使用量的要求。槽内泥浆面不应低于导墙顶面0.3 m,同时槽内泥浆面应高于地下水位0.5 m以上。

（3）槽段接头施工规定

①成槽结束后应对相邻槽段的混凝土端面进行清刷,刷至底部,清除接头处的泥沙,确保单元槽段接头部位的抗渗性能。

②槽段接头应满足混凝土浇筑压力对其强度和刚度的要求。安放时,应紧贴槽段缓慢沉放至槽底,遇到阻力时,槽段接头应在清除障碍后入槽。

③周边环境保护要求高时,宜在地下连续墙接头处增加防水措施。

（4）地下连续墙钢筋笼吊装规定

①起重机械及吊装机具进场前应进行检验,施工前应进行调试,施工中应定期检验和维护。

②吊装所选用的吊车应满足吊装高度及起重量的要求,主吊和副吊应根据计算确定。钢筋笼吊点布置应根据吊装工艺通过计算确定,并应进行整体起吊安全验算,按计算结果配置吊具,吊点加固钢筋、吊筋等。

③钢筋笼吊装前必须对钢筋笼进行全面检查,防止有剩余的钢筋断头、焊接接头等遗留在钢筋笼上。

④采用双机抬吊作业时,应统一指挥,动作应配合协调,载荷应分配合理。

⑤起重机械吊钢筋笼时,应先稍离地面试吊,确认钢筋笼已挂牢,钢筋笼刚度、焊接强度等满足要求时,再继续起吊。

⑥起重机械在吊钢筋笼行走时,荷载不得超过允许起重量的70%,钢筋笼离地不得大于500 mm,并应拴好拉绳,缓慢行驶。

（5）预制墙段的堆放和运输规定

①预制墙段应达到设计强度的100%后方可运输及吊放。

②堆放场应平整、坚实、排水通畅。垫块放置在吊点处,底层垫块面积应满足墙段自重对地面荷载的有效扩散。预制墙段叠放层数不宜超过3层,上下层垫块应放置在同一直线上。

③运输叠放层数不宜超过2层,墙段装车后应采用紧绳器与车板固定,钢丝绳与墙段阳角接触处应有护角措施。异形截面墙段的运输应有可靠的支撑措施。

（6）预制墙段的安放规定

①预制墙段应验收合格,待槽段完成并验槽合格后方可安放入槽段内。

②安放顺序为先转角槽段后直线槽段,安放闭合位置宜设在直线槽段上。

③相邻槽段应连续成槽,幅间接头宜采用现浇接头。

④吊放时应在导墙上安装导向架,起吊吊点应按设计要求或经计算确定,起吊过程中产生的内力应满足设计要求;起吊回直过程中应防止预制墙段根部拖行或着力过大。

2）钢板桩围护墙施工安全技术

钢板桩是通过热轧或者冷弯工艺轧制成的边缘带有锁扣装置的片状钢桩体。将钢板桩用打桩机打入或压入土中,使钢板桩通过锁扣装置互相连接成连续紧密的钢板桩墙,用来挡土或挡水。钢板桩适用于柔软地基及地下水位较高的基坑支护,施工简便,止水性能好,工程结束后将钢板桩拔出回收,可以重复周转使用。

钢板桩支护的常用形式有悬臂式、锚拉式和支撑式等。简易的钢板桩可以采用槽钢、工字钢等型钢,但抗弯、防渗能力较弱,一般只用于4 m以内的较浅基坑。正式的热轧锁口钢板桩有U型、Z型、一字型、H型和组合型等,其中以U型应用最多,可用于5～10 m深的基坑支护。

钢板桩的打设优先采用静力压桩，打设困难时再考虑采用振动沉桩，打设方式有屏风打入法和单独打入法。

屏风打入法是将10~20根钢板桩成排插入导架内，呈屏风状，然后再分批施打。施打时先将屏风墙两端的钢板桩打至设计标高或一定深度，成为定位桩，然后在中间按顺序分1/3、1/2钢板桩高度呈阶梯状打入。屏风打入法的优点是可以减少倾斜误差积累，防止过大的倾斜，而且易于实现封闭合拢，能保证钢板桩墙的施工质量，一般情况下多用这种方法打设钢板桩墙。其缺点是插桩的自立高度较大，需注意插桩的稳定和施工安全。

单独打入法是从钢板桩墙的一角开始，逐块（或两块为一组）打设，直至工程结束。这种打入方法简便、迅速，不需要其他辅助支架，但是易使钢板桩向一侧倾斜，且误差积累后不易纠正。因此，单独打入法只适用于钢板桩墙要求不高且钢板桩长度较小的情况。

钢板桩施工应满足以下安全规定：

①钢板桩堆放场地应平整坚实，组合钢板桩堆高不宜超过3层；钢板桩施工作业区内应无高压线路，作业区应有明显标志或围栏。桩锤在施打过程中，监视距离不宜小于5 m。

②组装桩机设备时，应对各紧固件进行检查，在紧固件未拧紧前不得进行配重安装。组装完毕后，应对整机进行试运转，确认各传动机构、齿轮箱、防护罩等良好，各部件连接牢靠。

③桩机作业应符合下列规定：

a.严禁吊桩、吊锤、回转或行走等动作同时进行。

b.当打桩机带锤行走时，应将桩锤放至最低位。打桩机在吊有桩和锤的情况下，操作人员不得离开岗位。

c.当采用振动桩锤作业时，悬挂振动桩锤的起重机，其吊钩上必须有防松脱的保护装置，振动桩锤悬挂钢架的耳环上应加装保险钢丝绳。

d.插桩后，应及时校正桩的垂直度。后续桩与先打桩间的钢板桩锁扣使用前应通过套锁检查。当桩入土3 m以上时，严禁用打桩机行走或回转动作来纠正桩的垂直度。

e.当停机时间较长时，应将桩外锤落下垫好。

f.检修时不得悬吊桩锤。

g.作业后应将打桩机停放在坚实平整的地面上，将桩锤落下垫实，并切断动力电源。

④板桩围护墙基坑邻近建（构）筑物及地下管线时，应采用静力压桩法施工，并应根据环境状况控制压桩施工速率。当静力压桩作业时，应有统一指挥，压桩人员和吊装人员要密切联系，相互配合。

⑤板桩围护施工过程中，应加强周边地下水位以及孔隙水压力的监测。

3）灌注桩排桩围护墙施工安全技术

排桩是沿基坑侧壁排列设置的支护桩及冠梁所组成的支挡式结构部件或悬臂式支挡结构。支护桩可采用干作业钻孔灌注桩、湿作业钻孔灌注桩和挖孔灌注桩等桩型。排桩支护结构应对混凝土强度、桩身（墙体）完整性和深度进行检验，嵌岩支护结构应对桩端的岩性进行检验。灌注桩排桩围护墙施工应符合下列安全规定：

①当干作业挖孔桩采用人工挖孔方法时，应符合工程所在地关于人工挖孔桩的安全规定，并应采取下列措施：

a.孔内必须设置应急软梯供人员上下,不得使用麻绳和尼龙绳吊挂或脚踏井壁凸缘上下;使用的电动葫芦、吊笼等应安全可靠,并应配有自动卡紧装置;电动葫芦宜采用按钮开关,使用前必须检验其安全起吊能力。

b.每日开工前必须检查井下的有毒有害气体,并应有相应的安全防范措施;当桩孔开挖深度超过 10 m 时,应有专门向井下送风的装备,风量不宜少于 25 L/s。

c.孔口周边必须设置护栏,护栏高度不应低于 0.8 m。

d.施工过程中孔内无作业和作业完毕后,应及时在孔口加盖盖板。

e.挖出的土石方应及时运离孔口,不得堆放在孔口周边 1 m 范围内,机动车辆的通行不得对井壁的安全造成影响。

f.施工现场的一切电源、电路的安装和拆除,必须符合现行行业标准《施工现场临时用电安全技术规范》的规定。

②钻机施工应符合下列要求:

a.作业前应对钻机进行检查,各部件验收合格后方能使用。

b.钻头和钻杆连接螺纹应良好,钻头应焊接牢固,不得有裂纹。

c.钻机钻架基础应夯实、整平,地基承载能力应能满足,作业范围内地下应无管线及其他地下障碍物,作业现场与架空输电线路的安全距离应符合规定。

d.钻进中,应随时观察钻机的运转情况,当发生异响、吊索具破损、漏气、漏渣及其他不正常情况时,应立即停机检查,排除故障后方可继续开工。

e.当桩孔净间距过小或采用多台钻机同时施工时,相邻桩应间隔施工。当无特别措施时,完成浇筑混凝土的桩与邻桩间距不应小于 4 倍桩径,或间隔施工时间宜大于 36 h。

f.泥浆护壁成孔时若发生斜孔、塌孔或沿护筒周围冒浆及地面沉陷等情况,应停止钻进,经采取措施后方可继续施工。

g.当采用空气吸泥时,其喷浆口应遮拦,并应固定管端。

③灌注桩排桩施工的其他安全规定如下:

a.冲击成孔前以及过程中,应经常检查钢丝绳、卡扣及转向装置,冲击时应控制钢丝绳放松量。

b.对非均匀配筋的钢筋笼,在吊放安装时,应有方向辨别措施确保钢筋笼的安放方向与设计方向一致。

c.混凝土浇筑完毕后,应及时在桩孔位置回填土方或加盖盖板。

d.遇有湿陷性土层,在地下水位较低、既有建筑物距离基坑较近时,不宜采用泥浆护壁的工艺施工灌注桩。当需采用泥浆护壁工艺时,应通过采用优质低失水量泥浆、控制孔内水位等措施减少和避免对相邻建(构)筑物产生影响。

e.基坑土方开挖过程中,宜采用喷射混凝土等方法对灌注排桩间土体进行加固,防止土体掉落对人员、机具造成损害。

4)型钢水泥土搅拌墙施工安全技术

型钢水泥土搅拌墙施工方法有 SMW 工法和 TRD 工法两种。

SMW 工法(Soil Mixed Wall),其原理是利用专门的多轴搅拌就地钻进切削土体,同时在钻头端部将水泥浆液注入土体,经充分搅拌混合后,在各施工单位之间采取重叠搭接施工,在水泥土混合体未结硬前再将 H 型钢或其他型材插入搅拌桩体内,形成具有一定强度和刚度的、连续完整的、无接缝的地下连续墙体,该墙体可作为地下开挖基坑的挡土和止水结构。

TRD 工法(Trench Cutting and Re-mixed Deep Wall),也称渠式切割水泥土连续墙,其基本原理是利用链锯式刀具箱竖直插入地层中,然后做水平横向运动,同时由链条带动刀具做上下的回转运动,搅拌混合原土并灌入水泥浆,形成一定厚度的墙体,并在水泥土浆液未硬化时跟进插入型钢,从而形成渠式切割型钢水泥土连续墙。

型钢水泥土搅拌墙中的型钢经过减摩剂处理,当基坑施工回填后型钢可拔出回收,与钢筋混凝土灌注桩相比,有用钢量少、工艺操作简单、质量控制方便、造价低、工期快等优点。

(1)型钢水泥土搅拌墙施工安全规定

①施工现场应先进行场地平整,清除搅拌桩施工区域的表层硬物和地下障碍物。现场道路的承载能力应满足桩机和起重机平稳行走的要求。

②在硬质土层成桩困难时,应调整施工速度或采取先行钻孔跳打方式。

③对周边环境保护要求高的基坑工程,宜选择挤土量小的搅拌机头,并应通过试成桩及其监测结果调整施工参数。

④型钢堆放场地应平整坚实,场地无积水,地基承载力应满足堆放要求。

⑤型钢吊装过程中,型钢不得拖地;起重机械回转半径内不应有障碍物,吊臂下严禁站人。

(2)型钢的插入、拔除与回收要求

①型钢宜依靠自重插入,当型钢插入有困难时可采取辅助措施。严禁采用多次重复起吊型钢并松钩下落的插入方法。

②前后插入的型钢应可靠连接。

③当采用振动锤插入时,应通过监测以检验其适用性。

④型钢拔除应采取跳拔方式,并宜采用液压千斤顶配以吊车进行;型钢拔除前水泥土搅拌墙与主体结构地下室外墙之间的空隙必须回填密实,拔出时应对周边环境进行监测,拔出后应对型钢留下的孔隙进行注浆填充。

⑤当基坑内外水头差不平衡时,不宜拔除型钢,如需拔除型钢,应采取相应的截水措施。

⑥周边环境条件复杂、环境保护要求高、拔除对其影响较大时,型钢不应回收。

⑦回收型钢施工应编制包括浆液配比、注浆工艺、拔除顺序等内容的施工安全方案。

(3)采用 TRD 工法施工型钢水泥土搅拌墙的规定

①成墙施工时,应保持不小于 2 m/h 的搅拌推进速度。

②成墙施工结束后,切割箱应及时进入挖掘养生作业区或拔出。

③施工过程中,必须配置备用发电机组,保障连续作业。

④应控制切割箱的拔出速度,使拔出切割箱过程中浆液注入量与拔出的切割箱体积相等,混合泥浆液面不得下降。

⑤水泥土未达到设计强度前,沟槽两侧应设置防护栏杆及警示标志。

5)内支撑施工安全技术

对于软土地区的深基坑开挖,采用内支撑系统的围护方式已经得到广泛的应用。内支撑系统由水平支撑和竖向支撑两部分组成,可选用钢支撑、混凝土支撑、钢与混凝土的混合支撑等。内支撑形式主要有:水平对撑或斜撑(可采用单杆、桁架、八字形支撑)、正交或斜交的平面杆系支撑、环形杆系或板系支撑和竖向斜撑,应综合考虑基坑平面的形状、尺寸、开挖深度、周边环境条件、主体结构的形式等因素选用。混凝土内支撑应对混凝土强度和截面尺寸进行检验,钢支撑应对截面尺寸和预加力进行检验。

(1)内支撑施工安全规定

①支撑系统的施工与拆除,应按先撑后挖、先托后拆的顺序。拆除顺序应与支护结构的设计工况相一致,并应结合现场支护结构内力与变形的监测结果进行。

②支撑结构上不应堆放材料和运行施工机械,当需要利用支撑结构兼做施工平台或栈桥时,应进行专门设计。

③基坑开挖过程中应对基坑形成的立柱进行监测,并应根据监测数据调整施工方案。

④支撑底模应具有一定的强度、刚度和稳定性,混凝土垫层不得用作底模。

⑤钢支撑吊装就位时,吊车及钢支撑下方严禁人员入内,现场应做好防下坠措施;钢支撑吊装过程中应缓慢移动,操作人员应监视周边环境,避免钢支撑刮碰坑壁、冠梁、上下钢支撑等;起吊钢支撑应先进行试吊,检查起重机的稳定性、制动的可靠性、钢支撑的平衡性、绑扎的牢固性,确认无误后方可起吊。当起重机出现倾覆现象时,应快速使钢支撑落回基座。

(2)钢支撑的预应力施加规定

①支撑安装完毕后,应及时检查各节点的连接状况,经确认符合要求后方可均匀、对称、分级施加预压力。

②预应力施加过程中应检查支撑连接节点,必要时应对支撑节点进行加固;预应力施加完毕、额定压力稳定后应锁定。

③钢支撑使用过程中应定期进行预应力监测,必要时应对预应力损失进行补偿;在周边环境保护要求较高时,宜采用钢支撑预应力自动补偿系统。

(3)立柱及立柱施工规定

①立柱桩施工前,应对其单桩承载力进行验算,竖向荷载按最不利工况取值;立柱在基坑开挖阶段应计入支撑与立柱的自重、支撑构件上的施工荷载等。

②立柱与支撑可采用铰接连接,在节点处应根据荷载大小,通过计算设置抗剪钢筋或钢牛腿等抗剪措施。立柱穿过主体结构底板以及支撑结构穿越主体结构地下室外墙的部位应采取止水构造措施。

③钢立柱周边的桩孔应采用砂石均匀回填密实。

(4)支撑拆除施工规定

①拆除施工前,必须对施工作业人员进行书面安全技术交底,施工中应加强安全检查。

②拆除作业施工范围内严禁非操作人员入内,切割焊和吊运过程中工作区严禁入内,拆除的零部件严禁随意抛落。钢筋混凝土支撑采用爆破拆除时,现场应划定危险区域,设置警戒和相关的安全标志,警戒范围内不得有人员逗留,并应派专人监管。

③支撑拆除时应设置安全可靠的防护措施和作业空间。当利用永久性结构底板或楼板作为拆除平台时,应采取有效的加固和保护措施,并征得主体结构设计单位同意。

④换撑工况应满足设计工况要求,支撑应在梁板柱结构及换撑结构达到设计要求的强度后对称拆除。

⑤支撑拆除施工过程中应加强对支撑轴力和支护结构位移的监测,变化较大时,应加密监测,并及时统计,分析上报,必要时停止施工,加强支撑。

⑥栈桥拆除施工过程中,栈桥上严禁堆载,并应限制施工机械超载;应合理制订拆除的顺序,根据支撑结构变形情况调整拆除长度,确保栈桥剩余部分结构的稳定性。

⑦钢支撑采用人工拆除和机械拆除。钢支撑拆除时应避免瞬间预加应力释放过大而导致支护结构局部变形、开裂,并应采用分步卸载钢支撑预应力的方法对其进行拆除。

（5）爆破拆除规定

①钢筋混凝土支撑爆破应根据周边环境作业条件、爆破规模,按国家现行标准《爆破安全规程》分级,采取相应的安全技术措施。

②爆破拆除钢筋混凝土支撑应进行安全评估,并经当地有关部门审核批准后实施。

③应根据支撑结构特点制订爆破拆除顺序,爆破孔宜在钢筋混凝土支撑结构施工时预留。

④支撑与围护结构或主体结构相连的区域应先行切断,在爆破支撑的顶面和底面应加设防护层。

（6）采用人工拆除或机械拆除时的规定

①当采用人工拆除作业时,作业人员应站在稳定的结构或脚手架上操作,支撑构件应采取有效的防下坠控制措施,对切断两端的支撑拆除构件应有安全的放置场所。

②应按施工组织设计选定的机械设备及吊装方案进行施工,严禁超载作业或任意扩大使用范围。

③作业中,机械不得同时回转、行走。

④对较大尺寸或自重较大的构件或材料,必须采用起重机具及时吊下。

⑤拆卸下来的各种材料应及时清理,分类堆放在指定场所。

⑥供机械设备使用和堆放拆卸下来的各种材料的场地地基承载力应满足要求。

6）土层锚杆施工安全技术

土层锚杆是一种设置于钻孔内、端部伸入稳定土层中的由钢筋或钢绞线与孔内注浆体组成的受拉杆体,它一端与工程构筑物相连,另一端锚固在土层中。通常对土层锚杆施加预应力,使其承受由土压力、水压力或风荷载等所产生的拉力。锚杆应进行抗拔承载力检验。

土层锚杆施工包括钻孔、安放拉杆、灌浆和张拉锚固等施工过程。用于基坑支护的土层锚杆可与钢板桩、钻孔灌注桩、地下连续墙等支护墙体联合使用,在我国已有不少成功经验。尤其是当深基坑邻近已有建筑物和构筑物、交通干线或地下管线时,深基坑难以放坡开挖,或深基坑宽度较大、对支护结构采用内支撑的方法不经济或不可能时,在这种情况下采用土层锚杆来支撑支护结构,维护深基坑的稳定,对简化支撑、改善施工条件和加快施工进度能起很大的作用。

（1）土层锚杆施工安全规定

①当锚杆穿越地层附近有地下管线或地下构造物时,应查明其位置、尺寸、走向、类型、使用状况等情况后,方可进行锚杆施工。

②锚杆施工前宜通过试验性施工,确定锚杆设计参数和施工工艺的合理性,并应评估对环境的影响。

③锚孔钻进作业时,应保持钻机及作业平台稳定牢靠,除钻机操作人员外还应安排至少1人协助作业。高处作业时,作业平台应设置封闭的防护措施,作业人员应佩戴防护用品。注浆操作时,相关作业人员必须佩戴防护眼镜。

④锚杆钻机应安设安全可靠的反力装置。在有地下承压水地层钻进时,孔口必须设置可靠的防喷装置,当发生漏水、涌砂时,应及时封闭孔口。

⑤注浆管路连接应牢固可靠,保障畅通,防止塞泵、塞管。注浆施工过程中,应加强现场巡视,对注浆管路应采取保护措施。

⑥锚杆注浆时,注浆罐内应保持一定数量的浆料,以防止罐体放空、伤人。处理管路堵塞前,应消除罐内压力。

⑦锚杆试验时,计量仪表连接必须牢固可靠,前方和下方严禁站人。当锚杆承载力测试结果不满足设计要求时,应将检测结果提交设计复核,并提出补救措施。

(2)预应力锚杆施工规定

①预应力锚杆张拉作业前应检查高压油泵与千斤顶之间的连接件,连接必须完好、紧固。张拉设备应可靠,作业前必须在张拉端设置有效的防护措施。

②锚杆钢筋或钢绞线应连接牢固,严禁在张拉时发生脱扣现象。

③张拉过程中,孔口前方严禁站人,操作人员应站在千斤顶侧面操作。

④张拉施工时,其下方严禁进行其他操作,严禁采用敲击方法调整施力装置,不得在锚杆端部悬挂重物或碰撞锚具。

⑤锚杆锁定应控制相邻锚杆张拉锁定引起的预应力损失,当锚杆出现锚头松弛、脱落、锚具失效等情况时,应及时进行修复并对其进行再次张拉锁定。

▶2.3.3 土钉墙支护结构施工安全技术

土钉墙是用于保持基坑侧壁或边坡稳定的一种挡土结构,它是一种原位土体加固技术。典型的土钉墙包括3个部分:置于原位土体中的土钉及其周围的注浆体、被加固的土体、坡面上的喷射混凝土面层。土钉墙充分利用土体的自承能力,通过锚喷网进一步增强土体的强度和稳定性,形成了一种自稳性结构的主动支护体系。土钉应进行抗拔承载力检验。土钉墙的应用范围很广,主要用于土体开挖时的临时支护、加固边坡,也可作为永久挡土结构。目前,通常在基坑开挖深度不大、地质条件及周边环境较为简单的情况下使用土钉墙,更多的时候采用的是复合土钉墙。

复合土钉墙是在土钉墙的基础上发展起来的新型支护结构,其原理是将土钉墙与止水帷幕、微型桩及预应力锚杆等构件结合起来,根据工程具体条件选择与其中一种或多种组合,从而形成复合土钉墙。复合土钉墙具有基本型土钉墙的全部优点,又克服了其大多数缺陷,其整体稳定性、抗隆起及抗渗流等性能大大提高,能够有效地控制基坑的水平位移,增加支护深度,几乎可以适用于各种土层,大大拓宽了土钉墙的应用范围。

1)土钉墙支护的特点

土钉墙作为一种基坑支护方法,与传统支护技术相比,具有以下特点:

①结构轻巧、有柔性,可靠度高。通过喷锚,与加固岩土形成复合体,允许边坡有少量变形,受力效果大大改善。土钉数量众多,个别土钉失效对整个边坡影响不大。

②施工机具轻便简单、灵活,所需场地小,工人劳动强度低,在现场狭小、放坡困难、有相邻建筑物时尤显其优越性。

③基坑开挖自上而下逐层分段开挖作业,边开挖边喷锚,可及时对边坡进行封闭,从而防止水土流失及雨水、地下水对边坡的冲刷侵蚀。

④施工设备及施工工艺简单,土钉墙本身变形很小,施工噪声、振动小,对周围环境干扰小,施工速度快,施工效率高,占用周期短。

⑤材料用量及工程量少,工程造价较其他支护结构显著降低。

2) 土钉墙支护的施工方法

土钉墙应按每层土钉及混凝土面层分层设置、分层开挖基坑的步序施工,其施工流程一般为:开挖工作面→整修坡面→初喷第一层混凝土→钻孔→插入土钉→注浆→绑扎钢筋网→安装泄水管→复喷第二层混凝土→养护→开挖下一层工作面,重复以上工作直至完成。

基坑要按设计要求严格分层分段开挖,在上一层作业面的土钉与喷射混凝土面层达到设计强度的70%以前,不得进行下一层土层的开挖。每层开挖最大深度取决于土壁可以自稳而不发生滑动破坏的能力,实际工程中基坑每层开挖深度通常为土钉的竖向间距。坡面开挖后需切削清坡,以使坡度及坡面平整度达到设计要求。坡面整修后应尽快做好面层,即对修整后的边壁立即喷上一层薄混凝土或砂浆,若土层地质条件好可省去该道面层。

对于钢筋钉,通常是先在土体中成孔,然后置入土钉钢筋并沿全长注浆;对于钢管钉,可打入土体后再由钢管内注浆。钻孔前,应根据设计要求定出孔位并作出标记及编号。应根据土层的性状选择洛阳铲、螺旋钻、冲击钻、地质钻等成孔方法,采用的成孔方法应能保证孔壁的稳定性,减小对孔壁的扰动。成孔后要进行清孔检查,若孔中出现局部渗水、塌孔或掉落松土则应立即处理。土钉置入孔中前,要先在钢筋上安装对中定位支架,以保证钢筋处于孔位中心且注浆后其保护层厚度不小于25 mm。钢筋置入孔中后即可进行注浆处理,注浆时应采取必要的排气措施。对于向下倾角的土钉,注浆采用重力或低压注浆时宜采用底部注浆方式;对于水平钻孔的土钉,应采用口部压力注浆或分段压力注浆。

在喷第二层混凝土之前,应先按设计要求在坡面上绑扎、固定钢筋网。土钉钢筋与面层钢筋网的连接可通过垫板、螺帽及土钉端部螺纹杆固定,也可通过井字加强钢筋直接焊接在钢筋网上。为保证喷射混凝土厚度达到均匀的设计值,可在边壁上隔一定距离打入垂直短钢筋段作为厚度标志。面层混凝土喷射后2~4 h应进行养护,养护时间宜为3~7 d,视当地环境条件采用喷水、覆盖浇水或喷涂养护剂等养护方法。

3) 土钉墙支护的施工安全

(1)土钉墙支护施工要求

土钉墙支护施工应与降水、土方开挖相互交叉配合进行,并应符合下列规定:

①分层开挖厚度应与土钉竖向间距协调同步,逐层施工,禁止超挖。

②开挖后应及时封闭临空面,完成土钉墙支护;在易产生局部失稳的土层中,土钉上下排距较大时,宜将开挖分为两层并严格控制开挖分层厚度,及时喷射混凝土底面层。

③上一层土钉完成注浆后,应满足设计要求或至少间隔48 h方可允许开挖下一层土方。

④施工期间,坡顶应按超载值设计要求控制施工荷载。

⑤严禁土方开挖设备碰撞上部已施工土钉,严禁振动源振动土钉侧壁。

⑥对环境调查结果显示基坑侧壁地下管线存在渗漏或存在地表水补给的工程,应反馈修改设计,提高土钉设计安全度,必要时调整支护结构方案。

⑦施工过程中,应对产生的地面裂缝进行观测和分析,并及时反馈设计单位,采取相应措施控制裂缝的发展。

（2）土钉施工要求

①干作业法施工时，应先降低地下水位，严禁在地下水位以下成孔施工。

②当成孔过程中遇有障碍物或成孔困难需调整孔位及土钉长度时，应对土钉承载力及支护结构安全度进行复核计算，并应根据复核计算的结果调整设计。

③对于灵敏度较高的粉土、粉质黏土及可能产生液化的土体，禁止采用振动法施工土钉。

④设有水泥土截水帷幕的土钉支护结构，土钉成孔过程中应采取措施防止水土流失。

⑤土钉应采用孔底注浆施工，严禁采用孔口重力式注浆；对空隙较大的土层，应采用较小的水灰比，并应采取二次注浆方法。

（3）喷射混凝土作业要求

①作业人员应佩戴防尘口罩、防护眼镜等防护用具，并避免直接接触液体速凝剂，接触后应立即用清水冲洗；非施工人员不得进入喷射混凝土的作业区，施工中喷嘴前严禁站人。

②喷射混凝土施工中应检查输料管、接头的情况，当有磨损、击穿或松脱时应及时处理。

③喷射混凝土作业中如发生输料管路堵塞或爆裂，必须依次停止投料、送水和供风。

④冬期没有可靠保温措施条件时不得施工土钉墙。

2.4　深基坑工程地下水与地表水控制、土石方开挖及施工监测

▶2.4.1　深基坑工程地下水与地表水控制

在基坑施工时，当基坑底面开挖到地下水位之下后，由于土的含水层被切断，地下水会不断渗入坑内；在雨期施工时，地表水也易流入基坑内。如果不及时排走基坑内积水，不仅会使施工条件恶化，还会使坑底土被水泡软，造成坑底地基土承载力下降，甚至造成边坡塌方，严重时甚至会危及邻近建筑物的安全。因此，基坑施工应采用明排水法或井点降水，排除基坑内积水或使地下水位低于基坑坑底。当地下水位变化对建设工程及周边环境安全产生不利影响时，应采取安全、有效的处置措施。当降水可能对基坑周边建（构）筑物、地下管线、道路等市政设施造成危害或对环境造成长期不利影响时，应采用截水、回灌等方法控制地下水。

1）地下水与地表水控制的一般规定

①应根据设计文件、基坑开挖场地工程地质、水文地质条件及基坑边环境条件编制施工组织设计或施工方案。

②降排水施工方案应包含各种泵的扬程、功率，排水管路尺寸、材料、路线，水箱位置、尺寸，电力配置等。降排水系统应保证水流排入市政管网或排水渠道，应采取措施防止抽出的水倒灌流入基坑内。

③当采用的降水方法不能满足设计要求时，或基坑内坡道或通道等无法按防水设计方案实施时，应反馈设计单位调整设计，制订补充措施。

④当基坑内出现临时局部深挖时，可采用集水明排、盲沟等技术措施，并应与整体降水系统有效配合。

⑤抽水应采取措施控制出水含砂量，含砂量控制应满足设计要求，并应满足有关规范要求。

⑥当支护结构或地基处理施工时,应采取措施防止打桩、注浆等行为造成管井、井点失效。

⑦当坑底下部的承压水影响到基坑安全时,应采取坑底土体加固或降低承压水头等治理措施。

⑧应进行中长期天气预报资料收集,编制晴雨表,根据天气预报实时调整施工进度。降雨前应对已挖开未进行支护的侧壁采取覆盖措施,并应配备设备及时排走基坑内积水。

⑨当因地下水或地表水控制原因引起基坑周边建(构)筑物或地下管线产生超限沉降时,应查找原因并采取有效控制措施。

⑩基坑降水期间应根据施工组织设计配备发电机组,并应进行相应的供电切换演练。所有电力系统的电缆的拆除必须由专业人员负责,井管、水泵的安装应采用起重设备。

⑪降水运行阶段应有专人值班,对降排水系统进行定期或不定期巡查,防止因停电或其他因素影响降排水系统正常运行。

2)明排水法施工安全技术

明排水法也称集水井降水法,其原理是在基坑底部四周挖排水沟,在排水沟上每隔一定距离设集水井,当基坑开挖深度超过地下水位后,地下水流入排水沟和集水井,在集水井内设水泵将水抽排出基坑。随着基坑开挖深度的增加,排水沟与集水井的深度也持续加深,并需及时将集水井中的水排出基坑。地表排水系统应能满足明水和地下水的排放要求,地表排水系统应采取防渗措施。湿陷性黄土地区基坑工程施工时,应采取防止水浸入基坑的处理措施。

土质边坡开挖时,应采取排水措施,坡面及坡脚不得积水。边坡坡顶、基坑顶部及底部应采取截水或排水措施。排水沟和集水井宜布置于地下结构外侧,距坡脚不宜小于 0.5 m。单级放坡的基坑降水井宜设计在坡顶,多级放坡的基坑的降水井宜设置于坡顶、放坡平台。排水沟深度和宽度应根据基坑排水量确定,排水沟底宽不宜小于 300 mm。集水井壁应有防护结构,并应设置碎石滤水层、泵端纱网。集水井的大小和数量应根据基坑涌水量和渗漏水量、积水水量确定,且直径(或宽度)不宜小于 0.6 m,底面比排水沟沟底深不宜小于 0.5 m,间距不宜大于 30 m。排水沟或集水井的排水量计算应满足下式要求:

$$V \geqslant 1.5Q$$

式中　V——排水量,m³/d;

　　　Q——基坑涌水量,m³/d,按降水设计计算或根据工程经验确定。

3)井点降水施工安全技术

井点降水是在基坑开挖前,在基坑四周埋设一定数量的下设滤管的井点管或管井,利用抽水设备把水抽走,使地下水位始终低于基坑坑底。井点降水所采用的井点类型有轻型井点、喷射井点、电渗井点、管井井点、深井井点等。

井点降水的施工包括井点埋设、井点连接与试抽、井点运转与监测、井点拆除。此外,降水及回灌施工应设置水位观测井,基坑降水应对水位降深进行监测;停止降水后,应对降水管采取封井措施。在井点降水施工中,应满足以下规定:

①当降水管井采用钻、冲孔法施工时,应符合下列规定:

A.应采取措施防止机具突然倾倒或钻具下落造成人员伤亡或设备损坏。

B.施工前先查明井位附近地下构筑物及地下电源、水、煤气管道的情况,并应采取有效防护措施。

C.钻机转动部位应有安全防护罩。

D.在架空输电线附近施工,应按安全操作规程的有关规定进行,钻架与高压线之间应有可靠的安全距离。

E.夜间施工要有足够的照明设备,对钻机操作台、传动及转盘等危险部位和主要通道不能留有黑影。

②降水系统运行应符合下列规定:

A.降水系统应进行试运行,试运行之前应测定各井口和地面标高、静止水位,检查抽水设备、抽水和排水系统;试运行抽水控制时间为 1 d,并应检查出水质量和出水量,降水井的出水量及降水效果应满足设计要求。

B.轻型井点降水系统运行应符合下列规定:

a.总管与真空泵接好后应开动真空泵开始试抽水,检查泵的工作状态。

b.真空泵的真空度应达到 0.08 MPa 及以上。

c.正式抽水宜在预抽水时间 15 d 后进行。

d.应及时做好降水记录。

C.管井降水抽水运行应符合下列规定:

a.正式抽水宜在预抽水 3 d 后进行。

b.坑内降水井宜在基坑开挖 20 d 前开始运行。

c.应加盖保护深井井口;车辆运行道路上的降水井,应加盖市政承重井盖,排水通道宜采用暗沟或暗管。

D.真空降水管井抽水运行应符合下列规定:

a.井点使用时抽水应连续,不得停泵,并应配备能自动切换的电源。

b.当降水过程中出现长时间抽浑水或出现清后又浑情况时,应立即检查纠正。

c.应采取措施防止漏气,真空度应控制在 $-0.03 \sim -0.06$ MPa;当真空度达不到要求时,应检查管道漏气情况并及时修复。

d.当井点管淤塞太多、严重影响降水效果时,应逐个用高压水反复冲洗井点管或拔出重新埋设。

e.应根据工程经验和运行条件、泵的质量情况等,配备一定数量的备用射流泵。对使用的射流泵应进行日常保养和检查,发现不正常应及时更换。

③降水井随基坑开挖深度需切割时,对继续运行的降水井应去除井管四周地面下 1 m 的滤料层,并应采用黏土封井后再运行。

④井点的拔除或封井方案应满足设计要求,并应在施工组织设计中体现。

4)截水帷幕施工安全技术

截水帷幕是由水泥土桩或钢板桩相互咬合搭接形成,用以阻隔或减少地下水通过基坑侧壁与坑底流入基坑,控制基坑外地下水位下降的幕墙状结构。目前,基坑截水可采用水泥土搅拌桩、高压旋喷桩、注浆法、地下连续墙和小锁口钢板桩等,当有可靠工程经验时,也可采用地层冻结技术(冻结法)阻隔地下水。

截水帷幕的渗透系数宜小于 1.0×10^{-6} cm/s。在粉性或砂性土中施工水泥土截水帷幕,宜采用适合的添加剂,降低截水帷幕渗透系数,并应对帷幕的渗透系数进行检验。当检查结果不能满足设计要求时,应进行设计复核。若支护结构的支护桩采用灌注桩的形式,截水帷幕与灌注桩之间不应存在间隙,当环境保护设计要求高时,应在灌注桩与截水帷幕之间采取注浆加固等措施。

①注浆法帷幕施工应符合下列规定:

A.注浆帷幕施工前应进行现场注浆试验,试验孔的布置应选取具有代表性的地段,并应在土层中采用钻孔取芯结合注水试验检验截水防渗效果。

B.注浆管上拔时宜用拔管机。

C.当土层存在动水或土层较软弱时,可采用双液注浆法来控制浆液的渗流范围,两种浆液混合后在管内的时间应小于浆液的凝固时间。

D.应保证施工桩径,并确保相邻桩搭接要求;当采用高压喷射注浆法作局部截水帷幕时,应采用复喷工艺,喷浆下沉或提升速度不应大于 300 mm/min。

E.应采取措施减少二重管、三重管高压喷射注浆施工对周边建筑物、地下管线沉降变形的影响,必要时应调整帷幕桩墙设计。

②三轴水泥搅拌桩截水帷幕施工应符合下列规定:

A.应采用套接孔法施工,相邻桩的搭接时间间隔不宜大于 24 h。

B.当帷幕墙前设置混凝土排桩时,宜先施工截水帷幕,后施工灌注排桩。

C.当采用多排三轴水泥土搅拌桩内套挡土桩墙方案时,应控制三轴搅拌桩施工对基坑周边的影响。

③钢板截水桩应符合下列规定:

A.应评估钢板桩施工对周边环境的影响。

B.在拔除钢板桩前应先用振动锤振动钢板桩,拔除的桩孔位应采用注浆回填。

C.钢板桩打入与拔出时应对周边环境进行监测。

④兼作截水帷幕的钻孔咬合桩施工应符合下列规定:

A.宜采用软切割全套管钻机施工。

B.砂土中的全套管钻孔咬合桩施工,应根据产生管涌的不同情况,采取相应的克服砂土管涌的技术措施,并应随时观测孔内地下水和穿越砂层的动态,按少取土多压进的原则操作,确保套管超前。

C.套管底口应始终保持超前于开挖面 2.5 m 以上,当遇套管底无法超前时,可向管内注水来平衡第一序列桩混凝土的压力,阻止管涌发生。

⑤冻结法截水帷幕施工应符合下列规定:

A.冻结孔施工应具备可靠稳定的电源和预备电源。

B.冻结管接头强度应满足拔管和冻结壁的变形作用要求,冻结管下入地层后应进行试压。

C.冻结站安装应进行管路密封性试验,并应采取措施保证冻结站的冷却效率,正式运转后不得无故停止或减少供冷。

D.施工过程应采取措施减小成孔引起的土层沉降,并及时监测倾斜指标。

E.开挖前应对冻结壁的形成进行检测分析,并对冻结运转参数进行评估;检验合格以及施工准备工作就绪后方可进行试开挖判定,具备开挖条件后才可进行正式开挖。

F.开挖过程应维持地层的温度稳定,并对冻结壁进行位移和温度监测。

G.冻结壁解冻过程中应对土层和周边环境进行连续监测,必要时应对地层采取补偿注浆等措施;冻结壁全部融化后应继续监测直至沉降达到控制要求。

H.冻结工作结束后,应对遗留在地层中的冻结管进行填充和封孔,并应保留记录。

I.冻结工站拆除时应回收盐水,不得随意排放。

⑥截水帷幕质量控制和保护应符合下列规定:

A.截水帷幕深度应满足设计要求。

B.截水帷幕的平面位置和垂直度偏差应符合设计要求。

C.截水帷幕水泥掺入量与桩体质量应满足设计要求。

D.帷幕的养护龄期应满足设计要求。

E.支护结构变形量应满足设计要求。

F.严禁土方开挖和运输破坏截水帷幕。

⑦截水帷幕失效时可采取下列处理措施:

A.设置导流水管。

B.采用遇水膨胀材料或采用压密注浆、聚氨酯注浆等方法堵漏。

C.采用快硬早强混凝土浇筑挡墙。

D.在基坑内壁采用高压旋喷或水泥土搅拌桩增设止水帷幕。

E.增设坑内降水和排水设施。

5)回灌施工安全技术

当基坑降水引起的土层变形对基坑周边环境产生不利影响时,宜在降水井外侧采用回灌方法减少土层变形量。回灌系统应根据防水布置、出水量、现场条件建立,并应通过现场试验确定回灌量和回灌工艺。

地下水控制工程应采取措施防止地下水水质恶化,不得造成不同水质类别地下水的混融;且不得危及周边建(构)筑物、地下管线、道路、城市轨道交通等市政设施的安全,影响其正常使用。地下水回灌应采用同层回灌,当采用非同层地下水回灌时,回灌水源的水质不应低于回灌目标含水层的水质。地下水回灌施工应对回灌量和水质进行监测。

回灌水量应保持稳定,应根据水位观测孔中水位变化进行控制和调节,严禁超灌引起湿陷事故。回灌方法宜采用管井回灌,回灌井与降水井的距离不宜小于6 m,深度宜进入稳定水面以下1 m,回灌井的间距应根据回灌水量的要求和降水井的间距确定。回灌砂井中的砂宜为不均匀系数为3~5的纯净中粗砂,含泥量不大于3%,灌砂量应不少于孔体积的95%。当回灌管路产生堵塞时,应根据产生堵塞的原因,采取连续反冲洗方法、间歇停泵反冲洗与压力灌水相结合的方法进行处理。

▶2.4.2 深基坑工程土石方开挖施工安全

深基坑土石方开挖的施工方案应结合基坑支护结构确定。按照基坑支护结构形式不同,基坑土石方开挖可分为无内支撑的基坑开挖和有内支撑的基坑开挖。另外,根据基坑开挖方法不同,基坑土石方开挖可分为明挖法和暗挖法。

深基坑工程土石方开挖施工前,应根据基坑支护设计、降排水方案和施工现场条件等,编制深基坑开挖专项施工方案,并按规定履行审批手续。深基坑开挖专项施工方案的主要内容应包括工程概况、地质勘查资料、施工平面及场内道路、挖土机械选型、挖土工况、挖土方法、排水措施、季节性施工措施、支护结构变形控制和环境保护措施、监测方案、应急预案等。

为保证基坑及周边环境的安全,基坑开挖前必须先进行支护结构施工,在支护结构未达到设计强度前进行基坑开挖时,严禁在设计预计的滑(破)裂面范围内堆载;临时土石方的堆放应进行包括自身稳定性、邻近建筑物地基承载力、变形、稳定性和基坑稳定性验算。

土方开挖的顺序、方法应与设计工况一致,严禁超挖。当场地内开挖的槽、坑、沟、池等积水深度超过0.5 m时,应采取安全防护措施。边坡及基坑周边堆放材料、停放设备设施或使用机械设备等荷载严禁超过设计要求的地面荷载限值。边坡及基坑开挖作业过程中,应根据设计和施工方案进行监测。当基坑出现下列现象时,应及时采取处理措施,处理后方可继续施工:①支护结构或周边建筑物变形值超过设计变形控制值;②基坑侧壁出现大量漏水、流土,或基坑底部出现管涌;③桩间土流失孔洞深度超过桩径。

基坑、管沟边沿及边坡等危险地段施工时,应设置安全护栏和明显警示标志。夜间施工时,现场照明条件应满足施工需要。基坑开挖应分层进行,内支撑结构基坑开挖尚应均衡进行;基坑开挖不得损坏支护结构、降水设施和工程桩等;基坑开挖至坑底标高时,应对坑底标高进行检验和及时进行坑底封闭,并采取防止水浸、暴露和扰动基底原状土的措施。基坑开挖后,建设单位应会同勘察、设计、施工和监理单位实地验槽,并应会签验槽记录。

边坡开挖时,应由上往下依次进行;边坡开挖严禁下部掏挖、无序开挖作业;未经设计确认严禁大面积开挖、爆破作业。

基坑回填应在具有挡土功能的结构强度达到设计要求后进行。回填土应控制土料含水率及分层压实厚度等参数,严禁使用淤泥、沼泽土、泥炭土、冻土、有机土或含生活垃圾的土。基坑回填应排除积水,清除虚土和建筑垃圾,填土应按设计要求选料,分层填筑压实,对称进行,且压实系数应满足设计要求。基坑回填时,应对回填施工质量进行检验。

1)深基坑工程土石方开挖施工的一般规定

①土石方开挖前应对围护结构和防水效果进行检查,满足设计要求后方可开挖,开挖中应对临时开挖侧壁的稳定性进行验算。

②基坑开挖除应满足设计工况要求,按分层开挖,分段开挖,限时、限高开挖和均衡、对称开挖的原则进行外,还应符合下列规定:

A.当挖土机械、运输车辆直接进入坑底进行施工作业时,应采取措施保证坡道稳定,坡道坡度不应大于1:7,坡道宽度应满足行车要求。

B.基坑周边、放坡平台的施工荷载应按设计要求进行控制。

C.基坑开挖的土方不应在邻近建筑及基坑周边影响范围内堆放,当需要堆放时应进行承载力和相关稳定性验算。

D.邻近基坑边的局部深坑宜在大面积垫层完成后开挖。

E.挖土机械严禁碰撞工程桩、围护墙、支撑、立柱和立柱桩、降水井管、监测点等。

F.当基坑开挖深度范围内有地下水时,应采取有效的降水与排水措施,地下水在每层土方开挖面以下800~1 000 mm。

③基坑开挖过程中,当基坑周边相邻工程进行桩基、基坑支护、土方开挖、爆破等施工作业时,应根据相互之间施工影响,采取可靠的安全技术措施。

④基坑开挖应采用信息施工法,根据基坑周边环境的监测数据,及时调整基坑开挖的施

工顺序和施工方法。

⑤在土方开挖施工过程中,当发现有毒有害液体、气体、固体时,应立即停止作业,进行现场保护,并报有关部门处理后方可继续施工。

⑥土石方爆破应符合现行行业标准《建筑施工土石方工程安全技术规范》(JGJ 180)的规定。

2)无内支撑基坑土石方开挖施工安全技术

无内支撑基坑是指在基坑开挖深度范围内不设置内部支撑的基坑,包括采用放坡开挖的基坑,以及采用重力式水泥土墙支护、土钉墙支护、土层锚杆支护、钢板桩拉锚支护、板式悬臂支护的基坑。无内支撑的基坑开挖一般采用明挖法。

①放坡开挖的基坑,其边坡应符合下列规定:

A.坡面可采用钢丝网水泥砂浆或现浇混凝土护坡面层覆盖,现浇混凝土可采用钢板网喷射混凝土。护坡面的厚度不应小于 50 mm,混凝土强度等级不宜低于 C20,配筋情况根据设计确定。混凝土面层应采用短土钉固定。

B.护坡面层宜扩展至坡顶和坡脚一定的距离,坡顶可与施工道路相连,坡脚可与垫层相连。

C.护坡应设置泄水孔,间距应根据设计确定。当无设计要求时,可采用 1.5~3.0 m。

D.当进行分级放坡开挖时,在上一级基坑坡面处理完成之前,严禁下一级基坑坡面土方开挖。

E.放坡开挖的基坑,坡顶和坡脚应设置截水明沟、集水井。

②采用土钉或复合土钉墙支护的基坑开挖施工,应符合下列规定:

A.截水帷幕、微型桩的强度和龄期应达到设计要求后方可进行土方开挖。

B.基坑开挖应与土钉施工分层交替进行,并应缩短无支护暴露时间。

C.面积较大的基坑可采用岛式开挖方式,先挖除距基坑边 8~10 m 的土方,再挖除基坑中部的土方。岛式开挖应符合下列规定:

a.边部土方的开挖范围应根据支撑布置形式、围护墙变形控制等因素确定;边部土方应采用分段开挖的方法,减小围护墙无支撑或无垫层暴露时间。

b.中部岛状土体的各级放坡和总放坡应验算稳定性。

c.中部岛状土体的开挖应均衡对称进行。

d.应采用分层分段方法进行土方开挖,每层土方开挖的底标高应低于相应土钉位置,且距离不宜大于 200~500 mm,每层分段长度不应大于 30 m。

e.应在土钉承载力或龄期达到设计要求后开挖下一层土方。

③采用锚杆支护的基坑开挖施工应符合下列规定:

A.面层及排桩、微型桩、截水帷幕的强度和龄期应达到设计要求后方可进行土方开挖。

B.基坑开挖应与锚杆施工分层交替进行,并应缩短无支撑暴露时间。

C.锚杆承载力、龄期达到设计强度后方可进行下一层土开挖。

D.预应力锚杆应经试验检测合格后方可进行下一层土开挖,并应对预应力进行监测。

④采用水泥土重力式围护墙的基坑开挖施工应符合下列规定:

A.水泥土重力式围护墙的强度、龄期应达到设计要求后方可进行土方开挖。

B.面积较大的基坑宜采用盆式开挖方式,盆边留土平台宽度不应小于 8 m。

C.土方开挖至坑底后应及时浇筑垫层,围护墙无垫层暴露长度不宜大于 25 m。

3) 有内支撑基坑土石方开挖施工安全技术

有内支撑的基坑是指在基坑开挖深度范围内设置一道或多道内部临时支撑的基坑,或者用水平梁板结构代替内部临时支撑的基坑。通常,前者的土方开挖一般采用明挖法;后者的土方开挖一般采用暗挖法;也有在基坑内部部分区域采用明挖和部分区域采用暗挖的明暗结合的挖土方式。

当基坑工程采用明挖施工需穿越公路时,往往要占用道路,影响交通,则可采用盖挖法,即由地面向下开挖至一定深度后,将顶部封闭,其余的下部工程在封闭的顶盖下进行施工,主体施工可以顺作,也可以逆作。盖挖法施工工艺的土方开挖属于暗挖法的一种形式。

有内支撑基坑土石方开挖应符合下列规定:

①基坑开挖应按先撑后挖、限时开挖、对称开挖、分层开挖、分区开挖等原则确定开挖顺序,严禁超挖,应减小无支撑暴露时间和空间。混凝土支撑应在达到设计强度后,进行下层土方开挖;钢支撑应在质量验收并按设计要求施加预应力后,进行下层开挖。

②挖土机械不应停留在水平支撑上方进行挖土作业,当在支撑上部行走时,应在支撑上方回填不少于 300 mm 厚的土层,并采取铺设路基箱等措施。

③立柱桩周边 300 mm 土层及塔吊基础下钢格构柱周边 300 mm 土层应采用人工挖除,格构柱内土方宜采用人工清除。

④采用逆作法、盖挖法进行暗挖施工应符合下列规定:

A.基坑土方开挖和结构工程施工的方法和顺序应满足设计工况要求。

B.基坑土方分层、分段、分块开挖后,应按施工方案的要求,限时完成水平支护结构施工。

C.当狭长形基坑暗挖时,宜采用分层分段开挖方法,分段和长度不宜大于 25 m。

D.面积较大的基坑应采用盆式开挖方式,盆式开挖的取土口位置与基坑边距离不宜小于 8 m。

E.基坑暗挖作业应根据结构预留洞口位置、间距、大小,增设强制通风设施。

F.基坑暗挖作业应设置足够的照明设施,照明设施应根据挖土过程配置。

G.逆作法施工,梁板底模采用模板支撑系统,模板支撑下的地基承载力应满足要求。

⑤当有内支撑土石方开挖采用盆式开挖时,应符合下列规定:

A.中部土方的开挖范围应根据支撑形式、围护墙变形控制、坑边土体加固等因素确定;中部有支撑时应先完成中部支撑,再开挖盆边土方。

B.盆边开挖形成的临时边坡应进行稳定性验算。

C.盆边土体应分块对称开挖,分块大小应根据支撑平面布置确定,应限时完成支撑。

D.软土地基盆式开挖的坡面可采取降水、护坡、土体加固等措施。

▶2.4.3 深基坑工程施工监测

在基坑开挖过程中,基坑内外的土体将由原来的静止土压力状态向被动和主动土压力状态转变,应力状态的改变将引起土体的变形,即使有挡土支护措施,支护结构的变形也是不可避免的。如果变形值超出允许的范围,将会对支护结构本身造成危害,进而危及基坑周围的建(构)筑物及地下管线。因此,在深基坑施工过程中,必须对支护结构、土体与周边环境的变化、支护结构的应力和地下水的动态加强监测,实施信息化施工。

1)基坑工程施工监测的一般规定

①基坑施工过程除应按现行国家标准《建筑基坑工程监测技术标准》(GB 50497—2019)的规定进行专业监测外,施工方应同时编制施工监测方案并实施,施工监测方案应包括以下方面的内容:工程概况,场地工程地质,水文地质条件及基坑周边环境状况,监测目的,编制依据,监测范围、对象及项目,基准点、工作基点、监测点的布设要求及测点布置图,监测方法和精度等级,监测人员配备和使用的主要仪器设备,监测期和监测频率,监测数据处理、分析与信息反馈,监测预警、异常及危险情况下的监测措施,质量管理,监测作业安全及其他管理制度。

②应根据环境调查结果,分析评估基坑周边环境的变形敏感度,宜根据基坑支护设计单位提出的各个施工阶段变形设计值和报警值,在施工前对周边敏感的建筑物及管线设施预先采取加固措施。

③施工过程中,应根据第三方专业监测和施工监测结果,及时分析评估基坑的安全状况。对可能危及基坑安全的质量问题,应采取补救措施。

④监测标志应稳固、明显,位置应避开障碍物,便于观测;对监测点应有专人负责保护,监测过程中也应有工作人员的安全保护措施。

⑤遇到连续降雨等不利天气状况时,监测工作不得中断,并应同时采取措施确保监测工作的安全。

2)基坑工程监测的基本要求

①监测工作应严格按照施工监测方案执行。

②监测数据必须可靠。

③监测必须及时。

④监测应有完整的观测记录、图表、曲线和监测报告。

3)基坑工程监测与巡视检查的内容

施工监测应采用仪器监测与巡视检查相结合的方法,用于监测的仪器应按测量仪器有关要求定期标定。对有特殊要求或安全等级为一级的基坑工程,应根据基坑现场施工作业计划制订基坑施工安全监测应急预案。

(1)施工监测的主要内容

①基坑周边地面沉降。

②周边重要建筑沉降。

③周边建筑物、地面裂缝。

④支护结构裂缝。

⑤坑内外地下水位。

⑥地下管线渗漏情况。

⑦对安全等级为一级的基坑工程,施工监测的内容尚应包括:围护墙或临时开挖边坡顶部水平位移和竖向位移、坑底隆起、支护结构与主体结构相结合时主体结构的相关监测。

⑧安全等级为一级、二级的支护结构,在基坑开挖过程与支护结构使用期内,必须进行支护结构的水平位移监测和基坑开挖影响范围内建(构)筑物、地面的沉降监测。

(2)巡视检查应包含的内容

基坑工程施工过程中,每天应有专人进行巡视检查。巡视检查宜以目视为主,可辅以锤、钎、量尺、放大镜等工器具及摄像、摄影等手段进行,并应做好巡视记录。如发现异常情况和危险情况,应对照仪器监测数据进行综合分析。

①支护结构。对支护结构,巡视检查应包含下列内容:支护结构的成型质量;冠梁、围檩、支撑裂缝及开展情况;冠梁、围檩或腰梁的连续性及变形情况;止水帷幕开裂、渗漏情况;墙后土体裂缝、沉陷和滑移情况;锚杆垫板的松动变形情况;基坑涌土、流砂、管涌情况。

②施工状况。对施工状况,巡视检查应包含下列内容:土质情况是否与勘察报告一致;基坑开挖分段长度、分层厚度、临时边坡、支锚设置是否与设计要求一致;场地地表水、地下水排放状况是否正常,基坑降水、回灌设施运转情况是否正常;支撑锚杆是否施工及时,基坑周边堆载与设计要求符合情况。

③周边环境。对周边环境,巡视检查应包含下列内容:周边管道破损、泄漏情况;周边建筑开裂、裂缝发展情况;周边道路开裂、沉陷情况;邻近基坑及建筑的施工状况。

④监测设施。对监测设施,巡视检查应包含下列内容:基准点、监测点完好状况;监测元件的完好和保护情况;影响观测工作的障碍物情况。

基坑工程监测数据超过预警值,或出现基坑、周边建(构)筑物、管线失稳破坏征兆时,应立即停止基坑危险部位的土方开挖及其他有风险的施工作业,进行风险评估,并采取应急处置措施。

思考题

1.深基坑工程的特点有哪些?

2.试述建筑深基坑工程的安全等级的划分。

3.试述深基坑工程支护结构的类型。

4.简述深基坑工程信息施工法的概念。

5.试述深基坑工程施工组织设计的内容。

6.试述深基坑工程施工安全专项方案的主要内容。

7.重力式水泥土墙的破坏形式有哪些?

8.试述深基坑工程施工中支挡式结构的类型。

9.试述深基坑工程施工中钢板桩围护墙的形式及施工方法。

10.试述深基坑工程开挖专项施工方案的主要内容。

11.试述深基坑工程施工中施工监测包括的主要内容。

高大模板支架工程安全技术

[本章学习目标]

　　高大模板支架由于其较大的危险性及发生事故后的危害性,比普通模板支架具有更高的承载力及稳定性要求、更严格的构造及搭设要求、更严格的使用及监督管理规定。本章介绍了常用高大模板支架的类型、结构设计方法、构造要求以及施工和安全管理等内容。通过本章的学习,应达到以下学习目标:

　　1.了解:常用高大模板支架的类型及组成;

　　2.熟悉:高大模板支架的结构设计方法;

　　3.掌握:高大模板支架的构造要求及施工和安全管理规定。

[工程实例导入]

　　在现浇混凝土结构施工过程中,模板支架垮塌重大安全事故时有发生,其中高大模板支撑系统垮塌事故占有极高的比例。绝大多数高大模板支撑系统垮塌事故均由支架的失稳破坏导致,而且多发生在混凝土浇筑过程中或浇筑快完成时。此类事故往往造成施工作业人员群死群伤,带来巨大的经济损失和重大不良社会影响。例如2015年4月11日,河北新乐市某工地在浇筑梁板混凝土过程中,发生高大模板支架坍塌事故,造成5人死亡、4人受伤,直接经济损失约480万元(图3.1)。

图 3.1　河北新乐市某工地高大模板支架坍塌事故现场

3.1　概述

▶3.1.1　高大模板支架的基本概念

混凝土结构工程由于对大空间的使用,以及建筑造型、结构转换等需要,出现了许多净空较高、跨度较大的结构及大截面构件。因此,施工中高大模板及其支撑系统的支设及施工安全问题相伴而来。

所谓高大模板支撑系统,是指建设工程施工现场混凝土构件模板支撑搭设高度 8 m 及以上、或搭设跨度 18 m 及以上、或施工总荷载(设计值) 15 kN/m² 及以上、或集中线荷载(设计值) 20 kN/m 及以上的模板支撑系统。高大模板支撑系统主要由模板、龙骨(包括次龙骨、主龙骨)、可调顶托、支架、底座等组成,荷载由模板依次传给次龙骨、主龙骨、可调顶托、支架和底座,其中模板支架是最主要的受力结构。

高大模板支架常用钢管搭设,架体通常由立杆、纵横双向水平杆、纵横双向扫地杆、剪刀撑(或斜杆)等组成(图 3.2)。立杆与水平杆组成空间框架式的架体基本结构,剪刀撑或斜杆等用于对架体加固,以提高支架的稳定性和承载力。

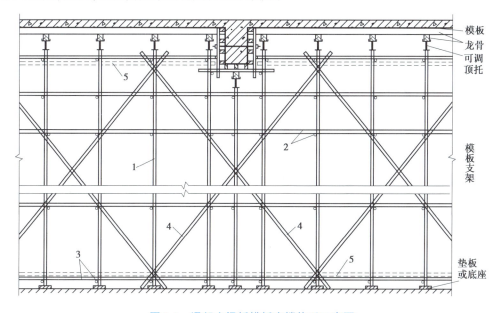

图 3.2　混凝土梁板模板支撑体系示意图
1—立杆;2—水平杆;3—扫地杆;4—竖向剪刀撑;5—水平剪刀撑

▶3.1.2　高大模板支架的类型

高大模板支架普遍采用钢管脚手架搭设,常用的模板支架有扣件式钢管支架、碗扣式钢管支架、盘扣式钢管支架和门式钢管支架等。一些高度或荷载特别大的模板工程也采用型钢或桁架式支撑结构。

1)扣件式钢管支架

扣件式钢管支架是指由钢管杆件用扣件连接而成的钢管支撑架(图3.3)。

钢管杆件一般采用外径48.3 mm、壁厚3.6 mm的焊接钢管或无缝钢管,钢管最大长度通常为6 m,以适合工人操作及搬运。钢管的连接扣件有对接扣件、直角扣件和回转扣件3种形式(图3.4),其中对接扣件用于钢管的对接接长,直角扣件用于立杆和水平杆的直角交叉连接,回转扣件用于斜杆与立杆或水平杆的任意角度交叉连接,也用于钢管的搭接接长。由于构造的特点,交叉杆件不在同一平面,存在53 mm的偏心。

(a)对接扣件　(b)直角扣件

(c)回转扣件

图3.3　扣件式钢管支架　　　　　图3.4　扣件

扣件式钢管支架的主要特点是通用性强、使用灵活、搭拆方便等;但也存在工人操作随意性大、扣件不拧紧、扣件易丢失等缺点。

扣件式钢管还常用于碗扣式钢管支架、门式钢管支架等模板支架的辅助加强杆件。

2)碗扣式钢管支架

碗扣式钢管支架是指由立杆、水平杆(也称横杆)等自带连接件的定型杆件组成,立杆采用杆端的套筒承插连接,横杆与立杆采用碗扣方式连接而成的钢管支撑架(图3.5)。

碗扣节点由下碗扣、上碗扣、限位销及横杆接头组成,下碗扣、限位销焊接在立杆上,碗扣节点连接构造如图3.6所示。

立杆主要有 LG-120、LG-180、LG-240、LG-300(单位为cm)等型号,立杆上的碗扣接头间距为0.6 m;横杆主要有 HG-30、HG-60、HG-90、HG-120、HG-180(单位为cm)等型号。在支架结构设计时,支架的立杆间距、水平杆步距等要符合支架定型构

图3.5　碗扣式钢管支架

件模数要求。

碗扣式脚手架配有定型的专用斜杆加强架体的稳定性,但规格较少。搭设模板支架时,常采用钢管扣件设置剪刀撑等作为加固杆件。

碗口式钢管支架的主要特点如下:

①安全可靠:碗扣接头具有可靠的自锁功能。

②承载力大:立杆与横杆轴心相交无偏心,具有比扣件式支架更高的稳定承载能力。

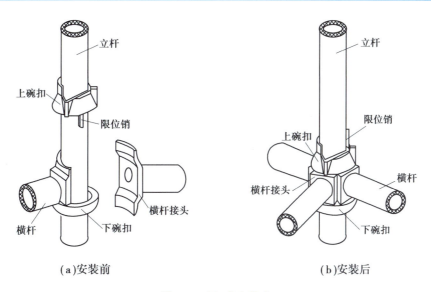

（a）安装前　　　　　　　　　（b）安装后

图 3.6　碗扣节点构造

③搭拆方便、工效高：工人用一把榔头即可完成架体的安拆。

④零部件不易丢失。

3）盘扣式钢管支架

盘扣式钢管支架是指由立杆、水平杆、斜杆等定型杆件组成，立杆采用杆端的套筒承插连接，水平杆和斜杆采用杆端扣接头卡入焊接在立杆上的连接盘，用插销连接（图 3.7），形成结构几何不变体系的钢管支撑架（图 3.8）。

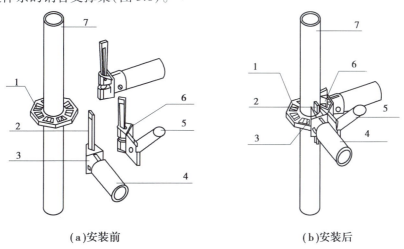

（a）安装前　　　　　　　　　（b）安装后

图 3.7　盘扣式钢管支架节点构造图

1—连接盘；2—楔形插销；3—水平杆杆端扣接头；4—水平杆；5—斜杆；6—斜杆杆端扣接头；7—立杆

盘扣式钢管支架分为 $\phi60$ 系列重型支架（立杆外径 60 mm）和 $\phi48$ 系列轻型支架（立杆外径 48 mm）两大类，房屋建筑工程多采用 $\phi48$ 系列轻型支架。立杆主要有 LG-500、LG-1000、LG-1500、LG-2000、LG-2500、LG-3000（单位为 mm）等型号，立杆上的连接盘间距为 0.5 m；水平杆主要有 SG-300、SG-600、SG-900、SG-1200、SG-1800、SG-2000（单位为 mm）等型号。支架结构设计时，要符合支架定型构件模数要求。

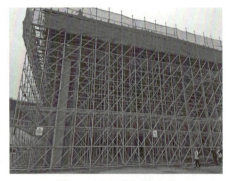

图 3.8　盘扣式钢管支架

盘扣式钢管支架的主要特点如下：

①安全可靠：盘扣插销具有锤击自锁功能。

②承载力大：立杆的钢号为 Q345A，别的支架多采用 Q235；各杆件轴心交于盘扣节点，无偏心；专用斜杆构成的几何不变体系稳定性好。

③搭拆方便、工效高。

④耐久性好：钢材采用耐腐蚀的低合金结构钢，表面热镀锌处理，避免了传统钢管由于保养不善而承载力退化的问题。

⑤空间性好：立杆的强度比普通钢管高，在同等荷载条件下，立杆的间距可适当放大，便于工人操作。

⑥适应性强：除搭设一些常规架体外，由于有斜拉杆的连接，还可搭设悬挑结构、跨空结构的支架。

盘扣式钢管支架是较新型的模板支架形式，由于其性能优越，在高大模板支架工程中使用得越来越多。

4)门式钢管支架

门式钢管支架是指由定型化的门架（图 3.9）、门架专用配件（包括交叉支撑、竖向连接棒等）组成基本架体结构，再以水平杆、剪刀撑等加固杆件加固而成的钢管支撑架（图 3.10）。

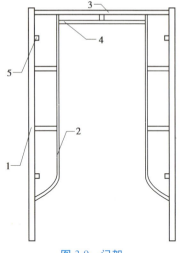

图 3.9　门架

1—立杆；2—立杆加强杆；3—横杆；
4—横杆加强杆；5—交叉支撑锁销

图 3.10　门式钢管支架

门式钢管支架主要特点是架体主要构件几何尺寸标准化、搭拆方便、工效高等；但由于受主要门架尺寸定型和交叉支撑型号的限制，做模板支架时其使用灵活性相对较差。

▶3.1.3　高大模板支撑系统的安全管理

高大模板支撑系统应按照住建部颁布的《建设工程高大模板支撑系统施工安全监督管理导则》（建质〔2009〕254 号）和《危险性较大的分部分项工程安全管理规定》（建办质〔2018〕31

号)进行安全管理。

高大模板支撑系统施工前,应按规定编制高大模板支撑系统的专项施工方案。专项施工方案由项目技术负责人组织相关专业技术人员,依据国家现行相关标准规范等,结合工程实际情况进行编制。专项施工方案主要内容应包括:①工程概况;②编制依据;③施工计划;④施工工艺技术;⑤施工安全保证措施;⑥施工管理及作业人员配备和分工;⑦验收要求;⑧应急处置措施;⑨计算书及相关施工图纸等。

高支模工程
施工安全
专项方案

高大模板支撑系统专项施工方案应先由施工单位技术部门组织本单位施工技术、安全、质量等部门的专业技术人员进行审核,经施工单位技术负责人签字后,再按照相关规定组织专家论证。

3.2 高大模板支架结构设计

▶3.2.1 模板支架的结构类型

扣件式钢管支架、碗扣式钢管支架和盘扣式钢管支架根据架体构造和受力性能的不同,可分为框架式支撑结构和桁架式支撑结构两种基本结构类型。

框架式支撑结构由立杆和水平杆等构配件组成,节点具有一定转动刚度。通常,扣件式钢管支架和碗扣式钢管支架属于框架式支撑结构,盘扣式钢管支架如不设置竖向专用斜杆也属于框架式支撑结构。框架式支撑结构根据是否设置剪刀撑又分为无剪刀撑框架式支撑结构和有剪刀撑框架式支撑结构。有剪刀撑框架式支撑结构中,由横向和纵向的竖向剪刀撑围成的矩形单元结构称为单元框架(图3.11),它是有剪刀撑框架式支撑结构的基本计算单元。

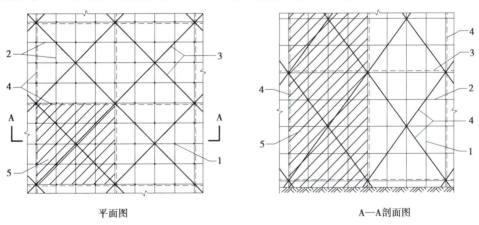

平面图　　　　　　　　　　　A—A剖面图

图 3.11　有剪刀撑框架式支撑结构单元框架示意图
1—立杆;2—水平杆;3—水平剪刀撑;4—竖向剪刀撑;5—单元框架

由4根立杆、水平杆及竖向斜杆等组成的几何稳定的矩形单元结构称为单元桁架,单元桁架的竖向斜杆布置方式有对称式和螺旋式两种(图3.12)。单元桁架间通过连系杆件(水平杆等)组成的支撑结构称为桁架式支撑结构,盘扣式钢管支架通常属于桁架式支撑结构。桁架式支撑结构的单元桁架组合方式常用的有矩阵形布置和梅花形布置两种(图3.13),单元桁架是桁架式支撑结构的基本计算单元。

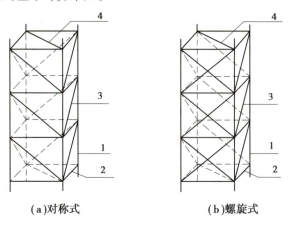

（a）对称式　　　　　　　（b）螺旋式

图 3.12　单元桁架示意图

1—立杆;2—水平杆;3—竖向斜杆;4—水平斜杆

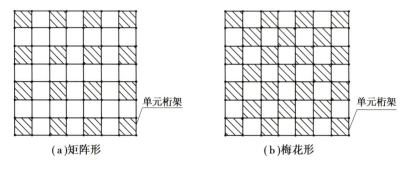

（a）矩阵形　　　　　　　（b）梅花形

图 3.13　桁架式支撑结构单元桁架组合方式布置平面示意图

支架结构类型及适用范围见表3.1,无剪刀撑框架式支撑结构整体稳定性较差,具有严格的适用范围限制。高大模板支架的结构类型应采用有剪刀撑框架式支撑结构和桁架式支撑结构。

框架式支撑结构在结构设计时需考虑节点的转动刚度,应采用半刚性节点的框架计算模型,框架式支撑结构的节点转动刚度 k 应按表3.2取值。桁架式支撑结构不考虑节点半刚性的影响,节点应采用铰接节点的桁架计算模型。

表 3.1　支架结构类型及适用范围

支架结构类型		架体构造方式	支架类型	适用范围
框架式支撑结构	无剪刀撑框架式支撑结构	由立杆与水平杆组成	扣件式钢管支架 碗扣式钢管支架 盘扣式钢管支架	同时满足:①搭设高度5 m以下;②被支撑结构自重标准值小于5 kPa;③支架支承于坚实的地基土或结构上;④支架与既有结构有可靠连接
	有剪刀撑框架式支撑结构	由立杆、水平杆和按设计及构造要求设置的钢管剪刀撑组成	扣件式钢管支架 碗扣式钢管支架 盘扣式钢管支架	搭设高度不宜大于40 m,超过时应另行专门设计

支架结构类型	架体构造方式	支架类型	适用范围
桁架式支撑结构	由4根立杆、水平杆、竖向斜杆等组成几何稳定的单元桁架,单元桁架间通过连系杆组成支撑结构	盘扣式钢管支架	搭设高度不宜大于50 m,超过时应另行专门设计

表 3.2　节点转动刚度

节点形式	扣件式	碗扣式	盘扣式
$k/(\mathrm{kN \cdot m \cdot rad^{-1}})$	35	25	20

▶3.2.2　高大模板支架设计的内容

高大模板工程应编制专项施工方案,其专项施工方案应专门编制,并需组织专家进行论证。

1)高大模板工程设计的主要内容

①高大模板支模施工区域识别。

②模板及支架的选材选型,并进行初步构造设计。

③荷载计算。

④模板及支架结构设计计算。

⑤编制计算书,绘制模板及支架施工图。

计算书中应列出每项计算的计算简图及构造大样图;施工图中应包括高大模板支架的"三图",即高大模板支架的平面布置图、高大模板支架的剖面布置图、高大模板大梁下及厚板下模板支架构造详图等。

2)高大模板支架结构设计计算的内容

①水平杆设计计算。

②构件长细比验算。支架结构受压杆件的长细比不应大于180;受拉杆件及剪刀撑等一般连系构件的长细比不应大于250。

③支架稳定性计算。

④支架抗倾覆验算。

⑤立杆地基承载力验算或支撑层承载力验算。

▶3.2.3　荷载与荷载效应组合

作用在模板支架上的荷载可分为永久荷载和可变荷载。永久荷载包括:被支撑结构自重(G_1)、支架自重(G_2)、其他材料自重(G_3);可变荷载包括:施工荷载(Q_1)、风荷载(Q_2)、泵送混凝土或不均匀堆载等因素产生的附加水平荷载(Q_3)。

1)荷载标准值

(1)被支撑结构自重(G_1)标准值

被支撑结构自重包括新浇筑混凝土自重、钢筋自重、模板及背楞(龙骨)自重。新浇混凝土自重标准值宜根据混凝土实际重力密度确定,普通混凝土可取 24 kN/m³。钢筋自重标准值应根据施工图纸确定;一般梁板结构,楼板的钢筋自重可取 1.1 kN/m³,梁的钢筋自重可取 1.5 kN/m³。模板及小楞的自重标准值应根据模板设计图确定,对一般有梁模板、无梁楼板的模板及小楞自重标准值,可按表 3.3 采用。

表 3.3　模板及小楞自重标准值

单位:kN/m²

项目名称	木模板	定型组合钢模板	钢框胶合板模板
无梁楼板的模板及小楞	0.30	0.50	0.40
有梁楼板模板(包含梁的模板)	0.50	0.75	0.60

(2)支架自重(G_2)标准值

支架自重标准值应依照支架布置图按支架实际质量计算。

(3)其他材料自重(G_3)标准值

脚手板自重标准值可按表 3.4 采用;栏杆与挡脚板自重标准值可按表 3.5 采用;支架上的安全设施的荷载应按实际情况采用,密目式安全立网均布荷载标准值不应低于 0.01 kN/m²。

表 3.4　脚手板自重标准值

单位:kN/m²

类　别	冲压钢脚手板	竹串片脚手板	木脚手板	竹笆脚手板
标准值	0.30	0.35	0.35	0.10

表 3.5　栏杆、挡脚板自重标准值

单位:kN/m

类　别	栏杆、冲压钢脚手板挡板	栏杆、竹串片脚手板挡板	栏杆、木脚手板挡板
标准值	0.16	0.17	0.17

(4)施工荷载(Q_1)标准值

施工荷载是指施工人员及施工设备产生的竖向荷载,应按实际情况计算,且不应小于 2.5 kN/m²。当采用混凝土布料机布料时,施工荷载标准值可取 4.0 kN/m²。

(5)风荷载(Q_2)标准值

风荷载标准值应按下式计算:

$$\omega_k = \beta_z \mu_s \mu_z \omega_0 \tag{3.1}$$

式中　ω_k——风荷载标准值,N/mm²;

　　　ω_0——基本风压,N/mm²,应按现行国家标准《建筑结构荷载规范》(GB 50009—2012)规定采用,取重现期 $n=10$ 年对应的风压值;

　　　β_z——高度 z 处的风振系数,应按现行国家标准《建筑结构荷载规范》(GB 50009—2012)规定采用;

　　　μ_z——风压高度变化系数,应按现行国家标准《建筑结构荷载规范》(GB 50009—2012)规定采用;

　　　μ_s——支架风荷载体型系数,应按表 3.6 的规定采用。

表 3.6　支架风荷载体型系数 μ_s

背靠建筑物状况		全封闭墙	敞开、框架和开洞墙
支架封闭状况	全封闭、半封闭	1.0ϕ	1.3ϕ
	敞开	μ_{stw}	

注：①全封闭指沿支架外侧全高全长用密目安全网封闭；半封闭指沿支架外侧全高全长用密目安全网封闭率 30% ~ 70%；敞开指沿支架外侧全高全长无密目安全网封闭；

②ϕ 为挡风系数，$\phi = 1.2A_n/A_w$，其中 A_n 为挡风面积，A_w 为迎风面积；全封闭挡风系数 ϕ 不宜小于 0.8；

③敞开式 μ_{stw} 值可将支架视为桁架，按现行国家标准《建筑结构荷载规范》（GB 50009—2012）规定计算。

（6）泵送混凝土或不均匀堆载等因素产生的附加水平荷载

泵送混凝土或不均匀堆载等因素产生的附加水平荷载（Q_3）标准值，可取计算工况下竖向永久荷载标准值的 2%，并应作用在模板支架顶端水平方向。

2）荷载分项系数

荷载分项系数应按表 3.7 取值。

表 3.7　荷载分项系数

序　号	验算项目		荷载分项系数	
			永久荷载	可变荷载
1	强度验算、稳定性验算		1.3	1.5
2	倾覆验算	倾覆	1.3	1.5
		抗倾覆	0.9	0
3	变形验算		1.0	1.0

3）荷载效应组合

模板支架设计应根据正常搭设和使用过程中在架体上可能同时出现的荷载，按承载能力极限状态和正常使用极限状态分别进行荷载组合，并应取各自最不利的荷载组合进行设计。

模板支架设计还应根据搭设高度和荷载采用不同的安全等级。模板支架安全等级的划分应符合表 3.8 的规定，高大模板支架属于Ⅰ级安全等级。

表 3.8　模板支架的安全等级

搭设高度/m	荷载设计值	安全等级
<8	施工总荷载<15 kN/m²； 集中线荷载<20 kN/m 单点集中荷载<7 kN/点	Ⅱ级
≥8	施工总荷载≥15 kN/m² 集中线荷载≥20 kN/m 单点集中荷载≥7 kN/点	Ⅰ级

注：模板支架的搭设高度、荷载设计值中任一项不满足安全等级为Ⅱ级的条件时，其安全等级划为Ⅰ级。

对承载能力极限状态,应按荷载的基本组合计算荷载组合的效应设计值,并应采用下列设计表达式进行设计:

$$\gamma_0 S \leq \frac{R}{\gamma_R}$$

式中　γ_0——结构重要性系数,对安全等级为Ⅰ级的模板支架按 1.1 采用,对安全等级为Ⅱ级的模板支架按 1.0 采用;

　　　　S——按荷载基本组合计算的效应设计值;

　　　　R——支架结构或构件的抗力设计值;

　　　　γ_R——承载力设计值调整系数,根据支架重复使用情况取值,不小于 1.0。

对正常使用极限状态,应按荷载的标准组合计算荷载组合的效应设计值,并应采用下列设计表达式进行设计:

$$S_d \leq C$$

式中　S_d——按荷载标准组合计算的效应设计值;

　　　　C——支架构件的容许变形值。

模板支架结构设计应根据使用过程中可能出现的荷载取其最不利荷载效应组合进行计算,参与支架结构计算的各项荷载效应组合按表 3.9 规定确定。

表 3.9　参与支架结构计算的各项荷载组合

计算内容		荷载效应组合
水平杆内力、变形计算及节点剪力计算		$G_1+G_2+G_3+Q_1$
立杆内力计算,单元桁架内力计算,立杆基础底面处的平均压力计算	不组合风荷载	$G_1+G_2+G_3+Q_1$
	组合风荷载	$G_1+G_2+G_3+0.9(Q_1+Q_2)$
支架结构整体稳定	浇筑混凝土前	$G_1+G_2+G_3+Q_1+Q_2$
	浇筑混凝土时	$G_1+G_2+G_3+Q_1+Q_3$

注:表中"+"仅表示各项荷载参与组合,而不代表数值相加。

▶3.2.4　支架结构计算

1)水平杆设计计算

当支架水平杆承受外荷载时,应进行水平杆的抗弯强度验算、变形验算及水平杆端部节点的抗剪强度验算。

计算水平杆弯矩、剪力和挠度时的计算模型,对水平杆为连续的支架(主要指扣件式钢管支架),当连续跨数超过三跨时宜按三跨连续梁计算;当连续跨数小于三跨时,应按实际跨数连续梁计算。对水平杆不连续的支架(主要指碗扣式支架及盘扣式支架),应按单跨简支梁计算。

①水平杆抗弯强度验算应按下式计算:

$$\sigma = \frac{M}{W} \leq f \qquad\qquad (3.2)$$

式中 M——水平杆弯矩设计值,N·mm;

W——水平杆截面模量,mm^3;

f——钢材强度设计值,N/mm^2。

钢材的强度设计值和弹性模量应按表 3.10 取值。

表 3.10 钢材的强度设计值和弹性模量　　　　　　　单位:N/mm^2

钢材抗拉、抗压、抗弯强度设计值 f	Q345 钢	300
	Q235 钢	205
弹性模量 E	2.06×10^5	

②节点抗剪强度验算应符合下式要求:

$$R \leqslant V_R \tag{3.3}$$

式中 R——水平杆剪力设计值,kN;

V_R——节点抗剪承载力设计值,按表 3.11 确定。

表 3.11 节点抗剪承载力设计值 V_R

节点类型		V_R/kN
扣件节点	单扣件	8
	双扣件	12
碗扣节点		60
承插节点		40

③水平杆变形验算应符合下式要求:

$$v \leqslant [v] \tag{3.4}$$

式中 v——水平杆挠度,mm;

$[v]$——水平杆容许挠度,mm,为跨度的 1/150 和 10 mm 中的较小值。

2)支架稳定性计算

支架的稳定性计算是支架结构设计的关键内容,绝大多数模板支架的垮塌事故是由支架失稳破坏导致的。

研究表明,有剪刀撑框架式支撑结构的单元框架的稳定性反映了支架的稳定性,单元框架的失稳通常表现为整体失稳,而不是单根立杆的局部失稳。验算时取典型单元框架进行单元框架立杆稳定性计算,此时不组合风荷载;此外,当组合风荷载时,风荷载会引起有剪刀撑框架式支撑结构局部立杆轴力的增加及产生弯矩,应另行验算立杆的局部稳定性。

桁架式支撑结构的稳定性是由单元桁架决定的,单元桁架按格构柱的设计方法,分为单元桁架局部稳定性计算和单元桁架整体稳定性计算。

支架结构稳定性验算的内容见表 3.12。

表 3.12　各类支撑结构需要进行稳定性验算的内容

支架结构类型	验算内容	稳定性验算公式	说　明
有剪刀撑框架式支撑结构	单元框架稳定性	不组合风荷载:(3.14)	都是验算立杆的稳定性,只是不同验算内容计算模型和参数有所不同。当不组合风荷载时,按轴压公式计算;当组合风荷载时,按压弯公式计算
	立杆局部稳定性	组合风荷载:(3.15)	
桁架式支撑结构	单元桁架局部稳定性	不组合风荷载:(3.14)	
		组合风荷载:(3.15)	
	单元桁架整体稳定性	不组合风荷载:(3.18)	单元桁架按格构柱整体稳定性验算公式验算
		组合风荷载:(3.19)	

（1）立杆轴力设计值 N 的计算

①不组合风荷载时:

$$N = \gamma_G N_{Gk} + \gamma_Q N_{Qk} \tag{3.5}$$

②组合风荷载时:

$$N = \gamma_G N_{Gk} + \Psi_Q \gamma_Q (N_{Qk} + N_{wk}) \tag{3.6}$$

式中　N_{Gk}——永久荷载引起的立杆轴力标准值,N;

N_{Qk}——施工荷载引起的立杆轴力标准值,N;

N_{Wk}——风荷载引起的立杆轴力标准值,N;有剪刀撑框架式支撑结构按式(3.7)计算,桁架式支撑结构按式(3.8)、式(3.9)计算;

γ_G——永久荷载分项系数;

γ_Q——可变荷载分项系数;

Ψ_Q——可变荷载组合值系数,取 0.9。

（2）风荷载作用于支架引起的立杆轴力标准值 N_{wk} 的计算

风荷载作用于支架,会引起局部立杆轴力的变化,需以风荷载引起的立杆增加轴力的最大值作为标准值。当支架通过连墙件与既有结构可靠连接时,可不考虑风荷载作用于支架引起的立杆轴力。

①有剪刀撑框架式支撑结构:

风荷载作用于有剪刀撑框架式支撑结构,由于剪力滞后效应,迎风面和背风面纵向、横向竖向剪刀撑面相交处的立杆轴力发生变化,背风面竖向剪刀撑面相交处立杆轴力会增大(图 3.14)。风荷载产生的立杆轴力标准值 N_{wk} 按下式计算:

$$N_{wk} = \frac{n_{wa} p_{wk} H^2}{2B} \tag{3.7}$$

式中　p_{wk}——风荷载的线荷载标准值,N/mm,$p_{wk} = \omega_k l_a$;

ω_k——风荷载标准值,N/mm²;

l_a——立杆纵距,mm,简称纵距,指支架纵向相邻立杆轴线水平距离;

n_{wa}——单元框架的纵向跨数;

H——支架高度,mm;

B——支架横向宽度,mm。

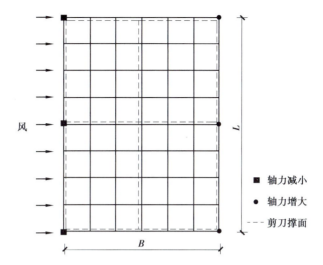

图 3.14 有剪刀撑框架式支撑结构风荷载引起的立杆轴力示意图(俯视图)

②桁架式支撑结构:

a.矩阵形组合:立杆轴力的计算简图如图 3.15 所示,风荷载作用于支撑结构产生的弯矩分配到顺风方向的每个单元桁架。风荷载产生的立杆轴力标准值 N_{wk} 按下式计算:

$$N_{wk} = \frac{p_{wk}H^2}{B} \tag{3.8}$$

b.梅花形组合:立杆轴力的计算简图如图 3.16 所示,立杆轴力为线性分布,背风侧立杆轴力增大。风荷载产生的立杆轴力标准值 N_{wk} 按下式计算:

$$N_{wk} = \frac{3p_{wk}l_bH^2}{B^2} \tag{3.9}$$

式中 l_b——立杆横距,简称横距,是指支架横向相邻立杆间轴线水平距离,mm。

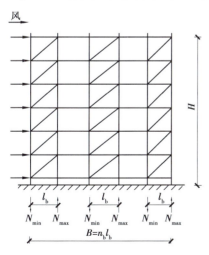

图 3.15 桁架式支撑结构(矩阵形)
风荷载引起的立杆轴力图

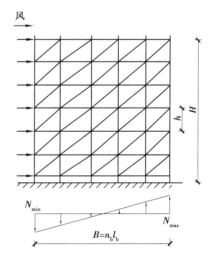

图 3.16 桁架式支撑结构(梅花形)
风荷载引起的立杆轴力图

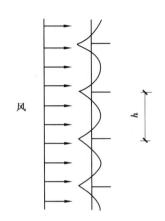

图 3.17 立杆节间局部弯矩
立面示意图

（3）立杆弯矩设计值 M 的计算

当组合风荷载时,应考虑风荷载引起的立杆弯矩,立杆弯矩设计值按下式计算:

$$M = \gamma_Q M_{wk} \tag{3.10}$$

式中 M_{wk}——风荷载引起的立杆弯矩标准值,$N \cdot mm$。

对于有剪刀撑框架式支撑结构和桁架式支撑结构,应计算风荷载直接作用于立杆引起的立杆节间局部弯矩（图 3.17）M_{wk},按下式计算:

$$M_{wk} = \frac{p_{wk} h^2}{10} \tag{3.11}$$

式中 h——步距,也称支架步距,是指立杆上相邻两道水平杆轴线间的垂直距离,mm。

（4）支架稳定性验算时,立杆计算长度 l_0 的计算

①有剪刀撑框架式支撑结构中的单元框架稳定性验算时,立杆计算长度 l_0 应按下式计算:

$$l_0 = \beta_H \beta_a \mu l \tag{3.12}$$

式（3.12）中各物理量的含义如下:

a.立杆计算长度系数 μ。单元框架的失稳通常表现为整体失稳,而不是单根立杆的局部失稳。单元框架的立杆计算长度系数 μ 主要与刚度比 K（即立杆步距内的线刚度与节点等效转动刚度之比,按公式 $K = \frac{EI}{hk} + \frac{l_a \text{ 或 } l_b}{6h}$ 计算,式中 k 为节点转动刚度,应按表 3.2 取值）、单元框架计算方向的立杆跨数 n_x、单元框架计算方向立杆间距与支架步距之比 α_x 以及节点的连接形式有关。

单元框架的立杆计算长度系数 μ 应根据参数 K、n_x、α_x 及支架类型,按现行标准《建筑施工临时支撑结构技术规范》（JGJ 300—2013）附录 B 查表取值。

当单元框架立杆纵向和横向间距相等时,应取单元框架立杆跨数较多的方向计算;当单元框架立杆纵向和横向间距不等时,应按纵向和横向分别计算,μ 取计算结果的较大值。

b.扫地杆高度与悬臂长度修正系数 β_a。支架顶部立杆悬臂长度或底部扫地杆高度过大时,可能对支撑结构的稳定性起控制作用。有剪刀撑框架式支撑结构单元框架的扫地杆高度与悬臂长度修正系数 β_a,应根据参数 n_x、α_x、α（α 为扫地杆高度 h_1 或悬臂长度 h_2 与支架步距 h 之比的较大值）以及支架类型按现行标准《建筑施工临时支撑结构技术规范》（JGJ 300—2013）附录 B 查表取值。

当单元框架立杆纵向和横向间距相等时,应取单元框架立杆跨数较多的方向计算;当单元框架立杆纵向和横向间距不等时,应按纵向和横向分别计算,β_a 取计算结果的较大值。

c.高度修正系数 β_H。支撑结构高度 H 增加会使计算长度系数有所增大,高度修正系数 β_H 应按表 3.13 取值。

表 3.13　单元框架计算长度的高度修正系数 β_H

H/m	5	10	20	30	40
β_H	1	1.11	1.16	1.19	1.22

②有剪刀撑框架式支撑结构和桁架式支撑结构的单元桁架在进行局部稳定性验算时,立杆计算长度 l_0 应按下式计算:

$$l_0 = (1 + 2\alpha)h \qquad (3.13)$$

式中　α——为 α_1、α_2 中的较大值;

α_1——扫地杆高度 h_1 与立杆步距 h 之比;

α_2——悬臂长度 h_2 与立杆步距 h 之比。

(5)立杆稳定性计算公式

①不组合风荷载时:

$$\frac{N}{\varphi A} \le f \qquad (3.14)$$

②组合风荷载时:

$$\frac{N}{\varphi A} + \frac{M}{W\left(1 - 1.1\varphi \dfrac{N}{N_E'}\right)} \le f \qquad (3.15)$$

式中　N——立杆轴力设计值,N,不组合风荷载时按式(3.5)计算,组合风荷载时按式(3.6)
计算;

φ——轴心受压构件稳定系数,应根据立杆计算长细比 λ 查表取值;对于有剪刀撑框架
式支撑结构当单元框架立杆进行加密时,加密区立杆的稳定系数应按式(3.16)
或式(3.17)进行修正;

λ——立杆计算长细比,$\lambda = l_0/i$;

l_0——立杆的计算长度,mm,有剪刀撑框架式支撑在进行单元框架稳定性验算时,立杆
计算长度 l_0 应按式(3.12)计算;有剪刀撑框架式支撑结构和桁架式支撑结构的
单元桁架在进行局部稳定性验算时,立杆计算长度 l_0 应按式(3.13)计算;

i——立杆截面回转半径,mm;

A——立杆截面面积,mm^2;

f——钢材的抗压强度设计值,N/mm^2,按表 3.9 取值;

M——立杆弯矩设计值,$N \cdot mm$,应按式(3.10)计算;

W——立杆截面模量,mm^3;

N_E'——立杆的欧拉临界力,N,$N_E' = \dfrac{\pi^2 EA}{\lambda^2}$;

E——钢材弹性模量,N/mm^2,按表 3.9 取值。

(6)有剪刀撑框架式支撑结构立杆稳定系数的修正

在局部荷载较大时,支撑结构立杆通常会加密。有剪刀撑框架式支撑结构当单元框架进

行加密时(图3.18),加密区立杆的稳定系数 φ' 应按下列公式计算:

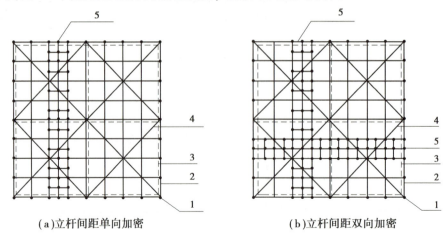

（a）立杆间距单向加密　　　　　　　（b）立杆间距双向加密

图 3.18　有剪刀撑框架式支撑结构的立杆加密平面示意图

1—立杆;2—水平杆;3—竖向剪刀撑;4—水平剪刀撑;5—加密区

①立杆步距不加密时:

$$\varphi' = 0.8\varphi \tag{3.16}$$

②立杆步距加密时:

$$\varphi' = 1.2\varphi \tag{3.17}$$

式中　φ——未加密时立杆的稳定系数;

　　　φ'——未加密时立杆的稳定系数。

(7)桁架式支撑结构中的单元桁架整体稳定性验算

单元桁架有可能发生整体失稳,应按格构柱的设计方法按下列公式进行整体稳定性验算。

①不组合风荷载时:

$$\frac{\overline{N}}{\overline{\varphi}\,\overline{A}} \leqslant f \tag{3.18}$$

②组合风荷载时:

$$\frac{\overline{N}}{\overline{\varphi}\,\overline{A}} + \frac{\overline{M}}{\overline{W}\left(1 - 1.1\overline{\varphi}\,\dfrac{\overline{N}}{N'_{\mathrm{E}}}\right)} \leqslant f \tag{3.19}$$

式中　$\overline{N}$——单元桁架的轴力设计值,N,当单元桁架四根立杆轴力相等时 $\overline{N}=4\,N$,当四根立杆的轴力不等时为四根立杆轴力设计值之和,同时应考虑四根立杆轴力不均引起的偏心弯矩;

　　　N——单元桁架立杆轴力设计值,N,计算时均不考虑风荷载组合,按式(3.5)计算;

　　　$\overline{\varphi}$——单元桁架的稳定系数,应根据单元桁架的等效长细比 $\overline{\lambda}$ 查表取值。

　　　$\overline{\lambda}$——单元桁架的等效长细比,$\overline{\lambda}=2H\big/\overline{i}$;

$\bar{i}$——单元桁架的等效截面回转半径,mm,$\bar{i}=l_{\min}\big/2$;

$l_{\min}$——立杆纵距 l_a、立杆横距 l_b 中的较小值,mm;

$\bar{A}$——单元桁架的等效截面面积,mm²,$\bar{A}=4A$;

$\bar{M}$——单元桁架的弯矩设计值,N·mm。风荷载作用在桁架式支撑结构上,各单元桁架将产生弯矩(图 3.19),$\bar{M}=\gamma_Q\dfrac{2p_{wk}l_bH^2}{B}$;

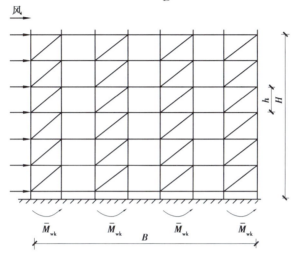

图 3.19 风荷载作用于支撑结构引起单元桁架的整体弯矩图

$\bar{W}$——单元桁架的等效截面的截面模量,mm³,$\bar{W}=2Al_{\min}$;

$\bar{N}'_E$——单元桁架的欧拉临界力,N,$\bar{N}'_E=\dfrac{\pi^2E\,\bar{A}}{\lambda^2}$。

3) 支架抗倾覆验算

①支架应按混凝土浇筑前和混凝土浇筑时两种工况分别进行抗倾覆验算。支架抗倾覆验算应满足下式要求:

$$\gamma_0M_0\le M_r \tag{3.20}$$

式中 M_0——支架的倾覆力矩设计值,荷载分项系数按表 3.7 取值;在混凝土浇筑前,倾覆力矩主要由风荷载 Q_2 产生,在混凝土浇筑时,倾覆力矩主要由泵送混凝土或不均匀堆载等因素产生的附加水平荷载 Q_3 产生;

M_r——支架的抗倾覆力矩设计值,荷载分项系数按表 3.7 取值;在混凝土浇筑前不考虑混凝土及钢筋自重,在混凝土浇筑时不考虑混凝土自重或部分混凝土自重产生的抗倾覆力矩;

γ_0——结构重要性系数,对安全等级为Ⅰ级的模板支架按 1.1 采用,对安全等级为Ⅱ级的模板支架按 1.0 采用。

②当符合下列条件之一时,可不进行支架抗倾覆验算:

a.支架与既有结构有可靠连接。

b.支架高宽比小于等于3。

4)地基承载力验算或支撑层承载力验算

①当模板支架支承于地基土上时,支架立杆基础底面的平均压力应符合下式要求:

$$p \leqslant f_g \tag{3.21}$$

式中　p——立杆基础底面的平均压力设计值,N/mm^2,$p = N/A_g$;

　　　N——支架传至立杆基础底面的轴力设计值,N;

　　　A_g——立杆基础底面积,mm^2;

　　　f_g——地基承载力设计值,N/mm^2,按式(3.16)确定。

②立杆基础底面积 A_g 的计算应符合下列规定:

a.当立杆下设底座时,立杆基础底面积取底座面积。

b.当在夯实整平的原状土或回填土上的立杆,其下铺设厚度为50~60 mm、宽度不小于200 mm 的木垫板时,立杆基础底面积可按下式计算:

$$A_g = ab \tag{3.22}$$

式中　A_g——立杆基础底面积,mm^2,不宜超过0.3 m^2;

　　　a——木垫板宽度,mm;

　　　b——沿木垫板铺设方向的相邻立杆间距,mm。

③地基承载力应符合下列规定:

支承于地基土上时,地基承载力设计值应按下式计算:

$$f_g = k_c f_{ak} \tag{3.23}$$

式中　f_{ak}——地基承载力特征值,应按现行国家标准《建筑地基基础设计规范》(GB 50007—2011)的规定确定;

　　　k_c——支撑结构的地基承载力调整系数,宜按表3.14确定。

表3.14　地基承载力调整系数 k_c

地基类别	岩石、混凝土	黏性土、粉土	碎石土、砂土、回填土
k_c	1.0	0.5	0.4

④当模板支架支承于下部混凝土结构层时,应按现行国家标准《混凝土结构设计标准》(GB/T 50010—2010,2015 年版)的有关规定,对下部支撑层结构构件的承载能力和变形进行验算。

3.3　高大模板支架的构造要求

▶3.3.1　一般规定

①支架立杆底座设置应符合下列规定:

a.支架立杆底部宜设置可调底座、固定底座(图3.20)或垫板。

b.支撑在地基土上的立杆下应设置具有足够强度和支撑面积的垫板。

②支架底部应设置纵向和横向扫地杆,且应符合下列规定:

a.对扣件式钢管支架,扫地杆高度 h_1 不应超过 200 mm。

b.对碗扣式钢管支架,扫地杆高度 h_1 不应超过 350 mm。

c.对盘扣式钢管支架,扫地杆高度 h_1 不应超过 550 mm。

③支架顶端可调托座伸出顶层水平杆的悬臂长度应符合下列规定:

a.悬臂长度 h_2:对扣件式钢管支架不应大于 500 mm,对碗扣式、盘扣式钢管支架不宜大于 500 mm,且不应大于 650 mm。

b.可调托座螺杆伸出立杆的长度不应超过 300 mm,插入立杆内的长度不应小于 150 mm (图 3.21)。

（a)可调底座　　　　　（b)固定底座

图 3.20　立杆底座

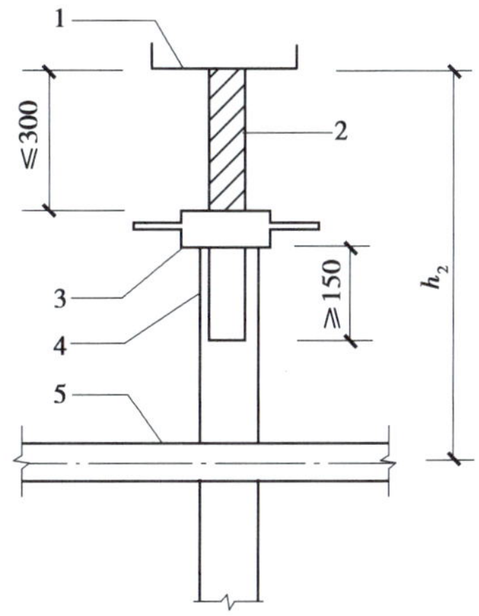

图 3.21　可调托座伸出立杆顶层水平杆的悬臂长度

1—可调托座;2—螺杆;3—调节螺母;4—立杆;5—顶层水平杆

c.可调托座螺杆外径与立杆钢管内径的间隙不宜大于 3 mm。

d.可调托座上的主龙骨(或支撑梁)应居中。

④当有既有结构时,支架应与既有结构可靠连接,并宜符合下列规定:

a.竖向连接间隔不宜超过 2 步,应优先布置在水平剪刀撑或水平斜杆层处。

b.水平方向连接间隔不宜超过 8 m。

c.附柱(墙)拉结杆件距支架结构主节点不宜大于 300 mm。

d.当遇柱时,宜采用抱柱连接措施(图3.22)。

⑤在坡道、台阶、坑槽和凸台等部位的支架,应符合下列规定:

a.支架地基高差变化时,在高处的扫地杆应与此处的纵横向扫地杆拉通(图3.23)。

b.设置在坡面上的立杆底部应有可靠的固定措施。

⑥当支架高宽比大于 3 且无既有结构可靠连接时,应在支架结构上对称设置缆风绳或采取其他防止支架倾覆的措施。

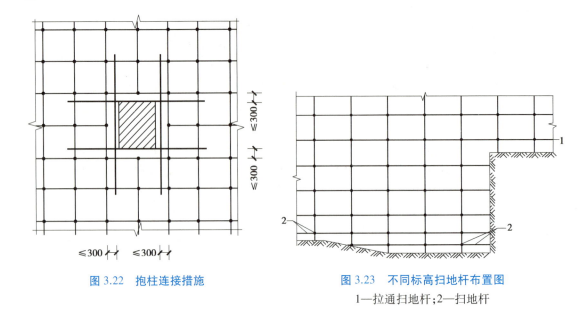

图 3.22　抱柱连接措施　　　　　图 3.23　不同标高扫地杆布置图

1—拉通扫地杆;2—扫地杆

▶3.3.2　有剪刀撑框架式支撑结构构造要求

1)立杆

①立杆的纵向、横向间距按设计确定,对扣件式钢管支架,立杆间距不应大于1.2 m。

②立杆的接长应采用对接接头;对扣件式钢管支架,立杆接长应采用对接扣件连接。

③起步立杆宜采用不同长度立杆交错布置,以使立杆接头相互错开,两根相邻立杆的接头不应设置在同步内。

④对扣件式钢管支架,同步内隔一根立杆的两个相隔接头在高度方向错开的距离不宜小于500 mm,各接头中心至主节点的距离不宜大于步距的1/3。

2)水平杆

①扣件式钢管支架、碗扣式钢管支架步距不应大于1.8 m;盘扣式钢管支架步距不应大于1.5 m。

②扫地杆层以上每一设计步距高度处,应设置一道纵横双向水平杆,水平杆均应与立杆可靠连接。

③对扣件式钢管支架,水平杆(包括扫地杆)与立杆的连接应采用直角扣件,同一节点纵向和横向的水平杆与立杆的连接点间距不应大于150 mm。

④对扣件式钢管支架,水平杆(包括扫地杆)的接长宜采用对接扣件连接,也可采用搭接,并应符合下列规定:

a.两根相邻扫水平杆的接头不应设置在同步或同跨内,不同步或不同跨的两个相邻接头在水平方向错开的距离不宜小于500 mm,各接头中心至最近主节点的距离不宜大于立杆纵距或横距的1/3。

b.当采用搭接时,搭接长度不应小于0.8 m,且不少于2个旋转扣件固定,扣件盖板边缘至杆端不应小于100 mm。

⑤高大模板支架,支架顶部与底部的水平杆间距应适当加密:

a.对扣件式钢管支架,当层高为 8~20 m 时,应在最顶步距两水平杆中间加设一道水平杆;当层高大于 20 m 时,应在最顶两步距中间分别增加一道水平杆。

b.对碗扣式和盘扣式钢管支架,架体顶层和扫地杆层步距应比设计标准步距缩小一个节点间距(一个节点间距对碗扣架为 0.6 m,盘扣架为 0.5 m)。

3)剪刀撑布置要求

①竖向剪刀撑布置应符合下列规定:

a.在支架外围周边应设置连续封闭的竖向剪刀撑;在架体的内部纵向及横向,应由底至顶分别设置连续的竖向剪刀撑,剪刀撑布置宜均匀对称(图3.24)。

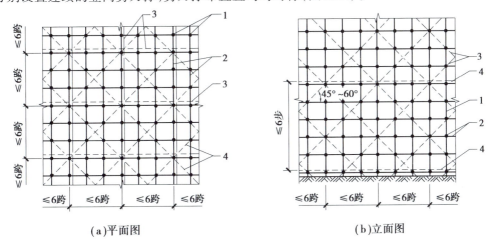

(a)平面图　　　　　　　　　　(b)立面图

图 3.24　有剪刀撑框架式支撑结构的剪刀撑布置示意图
1—立杆;2—水平杆;3—竖向剪刀撑;4—水平剪刀撑

b.高大模板支架相邻竖向剪刀撑间隔不应大于 6 m 且不大于 6 跨,每道竖向剪刀撑的宽度应为 6~9 m,剪刀撑斜杆的倾角应在 45°~60°之间。

c.竖向剪刀撑两个方向的斜杆宜分别设置在立杆的两侧,底端应与地面顶紧。

d.竖向剪刀撑应采用旋转扣件固定在与之相交的立杆或水平杆上,旋转扣件的中心宜靠近主节点。

②水平剪刀撑布置应符合下列规定:

a.高大模板支架支架应在架顶、竖向每隔不大于 8 m 各设置一道水平剪刀撑,水平剪刀撑的间隔层数不应大于 6 步。

b.水平剪刀撑应采用旋转扣件固定在与之相交的立杆或水平杆上。

③剪刀撑钢管的接长应采用搭接接长,搭接长度不应小于 800 mm,并应等距离设置不少于 2 个旋转扣件固定,两端部扣件距杆端距离不应小于 100 mm。

4)立杆加密区的构造要求

①当局部承受荷载较大、立杆需加密时,加密区的水平杆应向非加密区延伸至少两跨(图3.25)。

②支架非加密区立杆、水平杆间距与加密区立杆、水平杆间距应互为倍数(图3.26)。

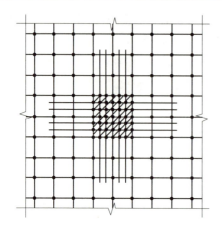

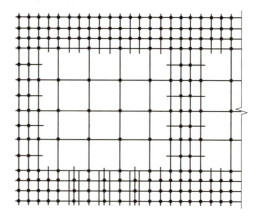

图 3.25 立杆加密区水平杆布置平面图   图 3.26 不同立杆间距布置平面示意图

▶3.3.3 桁架式支撑结构(盘扣式支架)构造要求

①单元桁架的竖向斜杆布置可采用对称式和螺旋式(图 3.12),且应在单元桁架各面满布;单元桁架底部和顶部应布置水平斜杆,中间宜间隔 2~3 步布置一道水平斜杆。

②桁架式支撑结构的单元桁架组合方式可采用矩阵形布置或梅花形布置(图 3.13),相邻单元桁架之间的每个节点都应通过水平杆连接。

③桁架式支撑结构的斜杆布置(图 3.27)应符合下列规定:

a.支架外立面应满布竖向斜杆(图 3.27(a))。

b.支架周边应布置封闭的水平斜杆(图 3.27(b)),相邻两道封闭水平斜杆间隔不应超过6 步。

c.支架顶层应满布水平斜杆。

d.扫地杆层宜满布水平斜杆。

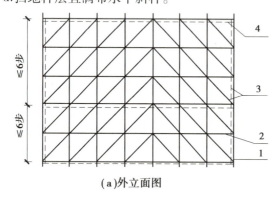

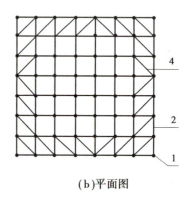

(a)外立面图   (b)平面图

图 3.27 桁架式支撑结构斜杆布置图

1—立杆;2—水平杆;3—竖向斜杆;4—水平斜杆

④起步立杆宜采用不同长度立杆交错布置,以使立杆接头相互错开;两根相邻立杆的接头不应设置在同步内。

⑤高大模板支架步距不应大于 1.5 m,顶层和扫地杆层的步距应比标准步距减小一个盘扣间距(0.5 m)。

3.4　高大模板支架的施工及安全管理

▶3.4.1　施工准备

①高大模板支撑系统施工前必须编制好专项施工方案,并按规定审核及组织专家论证。

②支架搭设前,应按专项施工方案及有关标准、规范的要求向施工及作业人员进行安全技术交底。

③施工前应按规定对架体主要材料进行检查验收,不合格的材料不得使用。

④经检验合格的架体构配件应按品种、规格分类码放,堆放场地不得有积水。

⑤当采用预埋件方式与既有结构连接时,应按专项施工方案设计的要求提前做好预埋工作(图3.28)。

图 3.28　连墙件预埋

▶3.4.2　地基与基础

①搭设场地应平整、坚实,并应有排水措施。

②对承载力不足的地基土或混凝土结构层,应按专项方案设计要求进行加固处理。

③支撑在地基土上的立杆下应按设计要求设具有足够强度和支撑面积的垫板。

④对寒冷或严寒地区的冻胀性土层地基,应按设计要求采取防冻胀措施。

⑤对湿陷性黄土、膨胀土,应按设计要求采取防水措施。

▶3.4.3　支架搭设

①支架地基与基础验收合格后,应按专项施工方案进行立杆等的放线定位。

②垫板、底座应准确安放在定位线上,并保持水平。

③支架的搭设应按专项施工方案及构造要求进行,并应符合下列规定:

A.在多层楼板上搭设支架时,立杆宜与下一层支撑立杆对准。

B.扫地杆、水平杆应双向设置并拉通。

C.每搭完一步,应按规定校正步距、纵距、横距、立杆的垂直度及水平杆的水平偏差。

D.剪刀撑、斜杆、连墙件应随支架搭设进度同步搭设,不得滞后安装。

E.杆件的接头应牢靠,并应符合下列要求:

a.碗扣式节点上碗扣应锁紧。

b.盘扣式节点水平杆扣接头与连接盘的插销应用榔头击紧至规定深度的刻度线。

c.扣件连接的杆件扣件螺栓的拧紧扭力矩不应小于 40 N·m,且不得大于 65 N·m。

④当支架搭设过程中临时停工,应采取安全稳固措施。

⑤支架搭设作业面应铺设脚手板,并应设置防护措施。

▶3.4.4 检查与验收

①高大模板支架的架体结构材料应按以下要求进行验收、抽检和检测,并留存记录、资料。

a.施工单位应对进场的承重杆件、连接件等材料的产品合格证、生产许可证、检测报告进行复核,并对其表面观感、尺寸规格、自重等物理指标进行抽检。

b.对承重杆件的外观抽检数量不得少于搭设用量的30%。发现质量不符合标准,情况严重的,要进行100%的检验,并随机抽取外观检验不合格的材料(由监理见证取样)送法定专业检测机构进行检测。

c.采用钢管扣件搭设高大模板支撑系统时,还应对扣件螺栓的紧固力矩进行抽查,抽查数量应符合《建筑施工扣件式钢管脚手架安全技术规范》(JGJ 130—2011)的规定;对梁底或荷载较大部位下的支架扣件应进行100%检查。

②高大模板支撑系统搭设前,应由项目技术负责人组织对地基基础进行检查验收,并留存记录。地基基础检查与验收应符合下列要求:

a.对需要处理或加固的地基、下部结构层,应按专项施工方案设计的要求进行验收。

b.回填土地基的压实系数应符合设计要求。

c.地基土表面整平夯实和排水设施符合要求。

d.湿陷性黄土、膨胀土地基土防水措施符合要求。

e.寒冷和严寒地区地基土防冻胀措施符合要求。

③高大模板支撑系统应在搭设完成后,由项目负责人组织验收。验收人员应包括施工单位和项目部两级技术人员,项目部安全、质量、施工人员,监理单位的总监和专业监理工程师。验收合格、经施工单位项目技术负责人及项目总监理工程师签字后,方可进入后续工序的施工。

检查验收一般包括以下项目:

a.检查复核地基与基础是否符合设计要求。

b.检查垫板是否符合设计要求,垫板及底座位置是否正确,垫板或底座与楼地面的接触状况。

c.立杆的规格尺寸和垂直度是否符合要求。

d.立杆顶端悬臂长度、可调顶托螺杆伸出长度是否符合规定。

e.扫地杆、水平杆、剪刀撑、斜杆等设置是否符合规定。

f.扣件的拧紧力矩是否符合规定,碗扣式、盘扣式的连接节点锁紧情况是否符合要求。

g.与既有结构的连接等抗倾覆措施设置情况是否符合设计规定。

h.安全网和各种安全防护设施是否符合要求。

▶3.4.5 使用与监控

①模板、钢筋安装作业应遵守相应的作业规范;模板、钢筋及其他材料等应均匀堆置、放平放稳,其堆放荷载不得超过支架设计荷载要求。

②混凝土浇筑前,施工单位项目技术负责人、项目总监确认具备混凝土浇筑的安全生产条件后,签署混凝土浇筑令,方可浇筑混凝土。

③混凝土浇筑过程及浇筑方法应符合专项施工方案要求,并确保支撑系统受力均匀,避免引起高大模板支撑系统的失稳倾斜。

④混凝土的浇筑,应按先浇筑竖向构件、后浇筑梁板等水平构件的顺序进行,并应符合专项施工方案的要求。

⑤混凝土在模板上的存放量不得超过模板支架设计荷载的要求。

⑥模板支撑系统在使用过程中,立柱底部不得松动悬空。严禁拆除任何杆件和松动扣件,模板支架也不得用作缆风绳的拉接。

⑦高大模板支架应按有关规定在专项施工方案中编制监测方案,对混凝土浇筑过程中重要部位的位移和内力进行监测。

⑧支撑结构使用过程中应有专人对高大模板支撑系统进行监测监控,发现有异常情况,必须立即停止施工,迅速撤离作业人员,启动应急预案,排除险情后方可继续施工。

▶3.4.6　拆除

高大模板支架拆除应按专项施工方案确定的方法和顺序进行,并应符合下列规定:

①高大模板支架拆除前,项目技术负责人、项目总监应核查混凝土同条件试块强度报告,浇筑混凝土达到规定拆模强度后方可拆除,并履行拆模审批签字手续。

②高大模板支架的拆除作业应自上而下逐层进行,严禁上下层同时拆除作业,当分段拆除时,高度差不应大于两步。

③当只拆除部分支架时,拆除前应对不拆除部分进行加固,确保其稳定。

④设有附墙(或抱柱)连接的模板支架,附墙连接必须随支撑架体逐层拆除,严禁先将附墙连接全部或数层拆除后再拆支撑架体。

⑤对设有缆风绳的支架,缆风绳应对称拆除。

⑥高大模板支撑系统拆除时,严禁将拆卸的杆件向地面抛掷,应有专人传递至地面,并按规格分类均匀堆放。

⑦在暂停拆除施工时,应采取临时固定措施,已拆除或松开的构配件应妥善放置。

▶3.4.7　其他安全管理措施

①搭设高大模板支撑架体的作业人员必须经过培训,取得建筑施工脚手架特种作业操作资格证书后方可上岗。相关施工人员应掌握相应的专业知识和技能。

②高大模板支撑系统搭设前,项目工程技术负责人或方案编制人员应当根据专项施工方案和有关规范、标准的要求,对现场管理人员、操作班组、作业人员进行安全技术交底,并履行签字手续。安全技术交底的内容应包括模板支撑工程工艺、工序、作业要点和搭设安全技术要求等内容,并应保留交底记录。

③作业人员应正确佩戴相应的安全防护用品,严格按专项施工方案、有关安全技术规范和安全技术交底书的要求进行操作。

④模板支撑系统应为独立的系统,禁止与物料提升机、施工升降机、塔吊等起重设备钢结构架体机身及其附着设施相连接,禁止与施工脚手架、物料周转平台等架体相连接。

⑤支撑结构作业层上的施工荷载在任何情况下都不得超过设计允许荷载。

⑥高大模板支撑系统搭设、使用和拆除过程中,地面应设置围栏和警戒标志,并派专人看

守,严禁无关人员进入作业范围。

⑦当有6级以上的强风、浓雾、雨雪天气时,应停止支架的搭设、使用及拆除作业。

⑧当遇下列情况时,应对支撑结构及地基基础进行检查,确保安全后方可继续施工或使用。

a.停工超过1个月恢复使用前。

b.遇有6级及以上强风、大雨后。

c.寒冷和严寒地区冬季施工前、解冻后。

思考题

1.何谓高大模板支撑系统?

2.常用的高大模板支架有哪些类型? 各有何特点?

3.什么是有剪刀撑框架式支撑结构和桁架式支撑结构?

4.简述高大模板支架结构设计的主要内容。

5.高大模板工程结构设计应考虑哪些荷载?

6.简述高大模板支架结构稳定性计算方法。

7.模板支架扫地杆高度和顶端悬臂长度有哪些规定?

8.有剪刀撑框架式支撑结构支架的立杆、水平杆、剪刀撑各有哪些构造要求?

9.桁架式支撑结构支架有哪些构造要求?

10.高大模板支架的搭设有哪些要求?

11.高大模板支架的检查验收包括哪些项目?

4

高处作业安全技术

[本章学习目标]

本章依据《建筑施工高处作业安全技术规范》(JGJ 80—2016)编写,介绍高处作业的基本概念、高处作业分级、高处作业基本规定;临边作业、洞口作业、攀登作业、悬空作业、操作平台及交叉作业等高处作业的安全技术措施及有关规定;高处作业安全防护设施的验收等。通过本章的学习,应达到以下要求:

1.了解:高处作业的基本概念,高处作业的分级,高处作业安全防护设施的验收;

2.熟悉:高处作业基本规定;

3.掌握:各种高处作业的安全技术措施。

[工程实例导入]

在建筑施工中,有大量施工作业属于具有一定坠落危险性的高处作业。高处坠落事故是建筑业发生率最高的事故类型(图4.1),常年排在建筑业五大伤害(高处坠落、物体打击、坍塌、机械伤害、触电事故)之首,平均约占各类事故总数的50%,给国家和人民的生命财产安全带来重大损失。如2013年3月7日,湖南省长沙市岳麓区某工地在进行外墙涂料施工时发生一起高处坠落事故,造成3人死亡,直接经济损失285万余元。

因此,在施工中采取有效的安全技术措施,预防和减少高处作业安全事故的发生,对安全生产具有十分重要的意义。

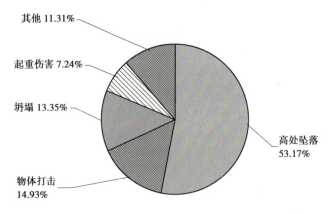

图 4.1　住建部 2015 年房屋与市政工程各类事故类型统计

4.1　概述

▶4.1.1　高处作业基本概念

（1）高处作业

按照国家标准规定："在距坠落高度基准面 2 m 或 2 m 以上有可能坠落的高处进行的作业，称为高处作业。"

坠落高度最低规定为 2 m，是因为在一般情况下，当作业人员在 2 m 高度坠落时，就很可能会造成伤残事故。

建筑施工中的高处作业，按作业位置及作业方式，主要包括临边作业、洞口作业、攀登作业、悬空作业、操作平台及交叉作业等基本类型。

（2）坠落高度基准面

坠落高度基准面是指通过可能坠落范围内最低处的水平面。

（3）基础高度

以作业位置为中心，以 6 m 为半径，划出的垂直于水平面的柱形空间内最低处与作业位置间的高度差称为基础高度。基础高度用 h_b 表示，单位为 m。

基础高度与作业现场的地形、地势或建筑物分布等有关，它是确定可能坠落范围半径的主要依据。

（4）可能坠落范围

可能坠落范围是指以作业位置为中心，以可能坠落范围半径 R 为半径，划出的与水平面垂直的柱形空间。

可能坠落范围半径 R 根据基础高度 h_b 按表 4.1 规定取值，其规定是在统计分析了大量高处坠落事故案例的基础上作出的。

了解可能坠落范围，可以更有效、更经济地搭建防护棚等安全防护设施。

表 4.1　可能坠落范围半径 R　　　　　　　　　单位:m

基础高度 h_b 范围	$2 \leqslant h_b \leqslant 5$	$5 < h_b \leqslant 15$	$15 < h_b \leqslant 30$	$h_b > 30$
可能坠落范围半径 R	3	4	5	6

（5）高处作业高度

高处作业高度是指作业区各作业位置至相应坠落高度基准面的垂直距离的最大值。高处作业高度用 h_w 表示,单位为 m。

高处作业高度是划分高处作业等级的主要依据。

▶4.1.2　高处作业分级

高处作业分级时,一是依据高处作业高度的范围,二是看高处作业的作业环境是否有直接引起坠落的客观危险因素。国家标准把高处作业高度分为"2 m 至 5 m、5 m 以上至 15 m、15 m 以上至 30 m、30 m 以上"共 4 个区段;把直接引起坠落的客观危险因素分为以下 9 种:

①阵风风力 5 级(风速 8.0m/s)以上。

② 平均气温等于或低于 5 ℃的作业环境。

③接触冷水温度等于或低于 12 ℃的作业。

④作业场地有冰、雪、霜、水、油等易滑物。

⑤作业场所光线不足,能见度差。

⑥作业活动范围与危险电压带电体的距离小于表 4.2 的规定。

表 4.2　作业活动范围与危险电压带电体的距离

危险电压带电体的电压等级/kV	≤10	35	63~110	220	330	500
距离/m	1.7	2.0	2.5	4.0	5.0	6.0

⑦摆动,立足处不是平面或只有很小的平面(即任一边小于 500 mm 的矩形平面、直径小于 500 mm 的圆形平面或具有类似尺寸的其他形状的平面),致使作业者无法维持正常姿势。

⑧存在有毒气体或空气中含氧量低于 0.195 的作业环境。

⑨可能会引起各种灾害事故的作业环境和抢救突然发生的各种灾害事故。

不存在上面列出的任何一种客观危险因素的高处作业,按表 4.3 规定的 A 类法分级,存在上面列出的一种或一种以上客观危险因素的高处作业,按表 4.3 规定的 B 类法分级。

表 4.3　高处作业分级

分类法	作业高度/m			
	$2 \leqslant h_w \leqslant 5$	$5 < h_w \leqslant 15$	$15 < h_w \leqslant 30$	$h_w > 30$
A	Ⅰ	Ⅱ	Ⅲ	Ⅳ
B	Ⅱ	Ⅲ	Ⅳ	Ⅳ

▶4.1.3　高处作业事故类型及事故预防技术措施

高处作业常见事故类型主要有两种,一是高处坠落事故,即作业者(或有关人员)从高处坠落造成伤害;二是物体打击事故,即施工物料从高处坠落对他人造成物体打击伤害。

预防高处坠落和物体打击事故的技术措施有很多,综合起来可归为两类:一是设置防止人员或物料从高处坠落的措施,如设置可靠的安全防护措施(如防护栏杆、密目式安全立网、封堵洞口等),以及确保高处作业施工设施(如登高设施、操作平台等)处于安全状态的技术措施等;二是一旦发生人员或物料坠落时,由个人防护用品(安全带、安全帽等)和坠落防护设施(安全平网、防护棚等)来避免或减轻对人员的伤害。其中,防止高处坠落是高处作业安全技术措施的首要目标。

▶4.1.4　高处作业基本规定

①在施工组织设计或施工技术方案中,应按国家、行业相关规定并结合工程特点编制高处作业安全技术措施。高处作业安全技术措施应包括临边与洞口作业、攀登与悬空作业、交叉作业、操作平台及安全网搭设的安全防护技术措施等内容。

②建筑施工高处作业前,应对安全防护设施进行检查、验收,验收合格后方可进行作业。验收可分层或分阶段进行。

③高处作业施工前,应检查高处作业的安全标志、安全设施、工具、仪表、防火设施、电气设施和设备,确认其完好,方可进行施工。

④高处作业施工前,应对作业人员进行安全技术教育及交底,并应配备相应防护用品。

⑤高处作业人员应按规定正确佩戴和使用高处作业安全防护用品、用具,并应经专人检查。

⑥对施工作业现场所有可能坠落的物料,应及时拆除或采取固定措施。高处作业所用的物料应堆放平稳,不得妨碍通行和装卸;工具应随手放入工具袋;作业中的走道、通道板和登高用具应随时清理干净;拆卸下的物料及余料和废料应及时清理运走,不得任意放置或向下丢弃。传递物料时不得抛掷。

⑦施工现场应按规定设置消防器材,当进行焊接等动火作业时,应采取防火措施。

⑧在雨、霜、雾、雪等天气下进行高处作业时,应采取防滑、防冻措施,并应及时清除作业面上的水、冰、雪、霜。

⑨当遇有6级以上强风、浓雾、沙尘暴等恶劣气候时,不得进行露天攀登与悬空高处作业。暴风雪及台风暴雨后,应对高处作业安全设施进行检查,若发现有松动、变形、损坏或脱落等现象,应立即修理完善,维修合格后再使用。

⑩需要临时拆除或变动安全防护设施时,应采取能代替原防护设施的可靠措施,作业后应立即恢复。

4.2　临边与洞口作业

在建筑施工中,作业人员许多时间处在未完成的建筑物各层各部位的边缘或在洞口边作业及通行,具有较大的高处坠落隐患。临边作业与洞口作业安全防护的重点是按规定设置可靠的防止人员及物料坠落的防护措施,消除人员及物料高处坠落的隐患。

▶4.2.1　临边作业

临边作业是指在工作面边沿无围护或围护设施高度低于 800 mm 时的高处作业。建筑施工中常见的临边作业包括楼板边、楼梯段边、屋面边、阳台边、通道平台边,以及各类坑、沟、槽等边沿的高处作业。

在临边作业时应设置防止人员及物料坠落的措施,并符合下列规定:

①在距坠落高度基准面 2 m 及以上进行临边作业时,应在临空一侧设置防护栏杆,并应采用密目式安全立网或工具式栏板封闭(图 4.2)。

②分层施工的楼梯口、楼梯平台和梯段边,应安装防护栏杆;外设楼梯口、楼梯平台和梯段边还应采用密目式安全立网封闭(图 4.3)。

图 4.2　临边防护

图 4.3　室外楼梯防护

③建筑物外围边沿处应采用密目式安全立网进行全封闭。有外脚手架的工程,密目式安全立网应设置在脚手架外侧立杆上,并与脚手杆紧密连接;没有外脚手架的工程,应采用密目式安全立网将临边全封闭。

在建工程外侧必须用密目式安全网进行全封闭,主要是为了防止落物和减少污染,这也是《建筑施工安全检查标准》(JGJ 59—2011)的强制性要求。

④施工升降机、龙门架和井架物料提升机等各类垂直运输设备设施与建筑物间设置的通道平台两侧边,应设置防护栏杆、挡脚板,并应采用密目式安全立网或工具式栏板封闭(图4.4)。

⑤各类垂直运输接料平台口,应设置高度不低于

图 4.4　垂直运输设备通道平台防护

1.80 m 的楼层防护门,并应设置防外开装置(图4.4);多笼井架物料提升机通道中间,应分别设置隔离设施。

▶4.2.2　洞口作业

洞口作业指在地面、楼面、屋面和墙面等有可能使人和物料坠落,其坠落高度大于或等于 2 m 的开口处的高处作业。施工现场常见的洞口包括各种基础孔口,楼面、屋面上各种预留洞口、墙面上的电梯井口、预留洞口等。

①在洞口作业时,应采取防坠落措施,并应符合下列规定:

a.当垂直洞口短边边长小于500 mm时,应采取封堵措施(图4.5(a))。

b.当垂直洞口短边边长大于或等于500 mm时,应在临空一侧设置高度不小于1.2 m的防护栏杆,并应采用密目式安全立网或工具式栏板封闭,设置挡脚板(图4.5(b))。

c.当非垂直洞口短边尺寸为25～500 mm时,应采用承载力满足使用要求的盖板覆盖,盖板四周搁置应均衡,且应防止盖板移位。

d.当非垂直洞口短边边长为500～1 500 mm时,应采用专项设计盖板覆盖,并应采取固定措施。对短边大于500 mm的洞口,用非专项设计的盖板不能有效承受坠物的冲击,一般可采用钢管及扣件组合而成的钢管防护网,网格间距不应大于400 mm;或在混凝土板施工时预埋洞口钢筋构成防护网,网格间距不得大于200 mm(图4.6)。防护网上应满铺木板或竹笆。

(a)封堵措施 (b)防护栏杆

图4.5 垂直洞口的防护

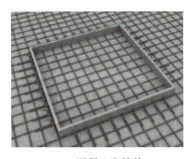 

(a)混凝土浇筑前 (b)混凝土浇筑后

图4.6 洞口钢筋网防护

e.当非垂直洞口短边边长大于或等于1 500 mm时,应在洞口作业侧设置高度不小于1.2 m的防护栏杆,并应采用密目式安全立网或工具式栏板封闭;洞口应采用安全平网封闭。

f.边长不大于500 mm洞口所加盖板,应能承受不小于1.1 kN/m² 的荷载。

②电梯井口应设置防护门(图4.7),其高度不应小于1.5 m,防护门底端距地面高度不应大于50 mm,并应设置挡脚板。

③在进入电梯安装施工工序之前,电梯井道内应沿高度每隔10 m且不大于2层加设一道水平安全网(图4.8);电梯井内的施工作业层上部,应设置隔离防护设施。

④施工现场通道附近的洞口、坑、沟、槽、高处临边等危险作业处,应悬挂安全警示标志外,夜间还应设灯光警示。

图 4.7　电梯井口防护门

图 4.8　电梯井道安全平网

⑤墙面等处落地的竖向洞口、窗台高度低于 800 mm 的竖向洞口，以及框架结构在浇筑完混凝土而没有砌筑墙体时的洞口，应按临边防护要求设置防护栏杆。

▶4.2.3　防护栏杆的构造

①临边作业的防护栏杆应由横杆、立杆及不低于 180 mm 高的挡脚板组成，并应符合下列规定：

a.防护栏杆应为两道横杆，上杆距地面高度应为 1.2 m，下杆应在上杆和挡脚板中间设置。当防护栏杆高度大于 1.2 m 时，应增设横杆，横杆间距不应大于 600 mm。

b.防护栏杆立杆间距不应大于 2 m。

②防护栏杆立杆底端应固定牢固，并应符合下列规定：

a.当在基坑四周土体上固定时，应采用预埋或打入方式固定。当基坑周边采用板桩支护时，如用钢管作立杆，钢管立杆应设置在板桩外侧。

b.当采用木立杆时，预埋件应与木杆件连接牢固。

③防护栏杆杆件的规格及连接，应符合下列规定：

a.当采用钢管作为防护栏杆杆件时，横杆及栏杆立杆应采用脚手架钢管，并应采用扣件、焊接、定型套管等方式进行连接固定。

b.当采用原木作为防护栏杆杆件时，杉木杆梢径不应小于 80 mm，红松、落叶松梢径不应小于 70 mm；栏杆立杆木杆梢径不应小于 70 mm，并应采用 8 号镀锌铁丝或回火铁丝进行绑扎，绑扎应牢固紧密，不得出现泻滑现象。用过的铁丝不得重复使用。

c.当采用其他型材作防护栏杆杆件时，应选用与脚手钢管材质强度相当规格的材料，并应采用螺栓、销轴或焊接等方式进行连接固定。

④栏杆立杆和横杆的设置、固定及连接，应确保防护栏杆在上下横杆和立杆任何位置，均能承受任何方向的最小 1 kN 外力作用。当栏杆所处位置有发生人群拥挤、车辆冲击和物件碰撞等可能时，应加大横杆截面或加密立杆间距。

4.3　攀登与悬空作业

攀登作业与悬空作业在很多情况下无法设置可靠的防坠落设施，影响安全的不利因素也较多，具有比临边与洞口作业更大的坠落危险性。因此，攀登与悬空作业尤其要重视按规定配备与使用个人安全防护用具(如安全带、防滑鞋等)。

▶4.3.1　攀登作业

攀登作业是指借助登高用具或登高设施进行的高处作业。攀登作业应符合下列规定：

①施工组织设计或施工技术方案中应明确施工中使用的登高和攀登设施；人员登高应借助建筑结构或脚手架的上下通道、梯子及其他攀登设施和用具。

②攀登作业所用设施和用具的结构构造应牢固可靠；作用在踏步上的荷载不应大于1.1 kN。当梯面上有特殊作业、重力超过上述荷载时，应按实际情况验算。

③各种梯子(如便携式梯子、固定式梯子等)的构造及有关使用要求，目前都有相应的国家标准，使用时应严格遵循。在使用梯子进行攀登作业时还应符合下列规定：

a.不得两人同时在梯子上作业；在通道处使用梯子作业时，应有专人监护或在作业区设置围栏；脚手架操作层上不得使用梯子进行作业。

b.单梯不得垫高使用，使用时应与水平面呈75°夹角，踏步不得缺失，其间距宜为300 mm；当梯子需接长使用时，应有可靠的连接措施，接头不得超过1处，且连接后梯梁的强度不应低于单梯梯梁的强度。

c.固定式直梯应采用金属材料按规定制作安装；梯子内侧净宽应为400～600 mm，固定直梯的支撑应采用不小于L 70×6的角钢，埋设与焊接应牢固。直梯顶端的踏棍应与攀登的顶面齐平，并应加设1.05～1.5 m高的扶手。

d.使用固定式直梯进行攀登作业时，攀登高度宜为5 m，且不超过10 m。当攀登高度超过3 m时，宜在梯子上加设护笼；超过8 m时，应设置梯间休息平台。

④在安装钢柱或钢结构时，应使用梯子或其他登高设施。当钢柱或钢结构接高时，应设置操作平台(图4.9)。当无电焊防风要求时，操作平台的防护栏杆高度不应小于1.2 m；有电焊防风要求时，操作平台的防护栏杆高度不应小于1.8 m。

(a)落地式　　　　　　　　　　　　　(b)工具式

图 4.9　钢柱安装操作平台

⑤当安装三角形屋架时，应在屋脊处设置上下的扶梯；当安装梯形屋架时，应在两端设置上下的扶梯。扶梯的踏步间距不应大于400 mm。屋架弦杆安装时搭设的操作平台，应设置防护栏杆或用于作业人员拴挂安全带的安全绳。

⑥深基坑施工，应设置扶梯、入坑踏步及专用载人设备或斜道等。采用斜道时，应加设间距不大于400 mm的防滑条等防滑措施。严禁沿坑壁、支撑或乘运土工具上下。

▶4.3.2 **悬空作业**

悬空作业是指在周边无任何防护设施或防护设施不能满足防护要求的临空状态下进行的高处作业。悬空作业应根据具体作业条件设置牢固的立足点,并配置登高和防坠落的设施。

①构件吊装和管道安装时的悬空作业应符合下列规定:

a.钢结构吊装,构件宜在地面组装,安全设施应一并设置好。吊装时,应在作业层下方设置一道水平安全网(图 4.10(a))。

b.吊装钢筋混凝土屋架、梁、柱等大型构件前,应在构件上预先设置登高通道、操作立足点等安全设施。

c.在高空安装大模板、吊装第一块预制构件或单独的大中型预制构件时,应站在作业平台上操作。

d.钢结构安装施工宜在施工层搭设水平通道(图 4.10(b)),水平通道两侧应设置防护栏杆。当利用钢梁作为水平通道时,应在钢梁一侧设置连续的安全绳,安全绳宜采用钢丝绳。

e.当吊装作业利用吊车梁等构件作为水平通道时,临空面的一侧应设置连续的栏杆等防护措施。当采用钢索作安全绳时,钢索的一端应采用花篮螺栓收紧;当采用钢丝绳作安全绳时,绳的自然下垂度不应大于绳长的 1/20,并应控制在 100 mm 以内。

f.严禁在未固定、无防护的构件及安装中的管道上作业或通行。

②模板支撑体系搭设和拆卸时的悬空作业,应符合下列规定:

a.模板支撑应按规定的程序进行,不得在连接件和支撑件上攀登上下,不得在上下同一垂直面上装拆模板。

b.在 2 m 以上高处搭设与拆除柱模板及悬挑式模板时,应设置操作平台(图4.11)。

(a)安全平网

(b)水平通道

图 4.10 钢结构安装安全防护

图 4.11 柱子单体施工操作平台

c.在进行高处拆模作业时,应配置登高用具或搭设支架。

③绑扎钢筋和预应力张拉时的悬空作业应符合下列规定:

a.绑扎柱子和墙体钢筋时,不得站在钢筋骨架上或攀登骨架。

b.在 2 m 以上的高处绑扎柱钢筋时,应搭设操作平台(图 4.11)。

c.在高处进行预应力张拉时,应搭设有防护挡板的操作平台。

④混凝土浇筑与结构施工时的悬空作业应符合下列规定:

a.浇筑高度 2 m 以上的混凝土结构竖向构件时,应设置脚手架或操作平台(图 4.11)。

b.悬挑的混凝土梁、檐、外墙和边柱等结构施工时,应搭设脚手架或操作平台,并应设置防护栏杆,采用密目式安全立网封闭。

⑤屋面作业时应符合下列规定：

a.在坡度大于 1∶2.2(25°)的坡屋面上作业,当无外脚手架时,应在屋檐边设置不低于1.5 m高的防护栏杆,并应采用密目式安全立网全封闭。

b.在轻质型材等屋面上作业,应搭设临时走道板,不得在轻质型材上行走。安装压型板前,应采取在梁下支设安全平网或搭设脚手架等安全防护措施。

⑥外墙作业时应符合下列规定：

a.门窗作业时,应有防坠落措施。操作人员在无安全防护措施情况下,不得站立在樘子、阳台栏板上作业。

b.座板式单人吊具适用于对建筑物清洗、粉饰、养护等作业,不得使用于高处安装作业。

4.4 操作平台

操作平台是指由钢管、型钢或脚手架等组装搭设制作的供施工现场高处作业和载物的平台。施工现场的操作平台,根据构造可分为移动式操作平台、落地式操作平台、悬挑式操作平台;根据用途可分为只用于施工操作的作业平台和可进行施工作业并主要用于施工材料转接用的接料平台(也称卸料平台、转料平台等)。操作平台是高处作业的重要施工设施,必须牢固可靠,并应按规定设置防止人员或物料坠落的防护措施。

▶4.4.1 一般规定

①操作平台应按有关规定进行设计计算,并编入施工组织设计或专项施工方案中。架体构造与材质应满足相关现行国家、行业标准规定。

②操作平台的架体应采用钢管、型钢等组装,并应符合现行国家标准《钢结构设计标准》(GB 50017—2017)及相关脚手架规范行业标准规定。平台面铺设的钢、木或竹胶合板等材质的脚手板,应符合强度要求,并应平整满铺及固定牢靠。

③操作平台的临边应按规定设置防护栏杆,单独设置的操作平台应设置供人上下的、踏步间距不大于 400 mm 的扶梯。

④操作平台投入使用时,应在平台的内侧设置标明允许负载值的限载牌;物料应及时转运,不得超重与超高堆放。

▶4.4.2 移动式操作平台

移动式操作平台是指可在楼地面移动的带脚轮的脚手架操作平台(图4.12),常用于构件安装、装修工程、水电安装等作业。

①移动式操作平台的面积不应超过 10 m²,高度不应超过 5 m,高宽比不应大于 3∶1,施工荷载不应超过 1.5 kN/m²。面积、高度或荷载超过规定的,应编制专项施工方案。

②移动式操作平台的轮子与平台架体连接应牢固,立柱底端离地面不得超过 80 mm,行走轮和导向轮应配有制动器或刹车闸等固定措施。

③移动式行走轮的承载力不应小于 5 kN,行走轮制动器的制动力矩不应小于 2.5 N·m;移动式操作平台的架体应保持垂直,不得弯曲变形;行走轮的制动器除在移动情况外,均应保

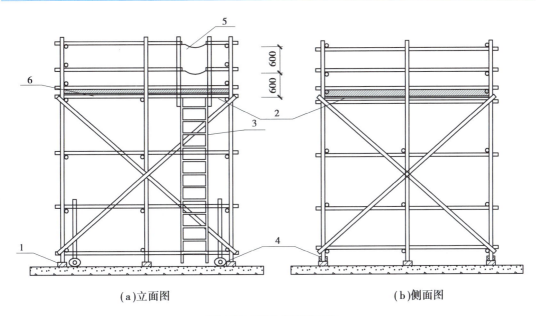

（a）立面图　　　　　　　　　　　（b）侧面图

图 4.12　移动式操作平台

1—木楔；2—竹笆或木板；3—梯子；4—带锁脚轮；5—活动防护绳；6—挡脚板

持制动状态。

④移动式操作平台在移动时，操作平台上不得站人。

▶4.4.3　落地式操作平台

落地式操作平台是指从地面或楼面搭起、不能移动的操作平台，形式主要有单纯进行施工作业的施工平台和可进行施工作业与承载物料的接料平台（图 4.13）。

①落地式操作平台的架体构造应符合下列规定：

a.落地式操作平台的面积不应超过 10 m²，高度不应超过 15 m，高宽比不应大于 2.5∶1；施工平台的施工荷载不应超过 2.0 kN/m²，接料平台的施工荷载不应超过 3.0 kN/m²；面积、高度或荷载超过规定的，应编制专项施工方案。

b.落地式操作平台应独立设置，并应与建筑物进行刚性连接，不得与脚手架连接。

c.用脚手架搭设落地式操作平台时，其结构构造应符合相关脚手架规范的规定，在立杆下部设置底座或垫板、纵向与横向扫地杆，在外立面设置剪刀撑或斜撑。

d.落地式操作平台应从底层第一步水平杆起逐层设置连墙件，且间隔不应大于 4 m；同时应设置水平剪刀撑。连墙件应采用可承受拉力和压力的构造，并应与建筑结构可靠连接。

②落地式操作平台的搭设材料及搭设技术要求、允许偏差，应符合相关脚手架规范的规定。

③落地式操作平台应按相关脚手架规范的规定计算受弯构件强度、连接扣件抗滑承载力、立杆稳定性、连墙杆件强度与稳定性，以及连接强度、立杆地基承载力等。

④落地式操作平台一次搭设高度不应超过相邻连墙件以上两步。

⑤落地式操作平台的拆除应由上而下逐层进行，严禁上下同时作业，连墙件应随工程施工进度逐层拆除。

⑥落地式操作平台应符合有关脚手架规范的规定，检查与验收应符合下列规定：

a.搭设操作平台的钢管和扣件应有产品合格证。

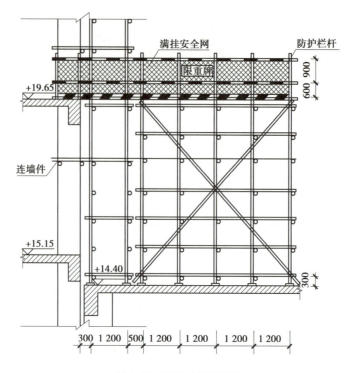

图 4.13 落地式接料平台

b.搭设前应对基础进行检查验收,搭设中应随施工进度按结构层对操作平台进行检查验收。

c.遇 6 级以上大风、雷雨、大雪等恶劣天气及停用超过一个月,则恢复使用前应进行检查。

d.操作平台使用过程中应定期进行检查。

▶4.4.4 悬挑式操作平台

悬挑式操作平台是指以悬挑形式搁置或固定在建筑物结构边沿的操作平台,其形式主要有斜拉式悬挑操作平台(图 4.14)、支承式悬挑操作平台和悬臂梁式悬挑操作平台。悬挑式操作平台常用于接料平台,应根据使用要求按有关规范进行专项设计。

①悬挑式操作平台的设置应符合下列规定:

a.悬挑式操作平台的搁置点、拉结点、支撑点应设置在主体结构上,且应可靠连接。

b.未经专项设计的临时设施上,不得设置悬挑式操作平台。

c.悬挑式操作平台的结构应稳定可靠,其承载力应符合使用要求。

②悬挑式操作平台的悬挑长度不宜大于 5 m,承载力需经设计验收。

③采用斜拉方式的悬挑式操作平台,应在平台两边各设置前后两道斜拉钢丝绳。钢丝绳另一端应固定在平台上方的主体结构上,每一道钢丝绳均应作单独受力计算和设置。

④采用支承方式的悬挑式操作平台,应在钢平台的下方设置不少于两道的斜撑。斜撑的一端应支承在钢平台主结构钢梁下,另一端支承建筑物主体结构。

⑤采用悬臂梁式的操作平台,应采用型钢制作悬挑梁或悬挑桁架,不得使用钢管。其节点应是螺栓或焊接的刚性节点,不得采用扣件连接。

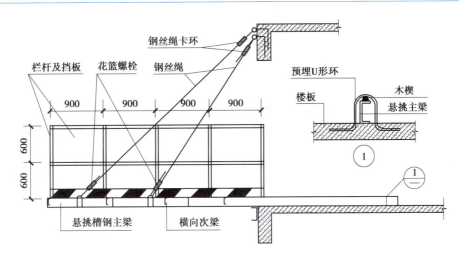

图 4.14　斜拉悬挑式操作平台侧面示意图

⑥悬挑式操作平台安装吊运时应使用起重吊环,与建筑物连接固定时应使用承载吊环。

⑦当悬挑式操作平台安装时,钢丝绳应采用专用的卡环连接。钢丝绳卡环数量应与钢丝绳直径相匹配,且不得少于 4 个。钢丝绳卡环的连接方法应满足规范要求。建筑物锐角利口周围系钢丝绳处应加衬软垫物。

⑧悬挑式操作平台的外侧应略高于内侧,外侧应安装固定的防护栏杆并设置防护挡板完全封闭。

4.5　交叉作业

交叉作业是指在施工现场的垂直空间呈贯通状态下,凡有可能造成人员或物体坠落的,并处于坠落半径范围内的、上下左右不同层面的立体作业。在交叉作业时,下层作业人员应避开上层"坠落半径"的范围;无法避开的,应设置防护棚或隔离防护措施。

交叉作业时应遵守下列安全规定:

①施工现场立体交叉作业时,下层作业的位置应处于上层坠落半径之外,坠落半径见表4.2,表中的基础高度取上层作业高度。模板、脚手架等拆除作业应适当增大坠落半径。当达不到规定时,应设置安全防护棚,下方应设置警戒隔离区。

②施工现场人员进出的通道口(包括井架、施工电梯等的进出通道口)应搭设防护棚(图4.15)。

③处于起重设备的起重臂回转范围之内的通道,顶部应搭设防护棚(图 4.16(a))。

④操作平台内侧通道的上下方应设置阻挡物体坠落的隔离防护措施。

⑤防护棚的顶棚使用竹笆或胶合板搭设时,应采用双层搭设,上下层间距不应小于700 mm;当使用木板时,可采用单层搭设,木板厚度不应小于 50 mm,或可采用与木板等强度的其他材料搭设。防护棚的长度应根据建筑物高度与可能坠落半径确定。

⑥当建筑物高度大于 24 m 并采用木板搭设时,应搭设双层防护棚,两层防护棚的间距不应小于 700 mm。

(a)出入口防护棚   (b)物料提升机防护棚

图 4.15　通道口防护

⑦防护棚的架体构造、搭设与材质应符合施工组织或专项方案设计要求。

⑧悬挑式防护棚悬挑杆的一端应与建筑物结构可靠连接,并应符合悬挑式操作平台相关规定(图 4.16(b))。

⑨不得在防护棚棚顶堆放物料。

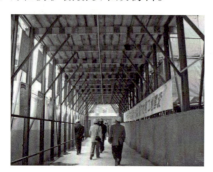 

(a)通道防护棚   (b)悬挑式防护棚

图 4.16　通道防护

4.6　高处作业安全防护设施的检查验收

各类安全防护设施,应建立定期不定期的检查和维修保养制度,发现隐患应及时采取整改措施。安全防护设施的验收应按类别逐项检查,验收合格后方可使用,并应作出验收记录。

①安全防护设施验收应包括下列主要内容:

a.防护栏杆立杆、横杆及挡脚板的设置、固定及其连接方式。

b.攀登与悬空作业时的上下通道、防护栏杆等各类设施的搭设。

c.操作平台及平台防护设施的搭设。

d.防护棚的搭设。

e.安全网的设置情况。

f.安全防护设施构件、设备的性能与质量。

g.防火设施的配备。

h.各类设施所用的材料、配件的规格及材质。

i.设施的节点构造及其与建筑物的固定情况,扣件和连接件的紧固程度。

②安全防护设施验收资料应包括下列主要内容:

a.施工组织设计中的安全技术措施或专项方案。

b.安全防护用品用具产品合格证明。

c.安全防护设施验收记录。

d.预埋件隐蔽验收记录。

e.安全防护设施变更记录及签证。

思考题

1.简述高处作业的基本概念。

2.简述高处作业的分级方法。

3.高处作业有哪些基本规定?

4.何谓临边作业?临边作业的防坠落措施有哪些规定?

5.何谓洞口作业?洞口作业的防坠落措施有哪些规定?

6.简述防护栏杆的构造要求。

7.使用梯子进行攀登作业时有哪些规定?

8.何谓悬空作业?模板支撑体系搭设和拆卸时的悬空作业有哪些规定?

9.操作平台有哪些类型?

10.简述交叉作业的安全防护措施。

11.简述高处作业安全防护设施验收的主要内容。

施工现场临时用电安全技术

[本章学习目标]

　　本章介绍了施工用电管理,外电线路及用电设备的防护,施工现场临时用电的配电系统及接地,配电室、配电线路、配电箱等设置与铺设要求,施工现场照明等;并依据《施工现场临时用电安全技术规范》(JGJ 46—2005)的有关规定,提出施工现场的防护措施,以消除事故隐患,保障用电安全。通过本章学习,应达到以下要求:

　　1.了解:施工现场临时用电安全的具体范围和内容;

　　2.熟悉:施工现场临时用电的管理,外电线路及用电设备的防护,施工现场临时用电的配电系统及接地,配电室、配电线路、配电箱等设置与铺设要求,施工现场照明;

　　3.掌握:施工现场临时用电的施工组织设计,施工临时用电配电系统的原则。

[工程实例导入]

　　施工用电又称施工现场临时用电,是指施工现场在施工过程中,由于使用电动设备和照明设备等,进行的线路敷设、电气安装以及对电气设备和线路的使用、维护等工作,也是建筑施工过程的电工工程或用电系统的简称。造成施工用电安全事故的主要原因是施工用电在建筑施工过程中用后便拆、期限短暂,往往被忽视,从而引起对有关用电管理和安全防护措施重视不足,对施工用电有关规范标准的学习理解不透彻;客观上建筑工地环境的复杂多变,也给施工用电带来许多不安全因素,由此引起的安全用电事故时有发生。

　　2015年住建部发布的《全国建筑施工安全生产形势分析报告》显示,全国建筑施工伤亡事故类型仍以高处坠落、坍塌、物体打击、机具伤害和触电等"五大伤害"为主,其中触电占全部事故死亡人数的9.3%。

　　实例一,安全防护措施不足引发的事故:某工程正在进行人工挖孔桩施工,因下雨而大部分工人停止施工,只有两个桩孔因地质情况特殊需要继续施工。而就在此时,由于配电箱进线端电线无穿管保护而被金属箱体割破绝缘层,造成电箱外壳、提升机械、钢丝绳以及吊桶带电。工人江××等在没有进行任何检查的情况下,习惯性地按正常情况准备施工,当他触及带电的吊桶时,遭到电击,后经抢救无效死亡。

实例二,无保护接地或接零措施导致的触电死亡事故:陈××上班后清理场地,由于电焊机绝缘损坏使外壳带电,从而使与其在电气上联成一体的工作台也带电,当陈××将焊接好的钢模板卸下来时,手刚与工作台一接触,即发生触电事故。随后陈××被送往医院,经抢救无效死亡。

5.1　施工用电管理

建筑工地必须根据施工现场的特点建立和完善临时用电管理责任制,确立施工现场临时用电为总承包单位负责制;按规定配备专业用电管理人员,电工应持证上岗,按规范作业;施工现场的一切配电设备、用电设备(分配电箱、开关箱、手持电动工具、电焊机等)等,必须经总承包单位检查合格方可进场使用。《建设工程安全生产管理条例》第二十六条规定,施工单位应当在施工组织设计中编制施工现场临时用电方案。

▶5.1.1　施工现场临时用电组织设计

根据《施工现场临时用电安全技术规范》(JGJ 46—2005)规定,施工现场临时用电设备在5台以下和设备总容量在50 kW以下者,应制订安全用电和电气防火措施。施工现场临时用电设备在5台以上和设备总容量在50 kW以上者,应编制施工用电组织设计。

1)施工现场临时用电组织设计的主要内容

①现场勘测。

②确定电源进线、变电所或配电室、配电装置、用电设备位置及线路走向。

③进行负荷计算。

④选择变压器。

⑤设计配电系统:

a.设计配电线路,选择导线或电缆。

b.设计配电装置,选择电器。

c.设计接地装置。

d.绘制临时用电工程图纸,主要包括用电工程总平面图、配电装置布置图、配电系统接线图、接地装置设计图。

⑥设计防雷装置。

⑦确定防护措施。

⑧制订安全用电措施和电气防火措施。

2)施工现场临时用电组织设计的编制要求

①临时用电工程图纸应单独绘制,临时用电工程应按图施工。

②临时用电组织设计及变更时,必须履行"编制、审核、批准"程序,由电气工程技术人员组织编制,经相关部门审核及具有法人资格企业的技术负责人批准后实施。变更用电组织设计时,应补充有关图纸资料。

③临时用电工程必须经编制、审核、批准部门和使用单位共同验收,合格后方可投入使用。

④施工现场临时用电设备在5台以下和设备总容量在50 kW以下者,应制订安全用电和电气防火措施。

▶5.1.2　电工及用电人员

电工必须经过国家现行标准考核并合格后,才能持证上岗工作;其他用电人员必须通过相关安全教育培训和技术交底,考核合格后方可上岗工作。

安装、巡检、维修或拆除临时用电设备和线路,必须由电工完成,并应有人监护。电工等级应同工程的难易程度和技术复杂性相适应。

各类用电人员应掌握安全用电基本知识和所用设备的性能,并应符合下列规定:

①使用电气设备前必须按规定穿戴和配备好相应的劳动防护用品,并应检查电气装置和保护设施,严禁设备带"缺陷"运转。

②保管和维护所用设备,发现问题及时报告解决。

③暂时停用设备的开关箱必须分断电源隔离开关,并应关门上锁。

④移动电气设备时,必须经电工切断电源并做妥善处理后进行。

▶5.1.3　施工现场临时用电安全技术档案

施工现场临时用电必须建立安全技术档案,并应包括下列内容:

①用电组织设计的全部资料。

②修改用电组织设计的资料。

③用电技术交底资料。

④用电工程检查验收表。

⑤电气设备的试、检验凭单和调试记录。

⑥接地电阻、绝缘电阻和漏电保护器漏电动作参数测定记录表。

⑦定期检(复)查表。

⑧电工安装、巡检、维修、拆除工作记录。

安全技术档案应由主管该现场的电气技术人员负责建立与管理。其中"电工安装、巡检、维修、拆除工作记录"可指定电工代管,每周由项目经理审核认可,并应在临时用电工程拆除后统一归档。

临时用电工程应定期检查。定期检查时,应复查接地电阻值和绝缘电阻值。

临时用电工程定期检查应按分部、分项工程进行,对安全隐患必须及时处理,并应履行复查验收手续。

5.2　外电线路及电气设备防护

▶5.2.1　外电线路防护

外电线路防护简称外电防护,是指为了防止外电线路对施工现场作业人员可能造成的触电伤害事故,施工现场必须对其采取的防护措施。对于施工现场,通常采取的防护措施有留设安全距离和绝缘隔离。

1)一般规定

在建工程不得在外电架空线路正下方施工、搭设作业棚,建造生活设施或堆放构件、架具、材料及其他杂物等。

2)外电线路的安全距离要求

外电线路的安全距离是指带电物体与附近接地物体以及人体之间必须保持的最小空间距离或者最小空气间隔。

①在建工程(含脚手架)的周边与外电架空线路的边线之间的最小安全操作距离应符合表5.1规定。

表5.1　在建工程(含脚手架)的周边与架空线路的边线之间的最小安全操作距离

外电线路电压等级/kV	<1	1~10	35~110	220	330~550
最小安全操作距离/m	4.0	6.0	8.0	10	15

注:上、下脚手架的斜道不宜设在有外电线路的一侧。

②施工现场的机动车道与外电架空线路交叉时,架空线路的最低点与路面的最小垂直距离应符合表5.2规定。

表5.2　施工现场的机动车道与架空线路交叉时的最小垂直距离

外电线路电压等级/kV	<1	1~10	35
最小垂直距离/m	6.0	7.0	7.0

③起重机严禁越过无防护设施的外电架空线路作业。在外电架空线路附近吊装时,起重机的任何部位或被吊物边缘在最大偏斜时与架空线路边线的最小安全距离应符合表5.3规定。

表5.3　起重机与架空线路边线的最小安全距离

电压/kV 安全距离/m	<1	10	35	110	220	330	500
沿垂直方向	1.5	3.0	4.0	5.0	6.0	7.0	8.5
沿水平方向	1.5	2.0	3.5	4.0	6.0	7.0	8.5

④施工现场开挖沟槽边缘与外电埋地电缆沟槽边缘之间的距离不得小于0.5 m。在外电架空线路附近开挖沟槽时,必须会同有关部门采取加固措施,防止外电架空线路电杆倾斜、悬倒。

3)架设安全防护设施

当安全距离无法满足要求时,必须采取绝缘隔离防护措施,并应悬挂醒目的警告标志。

架设防护设施时,必须经有关部门批准,采用线路暂时停电或其他可靠的安全技术措施,并应有电气工程技术人员和专职安全人员监护。防护设施与外电线路之间的安全距离不应小于表5.4所列数值。防护设施宜采用竹木等绝缘材料,并坚固、稳定。

表 5.4　防护设施与外电线路之间的最小安全距离

外电线路电压等级/kV	≤10	35	110	220	330	500
最小安全距离/m	1.7	2.0	2.5	4.0	5.0	6.0

当防护措施无法实现时,必须与有关部门协商,采取停电、迁移外电线路或改变工程位置等措施,未采取上述措施的严禁施工。

▶5.2.2　电气设备防护

电气设备现场周围不得存放易燃易爆物、污染源和腐蚀介质,否则应予清除或做防护处置,其防护等级必须与环境条件相适应;电气设备设置场所应能避免物体打击和机械损伤,否则应做防护处置。

5.3　用电基本保护系统

▶5.3.1　基本供电系统

国际电工委员会(IEC)对建筑工程供电使用的基本供电系统作了统一规定,称为 TT 系统、IT 系统、TN 系统。其中 TN 系统又分为 TN-C 系统、TN-S 系统、TN-C-S 系统。

1)TT 方式供电系统

TT 方式供电系统是指将电气设备的金属外壳直接接地的保护系统,也称保护接地系统,简称 TT 系统。第一个符号 T 表示电力系统中性点直接接地;第二个符号 T 表示负载设备外露不与带电体相接的金属导电部分与大地直接连接,而与系统如何接地无关。在 TT 系统中,负载的所有接地均称为保护接地,如图 5.1 所示。这种供电系统的特点如下:

①当电气设备的金属外壳带电(相线碰壳或设备绝缘损坏而漏电)时,由于有接地保护,可以大大减少触电的危险性。但是,低压断路器(自动开关)不一定能跳闸,造成漏电设备的外壳对地电压高于安全电压,属于危险电压。

②当漏电电流比较小时,即使有熔断器也不一定能熔断,所以还需要漏电保护器作保护,因此 TT 系统难以推广。

③TT 系统接地装置耗用钢材多,而且难以回收、费工时、费材料。

2)IT 方式供电系统

I 表示电源侧没有工作接地,或经过高阻抗接地;T 表示负载侧电气设备进行接地保护,如图 5.2 所示。

IT 方式供电系统在供电距离不是很长时,供电的可靠性高、安全性好。IT 方式一般用于不允许停电的场所,或者是要求严格地连续供电的地方,例如电力炼钢、大医院的手术室、地下矿井等处。地下矿井内供电条件比较差,电缆易受潮,运用 IT 方式供电系统,即使电源中性点不接地,一旦设备漏电,单相对地漏电流仍小,不会破坏电源电压的平衡,所以比电源中性点接地的系统还安全。

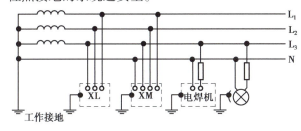

图 5.1　TT 方式供电系统

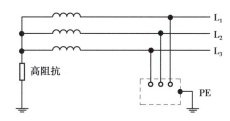

图 5.2　IT 方式供电系统

但是,如果用在供电距离很长时,供电线路对大地的分布电容就不能忽视了。在负载发生短路故障或漏电使设备外壳带电时,漏电电流经大地形成回路,保护设备不一定动作,这是危险的,只有在供电距离不太长时才比较安全。这种供电方式在工地上很少见。

3)TN 方式供电系统

(1)定义及特点

TN 方式供电系统是将电气设备的金属外壳与工作零线相接的保护系统,也称接零保护系统,简称 TN 系统。其特点如下:

①一旦设备出现外壳带电,接零保护系统能将漏电电流上升为短路电流,这个电流很大,是 TT 系统的 5.3 倍,实际上就是单相对地短路故障,熔断器的熔丝会熔断,低压断路器的脱扣器会立即动作而跳闸,使故障设备断电,比较安全。

②TN 系统节省材料、工时,在我国和其他许多国家广泛得到应用,比 TT 系统的优点更突出。TN 系统根据其保护零线是否与工作零线分开而划分为 TN-C 和 TN-S 等两种。

(2)TN-C 方式供电系统

这种供电系统是用工作零线兼作接零保护线,因此可被称作保护中性线,可用 PEN 表示,如图 5.3(b)所示。其特点如下:

①由于三相负载不平衡,工作零线上有不平衡电流,对地有电压,所以与保护线所连接的电气设备金属外壳有一定的电压。

②如果工作零线断线,则保护接零的漏电设备外壳带电。

③如果电源的相线碰地,则设备的外壳电位升高,使中性线上的危险电位蔓延。

④TN-C 系统干线上使用漏电保护器时,工作零线后面的所有重复接地必须拆除,否则漏电开关合不上;而且,工作零线在任何情况下都不得断线。所以,实际运用中工作零线只能让漏电保护器的上侧有重复接地。

⑤TN-C 方式供电系统只适用于三相负载基本平衡情况。

(3)TN-S 方式供电系统

TN-S 供电系统是把工作零线 N 和专用保护线 PE 严格分开的供电系统,如图 5.3(a)所示。其特点如下:

①系统正常运行时,专用保护线上不有电流,只是工作零线上有不平衡电流。PE 线对地没有电压,所以电气设备金属外壳接零保护是接在专用的保护线 PE 上,安全可靠。

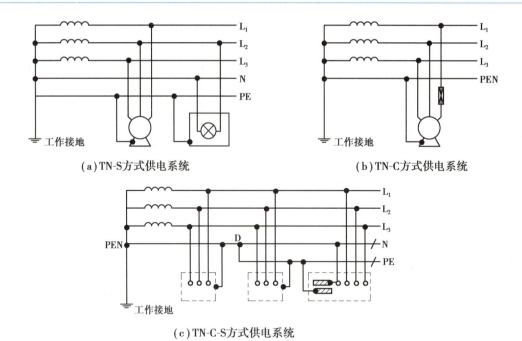

（a）TN-S方式供电系统 　　（b）TN-C方式供电系统

（c）TN-C-S方式供电系统

图5.3　TN方式供电系统

②工作零线只用作单相照明负载回路。

③专用保护线PE不许断线，也不许进入漏电开关。

④干线上使用漏电保护器，工作零线不得有重复接地，而PE线有重复接地，但是不经过漏电保护器，所以TN-S系统供电干线上也可以安装漏电保护器。

⑤TN-S方式供电系统安全可靠，适用于工业与民用建筑等低压供电系统。在建筑工程开工前的"三通一平"（电通、水通、路通和地平）必须采用TN-S方式供电系统。

（4）TN-C-S方式供电系统

在建筑施工临时供电中，如果前部分是TN-C方式供电，而施工规范规定施工现场必须采用TN-S方式供电系统，则可以在系统后部分现场总配电箱分出PE线，这种系统称为TN-C-S供电系统，如图5.3（c）所示。TN-C-S系统的特点如下：

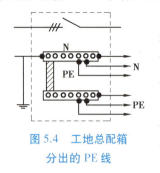

图5.4　工地总配箱
分出的PE线

①工作零线N与专用保护线PE相联通，如图5.3（c）中ND这段线路不平衡电流比较大时，电气设备的接零保护受到零线电位的影响。D点至后面PE线上没有电流，即该段导线上没有电压降。因此，TN-C-S系统可以降低电动机外壳对地的电压，然而又不能完全消除此电压，其大小取决于ND线的负载不平衡情况及ND这段线路的长度。负载越不平衡，且ND线又很长时，设备外壳对地电压偏移就越大。所以，要求负载不平衡电流不能太大，而且在PE线上应做重复接地，如图5.4所示。

②PE线在任何情况下都不能进入漏电保护器，因为线路末端的漏电保护器动作会使前级漏电保护器跳闸造成大范围停电。

③对PE线，除了在总箱处必须和N线相接以外，其他各分箱处均不得把N线和PE线相连，PE线上不许安装开关和熔断器，也不得兼用作PE线。

通过上述分析可见,TN-C-S 供电系统是在 TN-C 系统上临时变通的做法。当三相电力变压器工作接地情况良好、三相负载比较平衡时,TN-C-S 系统在施工用电实践中效果还是可行的。但是,在三相负载不平衡、建筑施工工地有专用的电力变压器时,必须采用 TN-S 方式供电系统。

▶5.3.2　接地

1)接地

接地是指电力系统和电气装置的中性点、电气设备的外露导电部分和装置外导电部分经由导体与大地相连。在施工现场的电气工程中,接地主要有 4 种基本类型:工作接地、保护接地、重复接地、过电压保护接地。

（1）工作接地

工作接地是将作为电源的配电变压器、发电机的一点接地,该点通常为电源星形绕组的中性点。工作接地可以保证供电系统的正常工作,如当电气线路因雷电而感应瞬态过电压时,工作接地能够泄放雷电流,抑制过电压,保证线路正常工作。另外,当线路一相发生接地事故时,可以将另外两相的对地电压限制在 250 V 以下,以保证系统工作正常。工作接地还为线路提供故障电流通路:当电气装置绝缘损坏外露导电部分带故障电压时,在电源一点的工作接地可以为此故障电流提供通路。

（2）保护接地

保护接地包括保护接地和接零,保护接地是用于防止供配电系统中由于绝缘损坏使电气设备金属外壳带电、防止电压危及人身安全所设置的接地。保护接地可应用于变压器中性点不接地的供配电系统,即小型接地电流系统中。若电气设备绝缘良好,外壳不带电,人触及外壳无危险;若绝缘损坏,外壳带电,此时人若触及外壳,则人将通过另外两相对地的漏阻抗形成回路,造成触电事故,如图 5.5(a)所示。而进行了保护接地时则可使用电安全,这是因为人若触及带电的外壳,人体电阻 $R_人$ 和接地地阻 $R_地$ 相互并联,再通过另外两相对地的漏阻抗形成回路。即 $R_地 \approx 4$ Ω,比 $R_人$ 小得多,将分流绝大部分电流,故通过人体的电流非常小,通常小于安全电流 0.01 A,从而保证了安全用电,如图 5.5(b)所示。

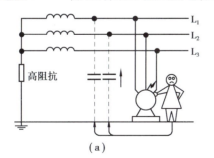
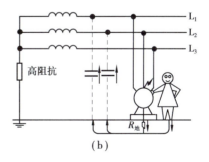

图 5.5　保护接地

电力设备金属外壳等与零线连接,称为保护接零。保护接零适用于变压器中性点接地（大接地电流）的供配电系统。这是因为在变压器中性点接地的三相四线制配电系统中,相电压一般为 220 V,若电气设备绝缘损坏而使外壳带电时,则绝缘损坏的一相,经过设备外壳和两个接地装置,与零线构成导电回路。两接地装置的接地电阻均为 4 Ω,回路中导线的电阻忽略不计,则回路中电流约为 $I_{地}=\dfrac{220}{4+4}=27.5(A)$。此电流通常不能将熔断器的熔体熔断,从而使设备外壳形成一个对地的电压,其值为 $U=I_{地}\cdot R_{地}=27.5\times4=110(V)$。此时,人若触及设备外壳,必将造成触电伤害,如图 5.6(b)所示。若进行保护接零,则用电安全,这是由于绝缘破坏使设备外壳带电,绝缘破坏的一相将通过设备外壳、接零导线与零线间发生短路,如图 5.6(a)所示。短路电流数值很大,使短路一相的熔断器迅速熔断,将带电的外壳从电源上切除,从而可靠地保证了人身安全。

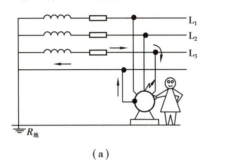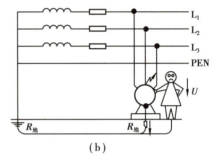

图 5.6　保护接零

（3）重复接地

与变压器接地的中性点相连的中性线称为零线,将零线上的一点或多点与大地再次作电气连接称重复接地。重复接地即同时采用保护接地和保护接零,除作为工作接地的一种措施,可维持三相四线制供配电系统中三相电压平衡外,还可起到如下作用：

①如图 5.7 所示,若不采用重复接地,则用电危险。这是因为仅采用保护接地的设备因绝缘损坏而使外壳带电时,故障相通过两组接地装置而长期流过 27.5 A 的电流（不能使熔断器的熔丝熔断）,一方面使零线的电压也升高约 110 V 的危险电压,另一方面使零线的电压也升高约 110 V,使系统内所有接零设备的外壳上都带上了危险的电压,会对人身造成更大范围的危险,故绝不允许采用这种接法。

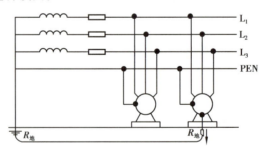

图 5.7　工作和重复接地

②如果采用重复接地,即将采用保护接地的设备外壳再与系统的零线连接起来,则用电安全。这时,接地设备的接地装置上系统的零线接通,形成系统的重复接地,一方面可维持系统的三相电压平衡,另一方面当任一相绝缘损坏使外壳带电时,都将造成绝缘相与零线间的短路,如前所述,故障相的熔断器迅速熔断,将带电的设备立即从电源上切除,同时也保证了系统中其他设备的用电安全。

（4）过电压保护接地

过电压保护接地是用于防雷或其他原因造成过电压危害而设置的接地。

2）接地电阻

电力变压器或发电机的工作接地电阻值不应大于 4 Ω；在 TN 接零保护中，重复接地应与保护零线连接，每处重复接地电阻值不应大于 10 Ω；施工现场内所有防雷装置的冲击接地电阻值不应大于 30 Ω。

3）接地体

①自然接地体：利用地下的具有其他功能的金属物体作为防雷接地装置，如直埋铠装电缆金属外皮、直埋金属管（如水管等），但不可采用易燃易爆物输送管、钢筋混凝土电杆等。自然接地体无须另增设备，造价低。

②基础接地体：当混凝土是采用以硅酸盐为基料的水泥（如矿渣水泥、波特兰水泥等），且基础周围土壤的含水量不低于 4% 时，应尽量利用基础中的钢筋作为接地装置，以降低造价。满堂红基础最为理想；若是独立基础，应注意采取必要措施确保电位平衡，消除接触电压和跨步电压的危害。引下线应与基础内满足设计要求而采用的专用于防雷的接地装置相连接。

③人工接地体：是指当以上两种均不能满足设计要求而采用的专用于防雷的接地装置。垂直接地体可采用直径 20~50 mm 的钢管（壁厚 3.5 mm、直径 19 mm 的圆钢或 20 mm×3 mm 到50 mm×5 mm 的扁钢）做成。长度为 2~3 m 一段，间隔 5 m 埋一根，顶端埋深为 0.5~0.8 m。

接地体一般应采用镀锌钢材。土壤有腐蚀性时，应适当加大接地体和连接条的截面，并加厚镀锌层。各焊点必须刷樟丹或沥青，以防腐。埋接地体时，应将周围填土夯实，不得回填砖石、灰渣之类杂土。为确保接地电阻的数值满足规范要求，有时需采用降低土壤电阻率的相应技术措施，但造价要提高。

5.4　施工临时用电配电系统

▶5.4.1　施工临时用电配电系统的原则

1）施工现场一条电路原则

施工现场临时用电必须统一进行组织设计，有统一的临时用电施工方案，以及一个取电来源和一个临时用电施工、安装、维修、管理的队伍。严禁私拉乱接线路，严禁多头取电；严禁施工机械设备和照明各自独立取自不同的用电来源。

2）临时用电两级保护原则

施工现场所有用电设备，除作保护接零外，必须在设备负荷线的首端处设置漏电保护装置，同时，开关箱中必须装设漏电保护器。就是说，临时用电应在总配电箱和开关箱中分别设置漏电保护器，形成用电线路的两级保护。漏电保护器要装设在配电箱电源隔离开关的负荷侧和开关箱电源隔离开关的负荷侧。总配电箱的保护区域较大，停电后的影响范围也大，主要是提供间接保护和防止漏电火灾，其漏电动作电流和动作要大于后面的保护。因此，总配电箱和开关箱中,两级漏电保护器的额定电流动作和额定漏电动作时间应作合理配合,使之具有分级分段保护的功能。开关箱内的漏电保护器动作电流应不大于 30 mA,额定漏电动作时间应不小于 0.1 s。对搁置已久后重新使用和连续使用一个月的漏电保护器,应认真检查其特性,发现问题应及时修理或更换。

3)三级配电原则

配电系统应设置总配电箱、分配电箱和开关箱。按照总配电箱—分配电箱—开关箱的送电顺序,形成完整的三级用(配)电系统。这样配电层次清楚,便于管理和查找故障。总配电箱应设在靠近电源的地区,分配电箱应装设在用电设备或负荷相对集中的地区,动力配电箱和照明配电箱通常应分别设置。配电箱、开关箱应装设在干燥、通风及常温的场所,要远离易受外来固体物撞击、强烈震动的场所,或者做好环境防护。分配电箱与开关箱的距离不得大于 30 m。开关箱与其控制的固定式用电设备的水平距离应不超过 3 m。配电箱和开关箱周围要有方便两人同时工作的空间和通道,不能够因为堆放物品和杂物,或者有杂草、环境不平整而妨碍操作和维修。电箱还要有门,有锁,有防雨、防尘措施。

4)电器装置的 4 个装设原则

每台用电设备必须设置各自专用的开关箱,开关箱内要设置专用的隔离开关和漏电保护器;不得同一个开关箱、同一个开关电器直接控制两台以上用电设备;开关箱内必须装设漏电保护器。这就是规范要求中"一机、一闸、一漏、一箱"的 4 个装设原则。开关电器必须能在任何情况下都可以使用电设备实行电源隔离,其额定值要与控制用电的额定值相适应。开关箱内不得放置任何杂物,不得挂接其他临时用电设备,进线口和出线口必须设在箱体的下底部,严禁设在箱体的上顶面、侧面、后面或箱门处。移动式电箱的进、出线必须采用橡皮绝缘电缆。施工现场停止作业 1 h 以上时,要将开关箱断电上锁。

5)使用五芯电缆原则

施工现场专用的中性点直接接地的电力系统中,必须实行 TN-S 三相五线制供电系统。电缆的型号和规格要采用五芯电缆。为了正确区分电缆导线中的相线、相序、零线、保护零线,防止发生误操作事故,导线的颜色要使用不同的安全色。L1(A)、L2(B)、L3(C)相序的颜色分别为黄、绿、红色;工作零线 N 为淡蓝色;保护零线 PE 为绿/黄双色线,在任何情况下都不准使用绿/黄双色线作负荷线。

总之,施工现场临时用电要严格按照规范要求,采用 TN-S 三相五线制系统,实行三级配电两级保护,做到"一机、一闸、一漏、一箱",消除事故隐患,切实保证施工安全。

▶5.4.2 配电线路

一般情况下,施工现场的配电线路包括室外线路和室内线路。敷设方式是室外线路的主要有绝缘导线架空敷设(架空线路)和绝缘电缆埋地敷设(埋设电缆线路)两种,也有电缆线路架空明敷设的;室内线路通常有绝缘导线和电缆的明敷设和暗敷设(明设线路或暗设线路)两种。

1)配电线的选择

配电线的选择,实际上就是架空线路导线、电缆线路电缆、室内线路导线、电缆及配电母线的选择。

（1）架空线的选择

架空线的选择主要是指选择架空线路导线的种类和导线的截面，其选择依据主要是线路敷设的要求和线路负荷计算的电流。

①导线种类的选择。按照施工现场对架空线路敷设的要求，架空线必须采用绝缘导线。可选用绝缘铜线或者绝缘铝线，但一般应优先选择绝缘铜线。

②导线截面的选择。导线截面的选择主要是依据负荷计算结果，按其允许温升初选导线截面，然后按线路电压偏移和机械强度校验，最后确定导线截面。同时，架空线导线截面的选择应符合下列要求：

a.导线中的计算负荷电流不大于其长期连续负荷允许载流量。

b.线路末端电压偏移不大于其额定电压的5%。

c.三相四线制线路的N线和PE线截面不小于相线截面的50%，单相线路的零线截面与相线截面相同。

d.按机械强度要求，绝缘铜线截面不小于10 mm^2，绝缘铝线截面不小于16 mm^2。

e.在跨越铁路、公路、河流、电力线路的档距内，绝缘铜线截面不小于16 mm^2，绝缘铝线截面不小于25 mm^2。

（2）电缆的选择

电缆的选择主要是指选择电缆的类型、截面和芯线配置，其选择依据主要是线路敷设的要求和线路负荷计算的计算电流。

根据基本供配电系统的要求，电缆中必须包含线路工作制所需要的全部工作芯线和PE线。特别需要指出，需要三相四线制配电的电缆线路必须采用五芯电缆，而采用四芯电缆外加一条绝缘线等配置方法都是不规范的。

五芯电缆中，除包括3条相线外，还必须包含用作N线的淡蓝色芯线和用作PE线的绿/黄双色芯线。其中，N线和PE线的绝缘色规定，同样适用于四芯、五芯等电缆；而五芯电缆中相线的绝缘一般有黑、棕、白三色中的两种搭配。

（3）室内配线的选择

室内配线必须采用绝缘导线或电缆。

（4）配电母线的选择

由于施工现场配电母线常常采用裸扁铜板或裸扁铝板制作成所谓裸母线，因此，在其安装时，必须用绝缘子支撑固定在配电柜上，以保持对地绝缘和电磁（力）稳定。

2）配电线的敷设

（1）架空线路的敷设

架空线路一般由导线、绝缘子、横担及电杆4部分组成。

①架空线的档距与弧垂。架空线路的档距不得大于35 m，线间距不得小于0.3 m，架空线的最大弧垂处与地面的最小垂直距离为：施工现场一般场所4 m、机动车道6 m、铁路轨道7.5 m。

②架空线相序排列。动力、照明线在同一横担上架设时，导线相序排列是：面向负荷从左侧起依次为 L_1、N、L_2、L_3、PE；动力、照明线在二层横担上分别架设时，导线相序排列是：上层横担面向负荷从左侧起依次为 L_1、L_2、L_3；下层横担面向负荷从左侧起依次为 L_1（L_2、L_3）、N、PE。

（2）电缆线路的敷设

室外电缆的敷设分为埋地和架空两种方式，以埋地敷设为宜。严禁沿地面明设，避免机械损伤和介质腐蚀，并在埋地电缆路径设方位标志。

室内外电缆的敷设应以经济、方便、安全、可靠为目的，电缆直接埋地的深度应不小于0.7 m，并在电缆上、下、左、右侧各均匀铺设不小于50 mm厚的细砂，然后覆盖砖等硬质保护层；电缆穿越易受机械损伤的场所时应加防护套管；架空电缆应沿电杆、支架或墙壁敷设。

（3）室内配线的敷设

安装在现场办公室、生活用房、加工厂房等暂设建筑内的配电线路，通称为室内配电线路，简称室内配线。室内配线分为明敷设和暗敷设两种。

①明敷设。采用瓷瓶、瓷（塑料）夹配线，嵌绝缘槽配线和钢索配线三种方式，保证明敷主干线距地面高度不得小于2.5 m。

②暗敷设。采用绝缘导线穿管埋墙或埋地方式配线和电缆直埋或直埋地配线两种方式，其中潮湿场所或埋地非电缆配线必须穿管敷设，管口和管接头应密封；采用金属管敷设时，金属管必须做等电位连接，且必须与PE线相连接。

▶ **5.4.3　配电箱和开关箱**

三级配电：总配电箱、分配电箱、开关箱。动力配电与照明配电应分别设置。

两级保护：两级漏电保护系统是指用电系统至少应设置总配电箱漏电保护和开关箱漏电保护二级保护，总配电箱和开关箱首末二极漏电保护器的额定漏电动作电流和额定漏电动作时间应合理配合，形成分级分段保护；漏电保护器应安装在总配电箱和开关箱靠近负荷的一侧，即用电线路先经过闸刀电源开关，再到漏电保护器，不能反装。图5.8所示为典型的三级配电结构图、接线图。

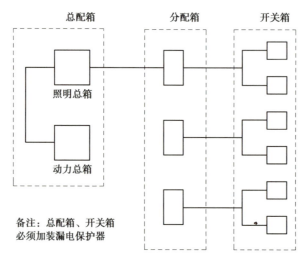

图5.8　三级配电系统示意图

1）配电箱及开关箱的设置

动力配电箱与照明配电箱宜分别设置。如合置在同一配电箱内，动力和照明线路应分路设置，开关箱应由末级分配电箱配电。

总配电箱应设在靠近电源的地区,分配电箱应设在用电设备负荷相对集中的地区,分配电箱与开关箱的距离不得超过 30 m,开关箱与其控制的固定式用电设备的水平距离不宜超过 3 m。

配电箱、开关箱应设在干燥、通风及常温场所,不得装设在有严重损伤作用的瓦斯、烟气、蒸汽、液体及其他有害介质中,不得装设在易受外来固体物撞击、强烈振动、液体浸溅及热源烘烤的场所,否则必须做特殊防护处理。配电箱、开关箱周围应有足够二人同时工作的空间和通道,不得堆放任何妨碍操作、维修的物品,不得有灌木、杂草。配电箱、开关箱应装设端正、牢固,移动式配电、开关箱应装设在坚固的支架上。固定式配电箱、开关箱的中心点与地面的垂直距离应大于 1.4 m 小于 1.6 m,移动式分配电箱、开关箱中心点与地面的垂直距离宜大于 0.8 m 小于 1.6 m。配电箱、开关箱必须有防雨、防尘措施。

配电箱内的电气应首先安装在金属或非金属木质的绝缘电器安装板上,然后整体紧固在配电箱箱体内,金属板与铁质配电箱箱体应作电气连接。开关电气应按其规定的位置紧固在电气安装板上,不得歪斜和松动。

配电箱、开关箱内的工作零线应通过线端子板连接,并应与保护零线接线端子分设;连接线应采用绝缘导线,接头不得松动,不得有外露的带电部分。配电箱和开关箱的金属箱体、金属电器安装板,以及箱内电器不应带电的金属底座、外壳等,必须做保护接零,保护接零应通过接线端子板连接。

2)配电箱与开关箱的电器装置

在施工现场用电工程配电系统中,为了与基本供配电系统和基本保护系统相适应,配电箱与开关箱的电器配置与接线必须具备以下 3 种基本功能:电源隔离功能,正常接通与分断电路功能,过载、短路、漏电保护功能。

配电箱、开关箱内的电器必须可靠完好,不准使用破损、不合格的电器,必须符合"三级配电、两级保护"的要求。

①总配电箱应装设总隔离开关和分路隔离开关,总熔断器和分路熔断器,以及漏电保护器。若漏电保护器同时具备过负荷和短路保护功能,则可不设分路熔断或分路自动开关。总开关电器的额定值、动作整定值应与分路开关电器的额定值、动作整定值相适应。总配电箱应装设电压表、总电流表、总电度表及其他仪表。

②分配电箱应设总隔离开关和分路隔离开关,总熔断器和分路隔离开关,以及总熔断器和分路熔断器,总开关电器的额定值、动作值整定值应与分路开关的额定值、动作整定值相适应。

③每台设备应有各自专用的开关箱,必须实行"一机、一闸、一漏、一箱"制,严禁用同一开关电器直接控制 2 台以上用电设备。

④开关箱内的开关电器,必须能在任何情况下都可以对用电设备实行电流隔离。开关箱中,必须装设漏电保护器,漏电保护器的装设应符合要求,36 V 及 36 V 以下的用电设备如工作环境干燥可免装漏电保护器。漏电保护器应装设在配电箱电源隔离开关负荷侧和开关箱电源隔离开关的负荷侧。漏电保护器的选择应符合国标《剩余电流动作保护器(RCD)的一般要求》(GB/T 6829—2017)的要求,开关箱内的漏电保护器,其额定漏电动作电流应不大于 30 mA,额定漏电动作时间应小于 0.1 s。使用于潮湿和有腐蚀介质场所的漏电保护器应采用防溅型成品,其额定漏电动作电流应不大于 15 mA,额定漏电动作时间应小于 0.1 s。总配电箱

和开关箱中,两级漏电保护器的额定漏电动作电流和额定漏电动作时间应作合理配合,使之具有分段保护功能。

⑤容量大于 5.5 kW 的动力电路应采用自动开关电器或降压启动装置控制,闸具应符合要求,并不得有损坏。

⑥各种开关电器的额定值应与其控制用电设备的额定值相适应。

⑦配电箱、开关箱中导线的进线口和出线口应设在箱体的下底面,严禁设在箱体的顶面、侧面、后面或箱门处。进出线应加护套分路成束并做防水弯,导线束不得与箱体进、出口直接接触,引出线要排列整齐。移动式配电箱和开关箱的进出线必须采用橡皮绝缘电缆。进入开关箱的电源线严禁用插销连接。

⑧配电箱、开关箱内多路配电应有明显的标志。配电箱、开关箱在使用过程中,必须按照下述顺序操作:

送电操作顺序为:总配电箱—分配电箱—开关箱。

停电操作顺序为:开关箱—分配电箱—总配电箱。

施工现场停止作业 1 h 以上,应将动力开关箱断电上锁;开关箱的操作人员必须熟悉开关电器的正确操作方法和相应的技术要求;配电箱、开关箱内不得放任何杂物,并应经常保持整洁;配电箱、开关箱内不得挂接其他临时用电设备;熔断器的熔体更换时,严禁用不符合原规格的熔体代替;配电箱、开关箱的进线和出线不得承受外力,严禁与金属尖锐断口和强腐蚀介质接触。

⑨配电箱、开关箱的维修:所有配电箱、开关箱均应标明其名称、用途,并作出分路标志;所有配电应配门上锁并由专人负责。所有配电箱、开关箱应每月进行检查、维修一次,检查维修人员必须是专业电工。检查维修时,必须按规定穿戴绝缘鞋、手套,必须使用电工绝缘工具。对配电箱、开关箱检查、维修时,必须将其前一级相应的电源开关分闸断电,并悬挂停电标志牌,严禁带电作业。

▶5.4.4 配电室及自备电源

1)配电室的位置及布置

（1）配电室的位置选择

配电室的选择应根据现场负荷的类型、大小、分布特点、环境特征等进行全面考虑,遵循以下原则:尽量靠近用电源和电负荷中心;进出线方便;周围环境无灰尘、无蒸汽、无腐蚀介质及振动;周边道路畅通;设在污染源的上风侧及不易积水的地方。

（2）配电室的布置

配电室内的配电柜是经常带电的配电装置,为了保障其运行安全和检查、维修安全,配电室的布置主要应考虑配电装置之间,以及配电装置与配电室顶棚、墙壁、地面之间必须保持的电气安全距离。

配电室建筑物的耐火等级应不低于三级,室内不得存放易燃、易爆物品,并应配备沙箱、1211 灭火器等绝缘灭火器材。

2)自备电源

施工现场临时用电工程一般是由外电线路供电的,常因外电线路电力供应不足或其他原因而停止供电,使施工受到影响。所以,为了保证施工不因停电而中断,有的施工现场备有发电机组,作为外电线路停止供电时的接续供电电源,这就是所谓自备电源,即自行设置的230/400 V发电机组。

施工现场设置自备电源的安全要求是:自备发配电系统应采用具有专用保护零线的、中性点直接接地的三相四线制供配电系统;自备电源与外电线路电源(例如电力变压)部分在电气上安全隔离,独立设置。

5.5 施工现场临时照明

在坑洞作业、夜间施工或自然采光差的场所,作业厂房、料具堆放场、道路、仓库、办公室、食堂、宿舍等,应设一般照明、局部照明或混合照明,3个工作场所内不得只装局部照明。停电后,操作人员需要及时撤离现场的特殊工程,必须装设自备电源的应急照明。现场照明应采用高光效、长寿命的照明光源,对需要大面积照明的场所,应采用高压汞灯、高压钠灯或混合用的卤钨灯。

1)照明器的选择

照明器的选择应按下列环境条件确定:正常湿度时,选用开启式照明器;在潮湿或特别潮湿的场所,选用密闭型防水照明器或配有防水灯头的开启或照明器;在含有大量尘埃但无爆炸和火灾危险的场所,采用防尘型照明器;在有爆炸和火灾危险的场所,必须按危险场所等级选择相应的照明器;在振动较大的场所,选择防振动型照明器;在有酸碱等强腐蚀的场所,采用耐酸碱型照明器。

2)照明供电

①一般场所宜选用额定电压为220 V的照明器。对下列特殊场所,应使用安全电压照明器:隧道,人防工程,有高温、导电灰尘或灯具且离地面高度低于2.5 m的场所,照明电源电压应不大于36 V;在潮湿和易触及带电场所的场所,照明电源电压不得大于24 V;在特别潮湿的场所、导电良好的地面、锅炉或金属容器内工作时,照明电源电压不得大于12 V。

②照明系统中的每一单相回路上,灯具和插座数量不宜超过25个,并装设熔断电流为15 A及15 A以下的熔断器保护。

③使用移动照明应符合下列要求:电源电压不超过36 V;灯体与手柄应坚固、绝缘良好并耐热潮湿;灯头与灯体结合牢固,灯头无开关;灯泡外部有金属保护网、金属网、反光罩、悬吊挂钩固定在灯具的绝缘部位上。

④照明变压器必须使用双绕组型,严禁使用自耦变压器。

⑤携带式变压器的一次侧电源引线应采用橡皮护套电缆或塑料护套软线,其中绿/黄双线作保护零线用,中间不得有接头,长度不宜超过3 m,电源插座应选用有接地触头的插座。

⑥工作零线截面应按下列规定选择:单相及二线线路中,零线截面与相线截面相同。三相四相制线路中,当照明器为白炽灯时,零线截面按相线载流量的50%选择,当照明器为气体放电灯时,零线截面按最大负荷的电流选择。在逐相切断的三相照明电路中,零线截面与相线截面相等,若数条线路中共用一条零线,零线截面按最大负荷相的电流选择。

思考题

1.施工现场临时用电组织设计的主要内容有哪些？

2.施工现场临时用电安全技术档案的内容包括哪些？

3.外电线路及电气设备的防护措施有哪些？

4.TN-S 方式供电系统的特点是什么？

5.施工现场临时配电三原则是什么？

6

防火防爆安全技术

[本章学习目标]

本章针对建筑施工的特点,结合施工过程中重点部位、关键环节和施工现场的环境,确定防火防爆的重点,从 5 个方面介绍防火防爆安全技术,即燃烧与火灾的一般常识、防火防爆安全管理基本要求、建筑施工现场的防火措施、重点部位和重点工种防火防爆要求、施工现场灭火。通过较系统的介绍,使施工管理人员和施工作业人员初步掌握施工现场防火措施,消防器材的分类、用途和使用,消防安全管理制度,火灾险情的处置等基本知识。通过本章的学习,应达到以下学习目标:

1.了解:火灾特点与危害性,施工现场的火灾因素;

2.熟悉:防火防爆安全管理制度、消防设施和消防器材管理;

3.掌握:起火具备的 3 个条件,建筑施工现场的防火措施,重点部位和重点工种防火防爆要求,施工现场火灾扑救的方法。

[工程实例导入]

建设工地发生火灾,会给国家和人民生命财产带来严重损失,并造成重大的社会影响。例如,2010 年 11 月 15 日 14 时 14 分,上海市静安区胶州路 728 号公寓大楼在进行外墙保温施工作业时,一名电焊工和另一名工人在加固 10 层脚手架的悬挑支架过程中,违规进行电焊作业引发火灾,造成 58 人死亡、71 人受伤、建筑物过火面积 12 000 m²、直接经济损失 1.58 亿元的严重后果。又如,2022 年 3 月 8 日 3 时 46 分,江苏省镇江新区车港路与溪云路路口金科××悦园建设工地发生火灾,4 时 34 分火灾被扑灭,过火面积约 200 m²。截至当日上午 11 时 30 分,现场清理结束,事故共造成 7 人死亡,4 人受伤的严重后果。

6.1 建筑施工现场的防火防爆概述

▶6.1.1 燃烧与火灾常识

1)燃烧的条件与类型

燃烧是指燃料与氧化剂发生强烈化学反应,并伴有火焰、发光、发热和(或)发烟的现象。最常见、最普遍的燃烧现象是可燃物在空气或氧气中的燃烧。

(1)燃烧的条件

①燃烧的必要条件。燃烧必须同时具备3个条件,即可燃物、助燃物(氧化剂)和引火源,俗称"火三角"。每一个条件要有一定的量,它们相互作用,燃烧才能发生。有焰燃烧的发生需要增加一个必要条件"链式反应",形成燃烧四面体,如图6.1所示。

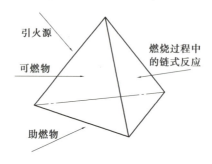

图 6.1 有焰燃烧的 4 个必要条件

②燃烧的充分条件

a.一定的可燃物浓度。如果空气中可燃气体或蒸气的数量不足,虽然有助燃物和引火源,燃烧也不一定发生。

b.一定的含氧量。一般可燃物质在空气含氧量低于 16% 的条件下,达不到发生燃烧所需要的最低含量,就不能燃烧。空气中约含有 21% 的氧,因而一般可燃物都能在常温常压下的空气中燃烧。

c.引火源必须有一定的温度和足够的热量。不同的可燃物燃烧时所需要的温度(表6.1)和热量是不同的,必须两个条件都满足才会引起燃烧。

表 6.1 常见引火源温度

着火源	温度/℃	着火源	温度/℃
火柴焰	500~600	气体火焰	1 600~2 000
烟头(中心)	700~800	酒精灯焰	1 180
烟头(表面)	250	煤油灯焰	700~900
机械火星	1 200	蜡烛焰	640~940

着火源	温度/℃	着火源	温度/℃
煤炉灰	1 000	打火机焰	1 000
烟囱火星	600	焊割火花	2 000~3 000
石灰遇水发热	600~700	汽车排气管火星	600~800

d.相互作用。燃烧的3个基本条件需要相互作用,燃烧才能发生和持续进行。燃烧的3个条件都具备,但没有相互作用,就不会发生燃烧。

(2)燃烧的类型

①点燃:指由于外部点火源(如明火火焰、电火花、电热线圈、炽热质点等)作用,使可燃物局部范围受到强烈的加热而着火。这时火焰就会在靠近点火源处被引发,然后火焰依靠燃烧波向外传播至可燃物中。这种着火方式习惯上称为引燃,大部分火灾都是因引燃所致。可燃物开始持续燃烧所需要的最低温度称为燃点,也称着火点。一般情况下,燃点越低,越容易着火,物质的火灾危险性越大。

②自燃:指可燃物在空气中,在没有外来点火源的情况下,靠自身的化学反应加热或外界环境热源加热,使可燃物温度升高,达到自燃点而自行燃烧的现象。可燃固体加热到一定程度能自动燃烧的最低温度就是其自燃点。自燃点越低的可燃物,引起自燃的可能性越大,因而火灾危险性也越大。火柴受摩擦着火,金属钠在空气中自燃,烟煤堆积过高而自燃,油布堆积自燃等都是生产和生活中的自燃现象。

③闪燃:指可燃液体表面产生的可燃蒸气与空气形成的混合物遇到火源发生的一闪即灭的燃烧现象。液体发生闪燃是因为其表面温度不高,蒸发速度小于燃烧速度,来不及补充被烧掉的蒸气,而仅能维持一瞬间的燃烧。在规定的实验条件下,液体表面能够产生闪燃的最低温度称为闪点。闪点是衡量可燃液体发生火灾危险性大小的重要指标。

在判断生产和储存物质的火灾危险性时,可燃液体的划分标准就是液体闪点。液体闪点 $t < 28$ ℃,为甲类,如汽油、乙醚、酒精等;液体闪点 28 ℃$\leq t < 60$ ℃,为乙类,如煤油、松节油、溶剂油;液体闪点 $t \geq 60$ ℃,为丙类,如柴油、动植物油脂等。

某些固体在一定条件下也会发生闪燃现象。

④爆炸:指极为迅速的物理或化学的能量释放过程,可分为物理爆炸、化学爆炸和核爆炸。建筑施工现场容易发生物理爆炸和化学爆炸,如锅炉爆炸、密闭容器加热爆炸都是由于气体体积迅速膨胀造成的物理性爆炸,而工程炸药爆炸、可燃气体、蒸气或可燃粉尘在空气中遇火源发生爆炸都属于化学爆炸。

严格地讲,化学爆炸不能称为一种独立的燃烧形式。与燃烧相比,爆炸的主要区别是化学反应速度极快。爆炸能引发火灾,摧毁建筑物,造成重大人员伤亡和财产损失,其危险性和破坏性极大。爆炸极限范围是衡量可燃气体、蒸气和粉尘爆炸危险性的重要指标,包括爆炸下限和爆炸上限两个指标参数。可燃气体、蒸气或粉尘与空气组成的爆炸性混合物遇火源发生爆炸时的可燃气体、蒸气或粉尘的最低浓度称为爆炸下限,最高浓度称为爆炸上限。

在判断生产和储存物质的火灾危险性时,可燃气体的划分标准就是气体的爆炸下限。气体爆炸下限<10%的为甲类,如甲烷、乙烷、氢气、液化石油气等;气体爆炸下限≥10%以及助

燃气体为乙类,如氨气、氧气、一氧化碳等,可燃粉尘均属于乙类。

2)火灾

火灾是指在时间和空间上失去控制的燃烧所造成的灾害,典型建筑火灾的温度-时间曲线如图6.2所示。在起火后,火场逐渐蔓延扩大,随着时间的延续,损失数量迅速增长,损失大约与时间的平方成比例,如火灾时间延长1倍,损失可能增加4倍。

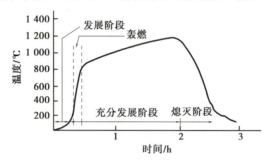

图6.2 典型建筑火灾的温度-时间曲线

火灾蔓延(热传播)就是一个火灾发展蔓延、能量传播的过程。热传播是影响火灾发展的决定性因素。热量传播途径有热传导、热对流和热辐射。

根据我国《生产安全事故报告和调查处理条例》的规定,将事故划分为4个等级:一般事故、较大事故、重大事故和特别重大事故。

①一般事故,是指造成3人以下死亡,或者10人以下重伤,或者1000万元以下直接经济损失的事故。

②较大事故,是指造成3人以上10人以下死亡,或者10人以上50人以下重伤,或者1000万元以上5000万元以下直接经济损失的事故。

③重大事故,是指造成10人以上30人以下死亡,或者50人以上100人以下重伤,或者5000万元以上1亿元以下直接经济损失的事故。

④特别重大事故,是指造成30人以上死亡,或者100人以上重伤,或者1亿元以上直接经济损失的事故。

在上述分级标准中,"以上"包括本数,"以下"不包括本数。

▶6.1.2 火灾特点与危害性

1)严重性

一场大火可以在很短的时间内烧毁大量的物质财富,可以迫使工厂停工减产,或使某些工程返工重建,使人民辛勤劳动的成果化为灰烬,严重影响国家建设和人民生活,甚至威胁人民的生命安全,从而破坏社会的安定。火灾事故的后果,往往要比其他工伤事故的后果要严重得多,更容易造成特大伤亡事故,甚至给周围环境和生态造成巨大危害。

2)突发性

有很多火灾事故往往是在人们意想不到的情况下突然发生的,虽然各单位都有防火措施,各种火灾也都有事故征兆或隐患,但至今相当多的人员对火灾的规律及其征兆、隐患重视不够,措施执行不力,因而造成火灾的连续发生。

3)复杂性

发生火灾事故的原因往往是很复杂的,单就发生火灾事故的条件之一——着火源而言,就有明火、化学反应、电气火花、热辐射、高温表面、雷电等,可燃物的种类更是五花八门。建筑工地的着火源到处都有,各种建筑材料和装饰材料多为可燃物,所以火灾的隐患广泛存在。加上事故发生后,由于房屋倒塌、现场可燃物的烧毁、人员的伤亡,给事故的原因调查带来很大困难。

因此,防止火灾是目前建筑施工现场一项十分重要的工作。"预防为主,防消结合"是我国消防工作的方针。尽管火灾危害很大,但只要我们认真研究火灾发生的规律,采取相应的有效防范措施,建筑施工中的火灾还是可以预防和克服的。

▶6.1.3 施工现场的火灾因素

1)火灾因素

建筑工地与一般的厂矿企业的火灾危险性有所不同,它主要有以下特点:

①易燃建筑物多。工棚、仓库、宿舍、办公室、厨房等多是临时的易燃建筑,而且场地狭小,往往是工棚毗邻施工现场,缺乏应有的安全防火间距,一旦起火容易蔓延成灾。

②易燃易爆材料多、用火多。施工现场到处可以看到易燃物,如防水卷材、木材、刨花、草帘子等。尤其在施工期间,电焊、气焊、喷灯、煤炉、锅炉等临时用火作业多,若管理不善,极易引起火灾。

③临时电气线路多,容易漏电起火。

④施工周期长、变化大。一般工程也需几个月或一年左右的时间,在这期间要经过备料、搭设临时设施、主体工程施工等不同阶段。随着工程的进展,工种增多,因而也就会出现不同的火灾隐患。

⑤人员流动大、交叉作业多。根据建筑施工生产工艺要求,工人经常处于分散流动作业,管理不便,火灾隐患不易及时发现。

⑥工地缺乏消防水源与消防通道。建筑工地一般不设临时性消防水源,而且有的施工现场因挖基坑、沟槽或临时地下管道,使消防通道遭到破坏,一旦发生火灾,消防车难以接近火场。

以上特点说明建筑工地火灾危险性大,稍有疏忽,就有可能发生火灾事故。

2)火灾隐患

①石灰受潮发热起火。储存的石灰,一旦遇到水或潮湿空气时,就会发生化学作用变成熟石灰,同时放出大量热能,温度可达800 ℃左右,遇到可燃材料时极易起火。

②木屑自燃起火。在建筑工地,往往将大量木屑堆积在一处,在一定的积热量和吸收空气中的氧气适当条件下,就会自燃起火。

③仓库内的易燃物,如汽油、煤油、柴油、酒精等,触及明火就会燃烧起火。

④焊接、切割作业可能由于制度不严、操作不当、安全设施落实不力而引起火灾。

a.在焊接、切割作业中,炽热的金属火星到处飞溅,当接触到易燃、易爆气体或化学危险物品时,就会引起燃烧和爆炸。金属火星飞溅到棉、麻、纱头、草席等物品上,就可能阴燃、蔓延,造成火灾。

b.建筑工地管线复杂,特别是地下管道、电缆沟众多,施工中进行立体交叉作业、电焊作业的现场或附近有易燃易爆物时,由于没有专人监护,金属火星落入下水道或电缆沟,或由于金属高温热传导,均易引起火灾。

c.作业结束后遗留的火种没有熄灭,阴燃可燃物起火。

⑤电气线路短路或漏电,以及冬季施工用电热法保温不慎起火。

⑥有的建筑物或者起重设备较高,无防雷设施时,电击可燃材料起火。

⑦随处吸烟,乱扔烟头。烟头的表面温度约为250 ℃,中心温度可达700~800 ℃,一支香烟延续时间为5~15 min,如果剩下的烟头为烟长度的1/5~1/4,则可延燃1~4 min。一般多数可燃物质的燃点低于烟头的表面温度,如纸张为130 ℃,麻绒为150 ℃,布匹为200 ℃,松木为250 ℃。在自然通风的条件下试验可证实,烟头扔进深为50 mm 的锯末中,经过75~90 min 的阴燃,便开始出现火焰;烟头扔进深为50~100 mm 的刨花中,有75%的机会,经过60~100 min 便开始燃烧。

烟头的烟灰在弹落时,有一部分呈不规则的颗粒,带有火星,落在比较干燥、疏松的可燃物上,也会引起燃烧。

6.2　防火防爆安全管理基本要求

▶6.2.1　一般规定

①施工单位的负责人应全面负责施工现场的防火安全工作,履行《中华人民共和国消防条例实施细则》第19条规定的9项主要职责。

②施工现场都要建立、健全防火检查制度,发现火险隐患,必须立即消除;一时难以消除的隐患,要定人员、定项目、定措施,限期整改。

③施工现场发生火警或火灾,应立即报告公安消防部门,并组织力量扑救。

④根据“四不放过”的原则,在火灾事故发生后,施工单位和建设单位应共同做好现场保护和会同消防部门进行现场勘察的工作,对火灾事故的处理提出建议,并积极落实防范措施。

⑤施工单位在承建工程项目签订的“工程合同”或安全协议中,必须有防火安全的内容,并会同建设单位搞好防火工作。

⑥各单位在编制施工组织设计时,施工总平面图、施工方法和施工技术均要符合消防安全要求。

⑦施工现场应明确划分用火作业,如易燃可燃材料堆场、仓库、易燃废品集中站和生活区等区域。

⑧施工现场夜间应有照明设备;应保持消防车通道畅通无阻,并安排值班人员巡逻。

⑨施工现场应配备足够的消防器材;指定专人维护、管理、定期更新,保持器材完整好用。

⑩在土建施工时,应先将消防器材和设施配备好,有条件的,应敷设好室外消防水管和消火栓。

⑪施工现场用电应严格执行《施工现场临时用电安全技术规范》,加强用电管理,防止发生电气火灾。

⑫施工现场的动火作业,必须根据不同等级的动火作业执行审批制度:

A.一级动火作业由所在单位行政负责人填写动火申请表,编制安全技术措施方案,报单位保卫部门及消防部门审查批准后,方可动火。动火期限为1天。凡属下列情况之一的属一级动火作业:

a.禁火区域内。

b.油罐、油箱、油槽车和储存过可燃气体、易燃液体的容器,以及连接在一起的辅助设备。

c.各种受压设备。

d.危险性较大的登高焊、割作业。

e.比较密封的室内、容器内、地下室等场所。

f.现场堆有大量可燃和易燃物质的场所。

B.二级动火作业由所在工地、车间的负责人填写动火申请表,编制安全技术措施方案,报本单位主管部门审查批准后,方可动火。动火期限为3天。凡属下列情况之一的为二级动火作业:

a.在具有一定危险因素的非禁火区域进行临时焊、割等用火作业。

b.小型油箱等容器。

c.登高焊、割等用火作业。

C.三级动火作业由所在班组填写动火申请表,工地、车间负责人及主管人员审查批准后,方可动火。动火期限为7天。在非固定的、无明显危险因素的场所进行用火作业,均属三级动火作业。

D.古建筑和重要文物单位等场所的动火作业,按一级动火手续上报审批。

▶6.2.2 防火防爆安全管理制度

1)建立防火防爆知识宣传教育制度

组织施工人员认真学习《中华人民共和国消防法》和公安部《关于建筑工地防火的基本措施》,教育参加施工的全体职工认真贯彻执行消防法规,增强全员的法律意识。

2)建立定期消防技能培训制度

定期对职工进行消防技能培训,使所有施工人员都懂得基本防火防爆知识,掌握安全技术,能熟练使用工地上配备的防火防爆器具,掌握正确的灭火方法。

3)建立现场明火管理制度

施工现场未经主管领导批准,任何人不准擅自动用明火。从事电、气焊的作业人员要持证上岗(用火证),在批准的范围内作业。要从技术上采取安全措施,消除火源。

4)建立严格的库房管理制度

现场的临建设施和仓库要严格管理,存放易燃液体和易燃易爆材料的库房要设置专门的防火防爆设备,采取消除静电等防火防爆措施,防止火灾、爆炸等恶性事故的发生。

5)建立定期防火检查制度

定期检查施工现场设置的消防器具、存放易燃易爆材料的库房、施工重点防火部位和重点工种的施工操作,不合格者责令整改,及时消除火灾隐患。

▶6.2.3　消防设施和消防器材管理

1)常用灭火器材的适用范围

①泡沫灭火器:适用于油脂、石油产品及一般固体物质的初起火灾。

②酸碱灭火器:适用于竹、木、棉、毛、草、纸等一般可燃物质的初起火灾。

③干粉灭火器:适用于石油及其产品、可燃气体和电气设备的初起火灾。

④二氧化碳灭火器:适用于贵重设备、档案资料、仪器仪表、600 V以下电器及油脂火灾。

⑤卤代烷(1211)灭火器:适用于油脂、精密机械设备、仪表、电子仪器设备、文物、图书、档案等贵重物品的初起火灾。

⑥水:适用范围较广,但不得用于:

a.非水溶性可燃、易燃物体火灾。

b.与水反应产生可燃气体、可引起爆炸的物质起火。

c.直流水不得用于带电设备和可燃粉尘集聚处的火灾,以及储存大量浓硫酸、硝酸场所的火灾。

2)施工现场消防器材管理

①各种消防梯应经常保持完整、完好。

②水枪应经常检查,保持开关灵活、喷嘴畅通,附件齐全无锈蚀。

③水带充水后应防骤然折弯,不被油类污染,用后清洗晾干,收藏时应单层卷起,竖放在架上。

④各种管接口和扣盖应接装灵便、松紧适度、无泄漏,不得与酸、碱等化学品混放,使用时不得摔压。

⑤消火栓应按室内、室外(地上、地下)的不同要求定期进行检查和及时加注润滑油,消火栓井应经常清理,冬季应采用防冻措施。

⑥工地设有火灾探测和自动报警灭火系统时,应由专人管理,保持其处于完好状态。

6.3　建筑施工现场的防火措施

建筑施工现场防火技术主要涉及工地的平面布局、防火间距、消防车道、临时建筑和在建工程的建筑防火技术措施。基于建筑施工过程中的火灾危险性和现场条件的制约,施工现场防火工作的重点就是总平面布局和建筑防火。

一般火灾发展过程都要经历火灾初起阶段、全面发展阶段和熄灭阶段,3个阶段燃烧特点不同,对应的防灭火及安全疏散的措施也不同。火灾初起阶段燃烧面积小、烟气温度低,是火灾扑救和安全疏散的最佳时期,防火的技术措施就是要将火灾控制在初起阶段或延长初起阶段的时间。火灾早发现、早扑救,是保证人员疏散和防止火灾发展蔓延的有效途径。灭火器的配备与使用、安全疏散通道的畅通、应急照明和疏散指示标志的完好有效,是最基本的技术措施。火灾发展到全面发展阶段,大部分可燃物都会参与燃烧,火灾扑救难度大,此阶段火灾主要依靠专业消防队进行扑救,畅通的消防车道和充足的消防水源是确保火灾扑救和抢险救援的基本条件。火灾全面发展阶段和熄灭阶段温度高,并且持续时间长,提高建筑构件的耐火极限和建筑物的耐火等级,是防止建筑倒塌、保障火灾扑救和抢险救援顺利开展的前提条件。

▶6.3.1　总平面布局防火

总平面布局防火是在在建工程布局条件基础上,充分考虑临时用房和临时设施在整个建筑施工现场的防火布局要求。防火、灭火及人员安全疏散是施工现场防火工作的主要内容,施工现场临时用房、临时设施的布置满足现场防火、灭火及人员安全疏散的要求是施工现场防火工作的基本条件。

施工现场临时用房、临时设施的布置常受现场客观条件的制约,而不同施工现场的客观条件又千差万别。因此,现场的总平面布局应综合考虑在建工程及现场情况,因地制宜,按照"临时用房及临时设施占地面积少、场内材料及构件二次运输少、施工生产及生活相互干扰少、临时用房及设施建造费用少,并满足施工、防火、节能、环保、安全、保卫、文明施工等需求"的基本原则进行。明确施工现场平面布局的主要内容,确定施工现场出入口的设置及现场办公、生活、生产、物料存储区域的布置原则,规范可燃物、易燃易爆危险品存放场所及动火作业场所的布置要求,针对施工现场的火源和可燃、易燃物实施重点管控,是落实现场防火工作基本措施的具体表现。

1)总平面布局的内容

在建工程及现场办公用房、宿舍、发电机房、配电房、可燃材料存放库房、易燃易爆危险品库房、可燃材料堆场及其加工场、固定动火作业场,是施工现场防火的重点;给水及供配电线路和消防车道、临时消防救援场地、消防水源,是现场灭火的基本条件;现场出入口和场内临时道路是人员安全疏散的基本设施。因此,施工现场总平面布局应明确与现场防火、灭火及人员疏散密切相关的临建设施的具体位置,以满足现场防火、灭火及人员疏散的要求。

需要纳入施工现场总平面布局的临时用房和临时设施主要包括:

①施工现场的出入口、围墙、围挡。

②场内临时道路。

③给水管网或管路和配电线路敷设或架设的走向、高度。

④施工现场办公用房、宿舍、发电机房、变配电房、可燃材料库房、易燃易爆危险品库房、可燃材料堆场及其加工场、固定动火作业场等。

⑤临时消防车道、消防救援场地和消防水源。

2)一般规定

①施工现场出入口的设置应满足消防车通行的要求,并宜布置在不同方向,其数量不宜少于2个。当确有困难只能设置1个出入口时,应在施工现场内设置满足消防车通行的环形道路。

②施工现场应当划分出用火作业区、易燃可燃材料场、仓库区、易燃废品临时集中站和生活福利区等区域,临时办公、生活、生产、物料存储等功能区宜相对独立布置,并满足防火间距的要求。宿舍、厨房操作间、锅炉房、变配电房、可燃材料堆场及其加工场、可燃材料及易燃易爆危险品库房等临时用房及临时设施,不应设置于在建工程内。

③固定动火作业场属于散发火花的场所,布置时需要考虑风向及火花对于可燃及易燃易爆物品集中区域的影响。固定动火作业场应布置在可燃材料堆场及其加工场、易燃易爆危险品库房等全年最小频率风向的上风侧,并宜布置在临时办公用房、宿舍、可燃材料库房、在建工程等全年最小频率风向的上风侧。

④易燃易爆危险品库房应远离明火作业区、人员密集区和建筑物相对集中区。

⑤要充分考虑可燃材料堆场及其加工场、易燃易爆危险品库房与架空电力线之间的相互影响,可燃材料堆场及其加工场、易燃易爆危险品库房不应布置在架空电力线下。

3)防火间距

防火间距是指为了防止火灾在建筑物之间蔓延而在相邻建筑物之间留出的一定的防火安全距离。设置防火间距的目的主要是防止火灾在建筑物之间蔓延,为火灾扑救提供场地,同时也为人员、物资疏散提供必要的场地。

①施工现场主要临时用房、临时设施的防火间距不应小于表6.2的规定。

表6.2　施工现场主要临时用房、临时设施的防火间距　　　　单位:m

间距 名称 \\ 名称	办公用房、宿舍	发电机房、变配电房	可燃材料库房	厨房操作间、锅炉房	可燃材料堆场及其加工场	固定动火作业场	易燃易爆危险品库房
办公用房、宿舍	4	4	5	5	7	7	10
发电机房、变配电房	4	4	5	5	7	7	10
可燃材料库房	5	5	5	5	7	7	10
厨房操作间、锅炉房	5	5	5	5	7	7	10
可燃材料堆场及其加工场	7	7	7	7	7	10	10
固定动火作业场	7	7	7	7	10	10	12
易燃易爆危险品库房	10	10	10	10	10	12	12

②临时用房、临时设施的防火间距应按临时用房外墙外边线或堆场、作业场、作业棚边线间的最小距离计算,如临时用房外墙有突出可燃构件,应从其突出可燃构件的外缘算起。防火间距中,不应当堆放易燃和可燃物质。

③两栋临时用房相邻较高一面的外墙为防火墙时,防火间距不限。防火墙是指具有不少于3.0 h耐火极限的非燃烧墙体。防火墙、防火门窗、防火卷帘、防火分隔水幕是常用的防火分隔构件。

④当办公用房或宿舍的栋数较多时,可成组布置,相邻两组临时用房彼此间应保持不小于8 m的防火间距,组内临时用房相互间的防火间距可适当减小;每组临时用房的栋数不应超过10栋,组内临时用房之间的防火间距不应小于3.5 m;当建筑构件燃烧性能等级为A级时,其防火间距可减小到3 m。

⑤当发电机房与变配电房合建在同一临时用房内,两者之间应采用不燃材料进行防火分隔。如施工现场需设置两个或多个配电房时,相邻两个配电房之间应保持不小于4 m的防火

间距。

4)消防车道

消防车道是供消防车灭火时通行的道路,是保障灭火和抢险救援的重要设施。消防车道可利用交通道路,当施工现场周边道路不满足消防车通行及灭火救援要求时,施工现场内应设置临时消防车道。

①临时消防车道与在建工程、临时用房、可燃材料堆场及其加工场的距离不宜小于 5 m,且不宜大于 40 m,以保证灭火救援安全和消防供水的可靠。

②临时消防车道的净宽度和净空高度均不应小于 4 m,车道的右侧应设置消防车行进路线指示标志,车道路基、路面及其下部设施应能承受消防车通行压力及工作荷载。临时消防车道宜为环形,如设置环形车道确有困难,应在消防车道尽端设置尺寸不小于 12 m×12 m 的回车场。

③当在建工程建筑高度大于 24 m 或单体占地面积大于 3 000 m²,成组布置的临时用房超过 10 栋时,建筑周围应设置环形临时消防车道;设置环形临时消防车道确有困难时,应设置回车场和临时消防救援场地。

④临时消防救援场地是消防车道的重要补充。在建工程装饰装修阶段,现场存放的可燃建筑材料多、立体交叉作业多、动火作业多,火灾事故主要发生在此阶段,且危害较大,因此临时消防救援场地应在在建工程装饰装修阶段设置。临时消防救援场地应设置在成组布置的临时用房场地的长边一侧及在建工程的长边一侧。临时消防救援场地宽度不应小于 6 m,与在建工程外脚手架的净距不宜小于 2 m,且不宜超过 6 m,以满足消防车正常操作要求。

▶6.3.2　临时用房防火

建筑火灾是指发生在建筑物内的火灾,建筑施工现场临时用房的防火问题也是建筑施工消防安全的重要内容。由于施工现场建筑火灾频发,为保护人员生命安全,减少财产损失,临时用房应根据其使用形式及火灾危险性进行防火安全设计,应采取可靠的防火技术措施。

1)居住、办公用房防火

施工现场的宿舍和办公室等临时建筑一般设施简陋,耐火等级低,而工作和生活的人员较多,因此,降低建筑材料燃烧性能、控制楼层高度和房间面积、保证安全疏散是重点防火设计内容。

①宿舍、办公用房宜单独建造,不应与厨房操作间、锅炉房、变配电房等辅助用房组合建造。施工单位不得在尚未竣工的建筑物内设置员工集体宿舍。

②建筑构件的燃烧性能等级应为 A 级。当采用金属夹芯板材时,其芯材的燃烧性能等级应为 A 级。

③建筑层数不应超过 3 层,每层建筑面积不应大于 300 m²。宿舍房间的建筑面积不应大于 30 m²,其他房间的建筑面积不宜大于 100 m²。隔墙应从楼地面基层隔断至顶板基层底面。

2)辅助用房、库房防火

施工现场的发电机房、变配电房、厨房操作间、锅炉房等辅助用房,以及易燃易爆危险品库房,由于火源多,可燃物多,火灾危险性较大,应降低建筑材料燃烧性能,控制规模,合理分隔,以利于火灾风险的控制。

①可燃材料、易燃易爆物品存放库房层数应为 1 层,并应分别布置在不同的临时用房内,建筑构件的燃烧性能等级应为 A 级。

②每栋临时用房的面积均不应超过 200 m²,且应采用不燃材料将其分隔成若干间库房。可燃材料库房单个房间的建筑面积不应超过 30 m²,易燃易爆危险品库房单个房间的建筑面积不应超过 20 m²。

▶ 6.3.3 在建工程防火

建设工程在设计阶段都需要进行防火安全设计,但是工程竣工前其防火措施一般都难以发挥作用,在建工程火灾常发生在作业场所。因此,施工期间应根据施工性质、建筑高度、建筑规模及结构特点等情况进行防火保护。

1)在建工程防火

在建工程作业场所的临时疏散通道应采用不燃、难燃材料建造,并应与在建工程结构施工同步设置,也可利用在建工程施工完毕的水平结构、楼梯。

在建工程作业场所临时疏散通道的设置应符合下列规定:

①耐火极限不应低于 0.5 h。

②设置在地面上的临时疏散通道,其净宽度不应小于 1.5 m;利用在建工程施工完毕的水平结构、楼梯作临时疏散通道时,其净宽度不宜小于 1.0 m;用于疏散的爬梯及设置在脚手架上的临时疏散通道,其净宽度不应小于 0.6 m。

③临时疏散通道为坡道,且坡度大于 25°时,应修建楼梯或台阶踏步或设置防滑条。

④临时疏散通道不宜采用爬梯,确需采用时,应采取可靠固定措施。

⑤临时疏散通道的侧面为临空面时,应沿临空面设置高度不小于 1.2 m 的防护栏杆。

⑥临时疏散通道设置在脚手架上时,脚手架应采用不燃材料搭设。

⑦临时疏散通道应设置明显的疏散指示标识。

⑧临时疏散通道应设置照明设施。

2)既有建筑改造防火

施工现场引发火灾的危险因素较多,在居住、营业、使用期间进行改建、扩建及改造施工时则具有更大的火灾风险,一旦发生火灾,容易造成群死群伤。因此,应尽量避免在居住、营业、使用期间进行施工。当确实需要对既有建筑进行扩建、改建施工时,必须明确划分施工区和非施工区。施工区不得营业、使用和居住;非施工区继续营业、使用和居住时,必须采取多种防火技术和管理措施,严防火灾发生。

①施工区和非施工区之间应采用不开设门、窗、洞口的,耐火极限不低于 3.0 h 的不燃烧体隔墙进行防火分隔。

②非施工区内的消防设施应完好和有效,疏散通道应保持畅通,并应落实日常值班及消防安全管理制度。

③施工区的消防安全应配有专人值守,发生火情应能立即处置。

④施工单位应向居住者和使用者进行消防宣传教育,告知建筑消防设施、疏散通道的位

置及使用方法,同时应组织进行疏散演练。

⑤外脚手架搭设不应影响安全疏散、消防车正常通行及灭火救援操作;外脚手架搭设长度不应超过该建筑物外立面周长的 1/2。

3)脚手架、支模架与安全网防火

①外脚手架是在建工程的外防护架和操作架,而支模架是既支撑混凝土模板又支撑施工人员的操作平台,对保护施工人员免受火灾伤害非常重要。外脚手架、支模架的架体宜采用不燃或难燃材料搭设,其中高层建筑和既有建筑改造工程的外脚手架、支模架的架体应采用不燃材料搭设。

②施工作业产生的火焰、火花、火星引燃可燃安全网,并导致火灾事故的情形时有发生。建筑施工现场的安全网往往将在建建筑整体包裹或封闭其中,安全网一旦燃烧,火势蔓延迅速,难以控制,且封闭疏散通道,并可能蔓延至室内,危害特别大,阻燃安全网是解决这一问题的有效途径。阻燃安全网是指续燃、阴燃时间均不大于 4 s 的安全网。高层建筑与既有建筑外墙改造工程外脚手架的安全网和临时疏散通道的安全防护网等重要场所,应采用阻燃型安全防护网。

6.4 重点部位和重点工种防火防爆要求

▶6.4.1 电焊、气割作业的防火防爆要求

1)电焊、气割作业防火的一般性要求

①从事电焊、气割的操作人员,必须进行专门的培训,掌握焊割的安全技术、操作规程,经过考试合格,取得操作合格证后方准操作。操作时应持证上岗。徒工在学习期间不能单独操作,必须在师傅的监护下进行操作。

②严格执行用火审批程序和制度。操作前必须办理用火申请手续,经本单位领导同意和消防保卫或安全技术部门检查批准,领取用火许可证后方可进行操作。用火审批人员要认真负责、严格把关,审批前要深入用火地点查看,确认无火险隐患后再行审批。批准用火应采取"四定",即:定时(时间)、定位(层、段、档)、定人(操作人、看火人)、定措施(应采取的具体防火措施)。用火证仅限本人当日使用,并要随身携带,以备消防保卫人员检查,如用火部位变动且仍需继续操作,应事先更换用火证。

③进行电焊、气割前,应由施工员或班组长向操作、看火人员进行消防安全技术措施交底,任何领导不能以任何借口纵容电、气焊工人进行冒险操作。

④装过或有易燃、可燃液体、气体及化学危险物品的容器、管道和设备,在未彻底清洁干净前,不得进行焊割。严禁在可燃蒸气、气体、粉尘或禁止明火的危险性场所焊割,且在这些场所附近进行焊割时,应遵守有关规定保持一定的防火距离。

⑤领导及生产技术人员要合理安排工艺和编排施工进度程序,在有可燃材料保温的部位,不准进行焊割作业。必要时,应在工艺安排和施工方法上采取严格的防火措施。焊割作业不准与油漆、喷漆、脱漆、木工等易燃操作同时间、同部位上下交叉作业。

⑥焊割结束或离开操作现场时,必须切断电源、气源。赤热的焊嘴、焊钳以及焊条头等,禁止放在易燃、易爆物品和可燃物上。

⑦遇有 5 级以上大风气候时,施工现场的高空和露天焊割作业应停止。

⑧禁止使用不合格的焊割工具和设备。电焊的导线不能与装有气体的气瓶接触,也不能与气焊的软管或气体的导管放在一起。焊接线和气焊的软管不得从生产、使用、储存易燃、易爆物品的场所或部位穿过。

⑨焊割现场必须配备灭火器材,危险性较大的应有专人现场监护。

2)电焊工的操作要求

①电焊工在操作前,要严格检查所有工具(包括电焊机设备、线路敷设、电缆线的接点等),使用的工具均应符合标准,保持完好状态。

②电焊机应有单独的开关,开关装在防火、防雨的闸箱内,电焊机应设防雨棚(罩)。开关的保险丝容量应为该机的 1.5 倍,保险丝不准用铜丝或铁丝代替。

③焊割部位必须与氧气瓶、乙炔瓶、乙炔发生器及各种易燃、可燃材料隔离,两瓶之间距离不得小于 5 m,与明火之间距离不得小于 10 m。

④电焊机必须设有专用接地线,直接放在焊件上。接地线不准接在建筑物、机械设备、各种管道、避雷引下线和金属架上借路使用,防止接触起火花,造成起火事故。

⑤电焊机一、二次线应用线鼻子压接牢固,同时应加装防护罩,防止松动、短路放弧,引燃可燃物。

⑥严格执行防火规定和操作规程,操作时采取相应的防火措施,与看火人员密切配合,防止引起火灾。

3)气焊工的操作要求

①乙炔发生器、乙炔瓶、氧气瓶和焊(割)具的安全设备必须齐全有效。

②乙炔发生器、乙炔瓶、液化石油气罐和氧气瓶在新建、维修工程内存放时,应设置专用房间单独分开存放并有专人管理,要有灭火器材和防火标志。电石应存放在电石库内,不准在潮湿场所和露天存放。

③乙炔发生器和乙炔瓶等与氧气瓶应保持距离。在乙炔发生器旁严禁一切火源。夜间添加电石时,应使用防爆手电筒照明,禁止用明火照明。

④乙炔发生器、乙炔瓶和氧气瓶不准放在高低压架空线路下方或变压器旁。在高空焊割时,也不要放在焊割部位的下方,应保持一定的水平距离。

⑤乙炔瓶、氧气瓶应直立使用,禁止平放卧倒使用,以防止油类落在氧气瓶上;有油脂或沾油的物品,不得接触氧气瓶、导管及其零部件。乙炔瓶、氧气瓶严禁暴晒、撞击,防止受热膨胀,开启阀门时要缓慢开启,防止升压过速产生高温、火花,引起爆炸和火灾。

⑥乙炔发生器、回火阻止器及导管发生冻结时,只能用蒸汽、热水等解冻,严禁使用火烤或金属敲打。测定气体导管及其分配装置有无漏气现象时,应用气体探测仪或用肥皂水等简单方法测试,严禁用明火测试。

⑦操作乙炔发生器和电石桶时,应使用不产生火花的工具,在乙炔发生器上不能装有纯铜的配件。加入乙炔发生器的水,不能含油脂,以免油脂与氧气接触发生反应,引起燃烧或爆炸。

⑧防爆膜失去作用后,要按照规定的规格和型号进行更换,严禁任意更换防爆膜规格、型号,禁止使用胶皮等代替防爆膜。浮桶式乙炔发生器上面不准堆压其他物品。

⑨焊割时要严格执行操作规程和程序。焊割操作时,先开乙炔气点燃,然后再开氧气进行调火,操作完毕时按相反程序关闭。瓶内气体不能用尽,必须留有余气。工作完毕,应将乙炔发生器内电石、污水及其残渣清除干净,倒在指定的安全地点,并要排除内腔和其他部分的气体。禁止电石、污水到处乱放乱排。

▶6.4.2 油漆、喷漆作业及油漆工的防火防爆要求

喷漆、涂漆的场所应有良好的通风,防止形成爆炸极限浓度,从而引起火灾或爆炸。喷漆、涂漆的场所内禁止一切火源,应采用防爆的电气设备。

涂漆、喷漆和油漆工禁止与焊工同时间、同部位的上下交叉作业。

油漆工不能穿易产生静电的工作服,接触涂料、稀释剂的工具应采用防火花型的。浸有涂料、稀释剂的破布、纱团、手套和工作服等,应及时清理,不能随意堆放,防止因化学反应而生热,发生自燃。对使用中能分解、发热自燃的物料,要妥善管理。

油漆料库和调料间的防火要求如下:

①油漆料库与调料间应分别设置,并且应与散发火花的场所保持一定的防火间距。

②性质相抵触、灭火方法不同的品种,应分库存放。

③涂料和稀释剂的存放和管理,应符合《仓库防火安全管理规则》的要求。

④调料间应有良好的通风,并应采用防爆电器设备。室内禁止一切火源,调料间不能兼作更衣室和休息室。

⑤调料人员应穿不易产生静电的工作服,不穿带钉子的鞋。使用开启涂料和稀释剂包装的工具时,应采用不易产生火花型的工具。调料人员应严格遵守操作规程,调料间内不应存放超过当日加工所用的原料。

▶6.4.3 木工操作间及木工的防火防爆要求

①操作间建筑应采用阻燃材料搭建,操作间内严禁吸烟和用明火作业。操作间冬季宜采用暖气(水暖)供暖,如需用火炉取暖时,必须在四周采取挡火措施,不得用燃烧劈柴、刨花代煤取暖。每个火炉都要有专人负责,下班时要将余火彻底熄灭。

②操作间只能存放当班的用料,剩余成品及半成品要及时运走,木工应做到"活完场地清",刨花、锯末每班都要打扫干净并倒在指定的地点。

③电气设备的安装要符合要求,抛光、电锯等部位的电气设备应采用密封式或防爆式,刨花、锯末较多部位的电动机应安装防尘罩。

④严格遵守操作规程,对旧木料一定要经过检查,起出铁钉等金属后,方可上锯锯料。

⑤配电盘、刀闸下方不能堆放成品、半成品及废料。工作完毕应拉闸断电,并经检查确无火险后方可离开。

▶6.4.4 电工作业的防火要求

①电工应经过专门培训,掌握安装与维修的安全技术,经考试合格后,方准独立操作。

②施工现场暂设线路、电气设备的安装与维修,应执行《施工现场临时用电安全技术规

范》。新设、增设的电气设备,必须由主管部门或人员检查合格后,方可通电使用。电气设备和线路应经常检查,发现可能引起火花、短路、发热和绝缘损坏等情况时,必须立即修理。

③电气设备应安装在干燥处,各种电气设备应有妥善的防雨、防潮设施。每年雨季前要检查避雷装置,避雷针接点要牢固,电阻不应大于 10 Ω。

④各种电气设备或线路,不应超过安全负荷,并要牢靠、绝缘良好和安装合格的保险设备,严禁用铜丝、铁丝等代替保险丝。应定期检查电气设备的绝缘电阻是否符合"不低于 1 kΩ/V(如对地 220 V 绝缘电阻应不低于 0.22 MΩ)"的规定,发现隐患应及时排除。

⑤放置及使用易燃液体、气体的场所,应采用防爆型电气设备及照明灯具。不可用纸、布或其他可燃材料制作无骨架的灯罩,灯泡距可燃物应保持一定距离。当电线穿过墙壁或与其他物体接触时,应当在电线上套有磁管等非燃材料加以隔绝。

⑥变(配)电室应保持清洁、干燥,变电室要有良好的通风,配电室内禁止吸烟、生火及保存与配电无关的物品(如食物等)。

⑦施工现场严禁私自使用电炉、电热器具。

⑧各种机械设备的电闸箱内必须保持清洁,不得存放其他物品,电闸箱应配锁。

▶6.4.5　仓库保管员的防火要求

仓库保管员要牢记《仓库防火安全管理规则》:

①熟悉存放物品的性质及储存中的防火要求和灭火方法,严格按照存放物品的性质、包装、灭火方法、储存防火要求和密封条件等分别存放,性质相抵触的物品不得混存在一起。

②分垛储存物资,应严格按照"五距"的要求:垛与垛间距不小于 1 m;垛与墙间距不小于 0.5 m;垛与梁、柱的间距不小于 0.3 m;垛与散热器、供暖管道的间距不小于 0.3 m;照明灯具垂直下方与垛的水平间距不得小于 0.5 m。

③库存物品应分类、分垛储存,主要通道的宽度不小于 2 m。露天存放物品应当分类、分堆、分组和分垛,并留出必要的防火间距。甲、乙类桶装液体,不宜露天存放。

④物品入库前应当进行检查,确定无火种等隐患后,方准入库。

⑤库房门窗等应当严密,物资不能储存在预留孔洞的下方。库房内照明灯不准超过 60 W,并做到人走断电及锁门。库房内严禁吸烟和使用明火。库房管理人员在每日下班前,应对经管的库房巡查一遍,确认无火灾隐患后,关好门窗、切断电源后方准离开。

⑥随时清扫库房内的可燃材料,保持地面清洁。

⑦严禁在仓库内兼设办公室、休息室、更衣室、值班室以及各种加工作业等。

▶6.4.6　使用喷灯的防火安全措施

1)使用喷灯的一般操作注意事项

①汽油的渗透性和流散性极好,一旦加油时不慎倒出油或喷灯渗油,点火时极易引起着火。因此,喷灯加油时,要选择好安全地点,并认真检查喷灯是否有漏油或渗油的地方,一旦发现漏油或渗油,应禁止使用。

②喷灯加油时,应将加油防爆盖旋开,用漏斗灌入汽油。如加油时不慎将油洒在灯体上,

则应将油擦拭干净,同时放置在通风良好的地方,使汽油挥发掉再点火使用。加油不能过满,加到灯体容积的3/4即可。喷灯在使用过程中需要添油时,应首先把灯的火焰熄灭,然后慢慢地旋松加油防爆盖放气,待放尽气和灯体冷却后再添油,严禁带火加油。

③喷灯点火后先要预热喷嘴,预热喷嘴应利用喷灯上的储油杯,不能图省事采取喷灯对喷的方法或用炉火烘烤的方法进行预热,防止造成灯内的油类蒸汽膨胀,使灯体爆破伤人或引起火灾。放气点火时,要慢慢地旋开手轮,防止放气太急将油带出起火。

④喷灯作业时,火焰与加工件应注意保持适当的距离,防止高热反射造成灯体内气体膨胀而发生事故。

⑤高空作业使用喷灯时,应在地面上点燃喷灯后将火焰调至最小,用绳子吊上去,不应携带点燃的喷灯攀高。作业点下面及周围不允许堆放可燃物,防止金属熔渣及火花掉落在可燃物上发生火灾。

⑥在地下人井或地沟内使用喷灯时,应先进行通风,排除该场所内的易燃、可燃气体。严禁在地下人井或地沟内进行点火,应在距离人井或地沟1.5~2 m以外的地面点火,然后用绳子将喷灯吊下去使用。

⑦使用喷灯时,禁止与喷漆、木工等工序同时间、同部位上下交叉作业。

⑧喷灯连续使用时间不宜过长,发现灯体发烫时应停止使用,并进行冷却,防止气体膨胀发生爆炸,引起火灾。

2)喷灯作业现场的防火安全管理措施

实践证明,如不选择好安全用火的作业地点,不认真检查、清理作业现场的易燃、可燃物,不采取隔热、降温、熄灭火星、冷却熔珠等安全措施,喷灯作业现场极易造成人员伤亡和火灾事故。因此,喷灯作业现场务必要加强防火安全管理,落实防火措施:

①作业开始前,要将作业现场下方和周围的易燃、可燃物清理干净,清除不了的易燃、可燃物,要采取浇湿、隔离等可靠的安全措施。作业结束时,要认真检查现场,在确无余热引起燃烧危险时,才能离开。

②在相互连接的金属工件上使用喷灯烘烤时,要防止由于热传导作用,将靠近金属工件上的易燃、可燃物烤着引起火灾。喷灯火焰与带电导线的距离要求为:10 kV及以下的1.5 m,20~35 kV的3 m,110 kV及以上的5 m,并应用石棉布等绝缘隔热材料将绝缘层、绝缘油等可燃物遮盖,防止烤着。

③电话电缆常常需要干燥芯线,芯线干燥严禁用喷灯直接烘烤,应在蜡中去潮。熔蜡不应在工程车上进行,烘烤蜡锅的喷灯周围应设三面挡风板,控制温度不要过高。熔蜡时,容器内放入的蜡不要超过容积的3/4,防止熔蜡渗漏,避免蜡液外溢遇火燃烧。

④在易燃易爆场所或其他禁火的区域使用喷灯烘烤时,事先必须制订相应的防火、灭火方案,办理动火审批手续,未经批准不得动用喷灯烘烤。

⑤作业现场要准备一定数量的灭火器材,一旦起火便能及时扑灭。

3)其他要求

①使用喷灯的操作人员应经过专门训练,其他人员不应随便使用喷灯。

②喷灯使用一段时间后应进行检查和保养。手动泵应保持清洁,不应有污物进入泵体内。手动泵内的活塞应经常加少量机油,保持润滑,防止活塞干燥碎裂。加油防爆盖上装有

安全防爆器,在压力 600~800 Pa 范围内能自动开启关闭,在一般情况下不应拆开,以防失效。

③煤油和汽油喷灯应有明显的标志,煤油喷灯严禁使用汽油燃料。

④使用后的喷灯应在冷却后将余气放掉,存放在安全地点,不应与废棉纱、手套、绳子等可燃物混放在一起。

6.5　施工现场灭火

▶6.5.1　灭火方法

燃烧必须具备 3 个基本条件,即有可燃物、助燃物和火源,这 3 个条件缺一不可。一切灭火措施都是为了破坏已经产生的燃烧条件,或使燃烧反应中的游离基中断而终止燃烧。根据物质燃烧原理和长期以来扑救火灾的实践经验,灭火的基本方法归纳起来有 4 种:窒息灭火法、冷却灭火法、隔离灭火法和抑制灭火法。

1)窒息灭火法

窒息灭火法,就是阻止空气流入燃烧区,或用不燃物质(气体)冲淡空气,使燃烧物质断绝氧气的助燃而使火熄灭。这种灭火方法仅适应于扑救比较密闭的房间、地下室和生产装置设备等部位发生的火灾。

在火场上运用窒息法扑灭火灾时,可采用石棉布,浸湿的棉被、帆布、海草席等不燃或难燃材料覆盖燃烧物或封闭孔洞;用水蒸气、惰性气体(二氧化碳、氮气)充入燃烧区域内;利用建筑物原有的门、窗以及生产储运设备上的部件,封闭燃烧区,阻止新鲜空气流入,以降低燃烧区内氧气的含量,从而达到窒息燃烧的目的。此外,在万不得已且条件又允许的情况下,也可采用水淹没(灌注)的方法扑灭火灾。

采取窒息灭火的方法扑救火灾,必须注意以下几个问题:

①在燃烧的部位较小,容易堵塞封闭,燃烧区域内没有氧化剂时,才能采用这种方法。

②采取用水淹没(灌注)方法灭火时,必须考虑到火场物质被水浸泡后是否产生不良后果。

③采取窒息方法灭火后,必须在确认火已熄灭时,方可打开孔洞进行检查。严防因过早地打开封闭的房间或生产装置的设备孔洞等,而使新鲜空气流入,造成复燃或爆炸。

④采取惰性气体灭火时,一定要将大量的惰性气体充入燃烧区,以迅速降低空气中氧的含量,窒息灭火。

2)冷却灭火法

冷却灭火是灭火常用的方法,即将灭火剂直接喷洒在燃烧物体上,使可燃物质的温度降低到燃点以下,以终止燃烧。冷却的方法主要是采取喷水或喷射二氧化碳等其他灭火剂,将燃烧物的温度降到燃点以下。灭火剂在灭火过程中不参与燃烧过程中的化学反应,属于物理灭火法。

在火场上,除了用冷却法扑灭火灾外,在必要的情况下,可用冷却剂冷却建筑构件、生产装置、设备容器等,防止建筑结构变形造成更大的损失。

3)隔离灭火法

隔离灭火法,就是将燃烧物体与附近的可燃物质与火源隔离或疏散开,使燃烧失去可燃物质而停止。这种方法适用于扑救各种固体、液体和气体火灾。

采取隔离灭火的具体措施有:将燃烧区附近的可燃、易燃、易爆和助燃物质转移到安全地点;关闭阀门,阻止气体、液体流入燃烧区;设法阻拦流散的易燃、可燃液体或扩散的可燃气体;拆除与燃烧区相毗连的可燃建筑物,形成防止火势蔓延的间距。

4)抑制灭火法

这种灭火方法是使灭火剂参与燃烧反应过程,使燃烧过程中产生的游离基消失,从而形成稳定分子或低活性的游离基,使燃烧反应停止。目前抑制法灭火常用的灭火剂有1211、1202、1301灭火剂。灭火时,一定要将足够数量的灭火剂准确地喷在燃烧区内,使灭火剂参与和阻断燃烧反应,否则将起不到抑制燃烧反应的作用,达不到灭火的目的。同时,还要采取必要的冷却降温措施,以防止复燃。

上述4种灭火方法所采取的具体灭火措施是多种多样的。在实际灭火中,应根据可燃物质的性质、燃烧特点和火场的具体条件,以及消防技术装备性能等情况,选择不同的灭火方法。有些火灾往往需要同时使用几种灭火方法,这就要注意掌握灭火时机,搞好协同配合,充分发挥各种灭火剂的效能,迅速有效地扑灭火灾。

▶6.5.2 灭火预案的制订

对于火灾危险性大,发生火灾后损失大、伤亡大、社会影响大和扑救困难的部位,都需要制订灭火预案。

1)制订灭火预案的范围大体包括:

①易燃建筑密集的生活区、生产区。
②易燃、可燃材料库,可燃材料的露天堆场。
③乙炔站、氧气站、油料库、油漆调料间、配电室、木工房等。
④采用易燃材料进行冬季保温或养护的工程部位。
⑤模板、支柱等全部采用可燃材料的工程部位。
⑥大面积支搭满堂红架子(可燃材料)的工程部位。
⑦大面积进行油漆、喷漆、脱漆施工的工程部位。
⑧古建筑及重要建筑的维修工程。
⑨采用高档装修和大面积使用可燃材料装修的工程部位。

2)灭火预案的内容

灭火预案的内容主要有两个方面,即灭火预案对象的消防特点和扑救火灾的基本措施。具体内容应包括以下几点:

①要确定灭火预案的重点部位的位置、周围的道路和通道,以及与毗邻部位的距离。
②重点部位的平面布局,建筑结构特点,耐火等级,建筑(占地)面积和高度,生产、使用、储存物质的性质、数量或堆放形式。
③可供灭火使用的水源,器材位置、种类和距离等。
④疏散人员及抢救物资的方法和路线。

⑤灭火所需的力量(义务消防人员数、保安人员数、警察人员数及能参加灭火的班组)及分工(应将参加灭火人员根据情况分成报警、警卫扑救、疏散抢救人员和物资等若干个组)。

⑥灭火战斗中的注意事项。

⑦与公安消防队的配合。

▶6.5.3 消防设施和器材

1)一般规定

施工现场应设置灭火器、临时消防给水系统和临时消防应急照明等临时消防设施。

临时消防设施的设置应与在建工程的施工保持同步。对于房屋建筑工程,临时消防设施的设置与在建工程主体结构施工进度的差距不应超过3层。

在建工程可利用已具备使用条件的永久性消防设施作为临时消防设施。当永久性消防设施无法满足使用要求时,应增设临时消防设施,如灭火器、临时消防给水系统、应急照明。

施工现场的消火栓泵应采用专用消防配电线路。专用配电线路应自施工现场总配电箱的总断路器上端接入,并应保持连续不间断供电。

地下工程的施工作业场所宜配备防毒面具。

临时消防给水系统的储水池、消火栓泵、室内消防竖管及水泵接合器等,应设置醒目标志。

2)灭火器

灭火器是扑救初起火灾的重要消防器材,它轻便灵活,操作简单,可以有效地扑救各类工业与民用建筑的初起火灾。在建筑施工现场正确地选择灭火器的类型,确定灭火器的配置规格与数量,合理定位及设置灭火器,保证足够的灭火能力,并注意定期检查和维护灭火器,就能在被保护场所一旦着火时,迅速地用灭火器扑灭初起小火,减少火灾损失,保障人身和财产安全。

(1)灭火器配置场所

存在可燃的气体、液体、固体等物质的场所均是需要配置灭火器的场所。可燃材料存放、加工及使用场所,动火作业场所,易燃易爆危险品存放及使用场所,厨房操作间、锅炉房、发电机房、变配电房、设备用房、办公用房、宿舍等临时用房及其他具有火灾危险的场所,均应配置灭火器。

(2)灭火器配置类型

施工现场的某些场所既可能发生固体火灾,也可能发生液体、气体或电气火灾,因此,灭火器的类型应与配备场所可能发生的火灾类型相匹配。在实际选配灭火器时,应尽量选用能扑灭多类火灾的灭火器。

(3)灭火器的最低配置标准

灭火器的最低配置标准见表6.3。

表 6.3　灭火器的最低配置标准

项目	固体物质火灾		液体或可熔化固体物质火灾、气体火灾	
	单具灭火器 最小灭火级别	单位灭火级别 最大保护面积 /(m²·A⁻¹)	单具灭火器 最小灭火级别	单位灭火级别 最大保护面积 /(m²·B⁻¹)
易燃易爆危险品 存放及使用场所	3A	50	89B	0.5
固定动火作业场	3A	50	89B	0.5
临时动火作业点	2A	50	55B	0.5
可燃材料存放、加 工及使用场所	2A	75	55B	1.0
厨房操作间、锅炉房	2A	75	55B	1.0
自备发电机房	2A	75	55B	1.0
变配电房	2A	75	55B	1.0
办公用房、宿舍	1A	100	—	—

表中 A 表示灭火器扑灭 A 类火灾的灭火级别的一个单位值,3A 组合表示该灭火器能扑灭 3A 等级(定量)的 A 类火试模型火(定性);B 表示该灭火器扑灭 B 类火灾的灭火级别的一个单位值,亦即灭火器扑灭 B 类火灾效能的基本单位,89B 组合表示该灭火器能扑灭 89B 等级(定量)的 B 类火试模型火(定性)。例如,8 kg 的手提式磷酸铵盐干粉灭火器的灭火级别为 4A、144B。

(4)灭火器配置位置与数量

灭火器的配置位置和数量需要根据配置场所的火灾种类和危险等级,综合考虑灭火器的最低配置标准。灭火器的设置点个数,灭火器类型、规格与保护面积等因素,按《建筑灭火器配置设计规范》(GB 50140—2005)的有关规定经计算确定,且每个场所的灭火器数量不应少于 2 具。

灭火器的最大保护距离应符合表 6.4 的规定。

表 6.4　灭火器的最大保护距离　　　　　　　　　　　　　　　　　　单位:m

灭火器配置场所	固体物质火灾	液体或可熔化固体物质火灾、气体火灾
易燃易爆危险品存放及使用场所	15	9
固定动火作业场	15	9
临时动火作业点	10	6
可燃材料存放、加工及使用场所	20	12
厨房操作间、锅炉房	20	12
发电机房、变配电房	20	12
办公用房、宿舍等	25	—

（5）施工现场灭火器的摆放要求

①灭火器应摆放在明显和便于取用的地点，且不得影响安全疏散。

②灭火器应摆放稳固，其铭牌必须朝外。

③手提式灭火器应使用挂钩悬挂，或摆放在托架上、灭火箱内，其顶部离地面高度应小于1.5 m，底部离地面高度宜大于 0.15 m。

④灭火器不应摆放在潮湿或强腐蚀性的地点，必须摆放时，应采取相应的保护措施。

⑤摆放在室外的灭火器应采取相应的保护措施。

⑥灭火器不得摆放在超出其使用温度范围以外的地点，灭火器的使用温度范围应符合规范规定。

3）应急照明

①施工现场的下列场所应配备临时应急照明：

a.自备发电机房及变、配电房。

b.水泵房。

c.无天然采光的作业场所及疏散通道。

d.高度超过 100 m 的在建工程的室内疏散通道。

e.发生火灾时仍需坚持工作的其他场所。

②作业场所应急照明的照度值不应低于正常工作所需照度值的90%，疏散通道的照度值不应小于 0.5 lx。

③临时消防应急照明灯具宜选用自备电源的应急照明灯具，自备电源的连续供电时间不应小于 60 min。

▶6.5.4 施工现场的消防给水

①施工现场消防给水系统。施工现场消防给水系统，在城市主要采用市政给水，在农村及边远地区采用地面水源（江河、湖泊、储水池及海水）和地下水源（潜水、自流水、泉水）。无论采用何种消防给水，均应保证枯水期最低水位时供水的可靠性。施工现场的消防给水系统可与施工、生活用水系统合并。

②施工现场消防给水管道。施工现场消防给水管道应布置成环状，应用阀门分成若干独立段，每段内消火栓的数量不宜超过 5 个。在布置有困难或施工现场消防用水量不超过15 L/s时，可布置成枝状。消防给水管道的最小直径不应小于 100 mm。

③施工现场的消火栓。施工现场的消火栓有地下消火栓和地上消火栓两种，地下消火栓有直径 100 mm 和 65 mm 栓口各一个，地上消火栓有一个直径 100 mm 和两个直径 65 mm 的栓口。

施工现场消火栓的数量，应根据消火栓的保护半径（150 m）及消火栓的间距（不超过120 m），确定其数量。施工现场内的任何部位必须在消火栓的保护范围以内。在市政消火栓保护半径内的施工现场，当施工现场消防用水量小于 15 L/s 时，该施工现场可不再设置临时消火栓。

消火栓应沿施工道路两旁设置。消火栓距道路边不应大于 2 m，距房屋或临时暂设外墙不应小于 5 m，设地上消火栓距房屋外墙 5 m 有困难时，可适当减小距离，但最小不应小于1.5 m。

④消防水池。凡储存消防用水的水池均称为消防水池。施工现场没有消防给水管网或消防给水管网不能满足消防用水的水量和压力要求时,应设置消防水池储存消防用水。

消防水池分为独立的消防水池,生活用水与消防用水合用的消防水池,施工用水与消防用水合用的消防水池,生活、施工用水与消防用水合用的消防水池。

超过 1 000 m³ 的消防水池应分设成两个,并能单独使用和分开泄空,以便在清池、检修、换水时保持必要的消防应急用水。

消防水池的水一经动用,应尽快恢复,其补水时间不应超过 48 h。

消防用水与生活、施工用水合用的消防水池,应有确保消防用水不作他用的技术措施。

消防水池的保护半径为 150 m。消防水池与建筑之间的距离一般不应小于 15 m(消防泵房除外)。在消防水池的周围应有消防车道。

⑤消防水泵。消防水泵的型号规格应根据工程需要的消防用水量、水压进行确定,宜采用自灌式引水,并应保证在起火后 5 min 内开始工作,确保不间断的动力供应。

消防水泵若采用双电源或双回路供电有困难时,也可采用一个电源供电,但应将消防系统的供电与生活、生产供电分开,确保其他用电因事故停止时消防水泵仍能正常运转。

消防水泵应设机械工人专门值班。

▶6.5.5 火灾扑救

施工工地灭火战斗的目的是积极抢救人命,迅速消灭火灾,减少经济损失,有效地保卫职工人身和财产的安全。为达到这一目的,火场指挥员在指挥灭火战斗中,必须贯彻集中优势力量打歼灭战的指导思想;坚持先控制,后消灭的战术原则;运用堵截包围、重点突破、穿插分割、逐片消灭的战术。

1)灭火行动的安全措施

发生火灾后要一面抢救,一面立即报火警,抢救与报火警同等重要。义务消防队或灭火人员到达火场时,指挥人员应根据火灾情况及灭火预案,迅速下达命令,义务消防队队员按照各自的分工,携带灭火工具迅速进入阵地,形成对火点进攻势态,及时扑救火灾或控制火势的蔓延扩大。在灭火行动中要注意以下几个方面:

①正确地选择灭火器材和扑救方法。

②在有电器设备的场所发生电气火灾,应先切断电源后,再进行扑救。

③选择最近的道路铺设水带,拐弯处不应有直角,水带线路应保证不间断地供水。当火场用水量增加、超过水表的最大计量值时,应将常闭的水表跨越管闸阀开启,以免水表阻碍管道的过水能力,影响火灾扑救。

④水枪手或扑救人员在深入火场内部时,应与外部保持联系。

⑤在灭火车量不足或难以扑灭火灾时,应采取堵截包围的战术,减少燃烧区氧的含量,将火势控制在一定范围内,等待公安消防队到达和扑救。

⑥火场上不要停留过多的人员,以免影响扑救或情况发生变化时不利于撤退和转移。

⑦灭火人员与抢救、疏散人员要互相配合,必要时应用水枪为抢救、疏散人员掩护。

2)火场救人

在火灾扑救中,要贯彻执行救人重于灭火的原则,尽早、尽快地将被困人员抢救出来。一般情况下,应根据实力,首先组织力量在火场上救人,同时布置一定力量扑救火灾。但在力量不足时,应以救人为第一行动。

所有的出入口、阳台、门窗、预留孔洞、脚手架及马道、提升架等均可作为抢救的通路。必要时可破拆砖墙和间隔墙等结构,作为抢救通路。

火场上救人的方法,要根据火势对人的威胁程度和被救者的状态来确定。对于神志清醒的人员,可指定通路,由他人指引,自行撤离危险区;对于在烟雾中迷失方向,或年老、行动不便的人员,则应引导并帮助他们撤退,必要时指派专人护送;对于已经失去知觉的人员,应将他们背抱、抢救出险区,需要穿越火焰区时,应先将被救者头部包好,用水流掩护。

3)疏散物资

(1)必须疏散的物资

①重要物资受火势直接威胁并无法保护时,特别是贵重设备、装修材料有被火烧毁的危险时,必须组织抢救和疏散。

②受火势威胁的压力容器,易燃、易爆液体及炸药等,必须进行疏散转移。

③不能用水保护的物资如碳化钙(电石)等,在任何情况下,都必须组织搬移疏散。

④当物资、设备接近火源,影响灭火战斗行动时,必须进行搬移疏散。

⑤堆放的物资,由于用水扑救而重量急剧增加,有引起楼板变形、塌落的危险时,为了减轻楼板负荷,应予以疏散。

(2)疏散物资的要求

疏散物资要有专人组织指挥,疏散人员要编成组,采取流水作业的方法组织搬运,使疏散工作安全而有秩序地进行。

①首先疏散受火、水、燃烧产物威胁最大的物资。必要时,应用水流掩护疏散物资的通路。

②疏散出来的物资不得堵塞通路,从而影响灭火行动。堆放物资的地点应注意安全,防止受火、水、烟的威胁。一般应堆放在上风方向和地势较高的地方,并派专人看护,防止物资丢失。

思考题

1.简述燃烧的基本条件以及防火和灭火的基本方法。

2.施工现场动火管理应满足哪些要求?

3.建筑施工现场总平面布局防火包括哪些内容?

4.施工现场要注意哪些重点部位、重点工种的防火?

5.常用的灭火器有哪些?各类火灾应采用什么类型的灭火器?

6.如何确定灭火器配置场所和数量?

7.简述安全出口和疏散通道的布置要求。

7 建筑机械安全技术

[本章学习目标]

本章依据《建筑机械使用安全技术规程》(JGJ 33—2012)编写,介绍了建筑施工机械的类型及主要安全措施,并着重对一些大型施工机械的安全技术要求作了阐述。通过本章的学习,应达到以下要求:

1.了解:建筑施工机械安全的概念;

2.熟悉:建筑施工机械类型及主要安全措施;

3.掌握:大型施工机械安全技术要求。

[工程实例导入]

机械安全性是指机器在按使用说明书规定的预定使用条件下,执行其功能和在对其进行运输、安装、调试、运行、维修、拆卸和处理时,对操作者不发生损伤或危害其健康的能力。它包括两个方面的内容:一是在机械产品预定使用期间执行预定功能和在可预见的误用时,不会给人身带来伤害;二是机械产品在整个寿命周期内,发生可预见的非正常情况下任何风险事故时机器是安全的。

建筑机械是建筑施工工程广泛使用的机械设备的总称,在工程建设中发挥着极其重要的作用。因此,国家对建筑机械的设计、制造、安装、改造、维修、使用等各环节都制订了相应的标准和规程。而建筑施工作业是一个复杂的过程,在不同的施工阶段需要使用不同的施工机械。总的来说,建筑机械的安全管理存在以下问题:建筑机械设备老化,更新速度跟不上;建筑机械安全检测技术和从业人员存在不足,知识水平较低,技术知识缺乏,安全生产知识薄弱;建筑施工环境恶劣,露天作业,施工任务繁重;施工机械使用过程中动态变化大,监管难度大,这些都不可避免地为施工机械设备的管理带来了困难。一直以来,因建筑机械使用的高普遍性,以及各级各部门特别是建筑施工企业对机械的安全管理还不够成熟和完善,致使机械倒塌、折臂、倾覆以及起重机械伤害事故时有发生,且多为重大事故。例如:2011年4月19日下午,台州市温岭一建筑工地发生起重事故,该施工现场在塔吊升降过程中发生事故,2名作业人员从12 m高的塔吊上坠落,一人当场死亡,另外一人在抢救过程中经医院全力抢救后无效死亡;2011年4月27日,湖南娄底一施工塔吊被拦腰折断,造成驾驶员身亡;2011年6月12日,呼和浩特市赛罕区某工地在塔吊安装过程中发生塔机平衡臂倾覆事故,造成5人死亡;2003年10月28日,黑龙江省齐齐哈尔市一工地,23名建筑工人准备吃午饭,于12层(高度为54 m)违章乘坐施工升降机下楼(施工升降机中还有一辆手推货车),当施工升降机下降到10层时,吊笼失控后加速坠落至地面,造成当场死亡2人、医院抢救过程中死亡3人、18人重伤的重大事故;某工地在使用物料提升机作业时,擅自将防坠落装置固定,不给电源,用脚打开卷扬机制动,料盘便加速坠落,当抬脚制动时制动轮粉碎,将操作人当场击中,造成死亡1人、重伤1人。据统计,由建筑机械引发的安全事故已经超过建筑施工安全事故总量的10%,必须引起高度重视。

7.1 建筑施工机械类型及主要安全措施

▶7.1.1 建筑施工机械的分类

建筑机械根据其用途和特点可以分为:挖掘机械、铲土运输机械、装载机械、园林和高空作业机械、压实机械、混凝土搅拌及其输送机械、桩工机械、路面机械、钢筋和预应力机械、市政和环境卫生机械、起重机械、凿岩机械、装修机械等。

在选择建筑施工方法时,必然涉及施工机械的选择。选择不同的施工机械,直接影响到工程项目的施工进度、施工质量、施工安全及工程成本。根据不同分部工程的用途,建筑工程施工机械可分为基础工程机械、土方机械、钢筋混凝土施工机械、起重机械、装饰工程机械等类别,各种工程机械因其用途及企业原理不同,其机构组成不同。

1)土方机械

土方机械是土方工程机械化施工中所有机械和设备的统称,用于土壤铲掘、短距离运送、堆筑填铺、压实和平整等作业。根据其作业性质,分为准备作业机械、铲土运输机械和挖掘机械,如挖掘机(包括正铲、反铲、拉铲、抓铲等)、推土机、铲运机、装载机、压路机等。

2)桩工机械

桩是一种人工基础,是工程中最常见的一种基础形式,相应地,桩工机械是主要的基础工程机械。根据桩的施工工艺不同,可分为预制桩施工机械和灌注桩施工机械。打桩的机械有蒸汽打桩机、柴油打桩机、静压打桩机;灌注桩成孔的机械有钻孔机(正、反循环钻进)、冲孔机、旋挖机、沉管灌注机、振动沉管灌注机、夯扩灌注桩机等。

3)钢筋混凝土施工机械

在现代建筑工程中广泛采用钢筋混凝土结构,钢筋混凝土施工的两类专用机械是钢筋加工机械和混凝土机械,如钢筋拉伸机、钢筋矫直机、钢筋弯曲机、切断机、混凝土搅拌机、输送机、振捣器等。

4）起重及垂直运输机械

起重及垂直运输机械是用来完成施工现场起重、吊装、垂直运输的机械，是现代建筑生产部门中应用极为广泛的建筑机械。它主要用于建筑构件、建筑材料和设备的吊升、安装、报送、装卸作业以及作业人员输送，如卷扬机、建筑升降机、塔吊、汽车吊等。

5）装饰工程机械

装饰工程机械是当房屋或建筑物主体结构完成以后，用来进行室内外装饰工程的机械。由于装饰工程品目繁多，在某些建筑物中装饰机械工程的工程量和费用都很大，所以装饰机械的种类也很多，主要有灰浆机械、喷涂机械、地坪机械、油漆机械、木工机械，以及各种手持机动工具等。

▶7.1.2　建筑施工机械常见事故

在建筑施工中，与建筑机械有关的伤害事故主要有机械伤害、起重伤害、车辆伤害和物体打击等，这里重点介绍机械伤害和起重伤害。

1）机械伤害

（1）机械伤害的定义及重点

机械伤害是指机器和工具在运转和操作过程中对作业者的伤害，包括绞、辗、碰、割、戳等伤害形式。机械伤害的重点是机械传动和运动装置中存在着危险部件所构成的危险区域，包括以下几种：

①转动的刀具、锯片等。建筑施工机械的刀具、锯片速度高，一旦操作者失误会造成切割伤害或抛出物的打击伤害。

②相对运动部件（如齿轮机构的啮合区，一对滚筒的接触区，皮带进入皮带轮的区域）。这些部件会造成对操作者的辗轧，缠绕衣服或头发发生绞伤。

③有下落或倾倒危险的装置（如搅拌机的上料斗，打桩机耸立的机身）。这些装置如果意外下落或倾倒，将有打击、碰撞操作者的危险。

④运动部件的凸出物，如凸出在转轴或连接器上的键、螺栓及其他紧固件。

⑤旋转部件不连续旋转表面，如齿轮带轮、飞轮的轮轴部分。

⑥蜗杆和螺旋（如螺旋输送机、蛟龙机、混合机等），都可能导致卷入夹轧事故。

（2）常见的机械伤害事故形式

①卷入和挤压。这种伤害主要来自旋转机的旋转零部件，即两旋转件之间或旋转件与固定件之间的运动将人体某一部分卷入或挤压。这是造成机械事故的主要原因，其发生的频率最高，约占机械伤害事故的 47.7%。

②碰撞和撞击。这种伤害主要来自直线运动的零部件和飞来物或坠落物。例如，做往复直线运动的工作台或滑枕等执行件撞击人体；高速旋转的工具、工件及碎片等击中人体；起重作业中起吊物的坠落伤人或人从高层建筑上坠落伤亡等。

③接触伤害。接触伤害主要是指人体某一部分接触到运动或静止机械的尖角、棱角、锐边、粗糙表面等发生的划伤或割伤的机械伤害，以及接触到过冷过热及绝缘不良的导电体而发生冻伤、烫伤及触电等伤害事故。

2)起重伤害

起重伤害事故是指在进行各种起重作业(包括吊运、安装、检修、试验)中发生的重物(包括吊具、吊重或吊臂)坠落、夹挤、物体打击、起重机倾翻、触电等事故。起重作业包括:桥式起重机、龙门起重机、塔式起重机、悬臂起重机、桅杆起重机、汽车吊、电动葫芦、千斤顶等作业,起重伤害适用于统计各种起重作业引起的伤害。

(1)事故原因的分析

①起重机的不安全状态。首先是设计不规范带来的风险,其次是制造缺陷,诸如选材不当、加工质量问题、安装缺陷等,使带有隐患的设备投入使用。还有大量的问题存在于使用环节,例如,不及时更换报废零件、缺乏必要的安全防护、保养不良带病运转,以致造成运动失控、零件或结构破坏等。总之,设计、制造、安装、使用等任何环节的安全隐患都可能带来严重后果。起重机的安全状态是保证起重安全的重要前提和物质基础。

②人的不安全行为。人的行为受到生理、心理和综合素质等多种因素的影响,其表现是多种多样的,例如:操作技能不熟练,缺少必要的安全教育和培训;非司机操作,无证上岗;违章违纪蛮干,不良的操作习惯;判断操作失误,指挥信号不明确,起重司机和起重工配合不协调等。总之,安全意识差和安全技能低下是引发事故主要的人为原因。

③环境因素。环境因素主要指超过安全极限或卫生标准的不良环境。室外起重机受气候条件的影响,将直接影响人的操作意识水平,使其失误机会增多、身体健康受损。另外,不良环境还会造成起重机系统功能降低,甚至加速零、部、构件的失效,造成安全隐患。

④安全管理缺陷。安全管理包括领导的安全意识水平,对起重设备的管理和检查实施,对人员的安全教育和培训,安全操作规章制度的建立等。管理上的任何疏忽和不到位,都会给起重安全埋下隐患。

起重机的不安全状态和操作人员的不安全行为是事故的直接原因,环境因素和管理是事故发生的间接条件。事故的发生往往是多种因素综合作用的结果,只有加强对相关人员、起重机、环境及安全制度整个系统的综合管理,才能从根本上解决问题。

(2)起重伤害事故的特点

①事故大型化、群体化。一起事故有时涉及多人,并可能伴随大面积设备设施的损坏。

②事故类型集中。一台设备可能发生多起不同性质的事故是不常见的。

③事故后果严重。只要是伤及人,就往往是恶性事故,一般不是重伤就是死亡。

④伤害涉及的人员可能是司机、司索工和作业范围内的其他人员,其中司索工被伤害的比例最高。文化素质低的人群是事故高发人群。

⑤在安装、维修和正常起重作业中都可能发生事故,其中起重作业中发生的事故最多。

⑥事故高发行业中,建筑、冶金、机械制造和交通运输等部门较多,这与这些部门起重设备数量多、使用频率高、作业条件复杂有关。

⑦起重事故类别与机种有关,重物坠落是各种起重机共同的易发事故,此外还有桥架式起重机的夹挤事故、汽车起重机的倾翻事故、塔式起重机的倒塌折臂事故、室外轨道起重机在风载作用下的脱轨翻倒事故,以及大型起重机的安装事故等。

▶7.1.3 建筑施工机械安全事故的主要预防措施

①对操作者进行安全培训。应经常对操作者进行安全技术、操作过程专业知识等方面的

培训教育,提高其技术素质,强化安全意识,使操作者达到对机械性能的了解,做到会操作、会维修、出现隐患能够及时发现和排除。对一些特种设备的操作人员要加强培训考核,机动车辆司机、电焊等特种设备作业人员必须持证上岗。

②设备安全防护装置必须齐全可靠。设备危险部位、危险区域适用的安全防护装置(如防护罩、防护架、挡板、安全钩、安全连锁装置等),必须齐全有效、性能可靠。选用的安全装置应为经过国家特定部门合格认证的机械产品。在设备的安装和调试过程中应严格遵照操作规程的要求,保证安全防护装置的有效性。满载设备安装使用前,由工程技术人员对设备进行检查验收,并形成制度。

③加强施工设备的管理。要加强施工设备的管理,建立必要的使用维修保养制度,落实具体的责任者,使设备保持良好的运行状态,不带病运转。

④创造有利于机械安全工作的环境,例如,机动车行走的路线必须平坦、路标清楚,且能避开如架空电线和陡坡一类的潜在危险;机械设备周围应整洁有序,防止操作者滑落和绊倒。

⑤加强机械操作者的个人防护措施,合理佩戴防护用具。对职工进行遵章守纪教育,做到不违规指挥、不违章作业。

⑥应根据人机工程学的理论,不断改进和完善机械设备,使其适应人体特性,使工作适合于人,从而提高劳动生产率,避免机械伤害事故。

▶7.1.4　建筑施工机械安全使用的一般规定

①操作人员必须体检合格,无妨碍作业的疾病和生理缺陷,经过专业培训、考核合格取得操作证后,并经过安全技术交底,方可持证上岗;学员应在专人指导下进行工作。特种设备由建设行政主管部门、公安部门或其他有权部门颁发操作证;非特种设备由企业颁发操作证。机械操作人员和配合作业人员,必须按规定穿戴劳动保护用品,长发应束紧,不得外露。

②机械必须按照出厂使用说明书规定的技术性能、承载能力和使用条件,正确操作,合理使用,严禁超载、超速作业或任意扩大使用范围。机械上的各种安全防护及保险装置和各种安全信息装置必须齐全有效。应为机械提供道路、水电、机棚及停机场地等必备的作业条件,并消除各种安全隐患。夜间作业应设置充足的照明。

③操作人员在每班作业前,应对机械进行检查,机械使用前,应先试运转。机械作业前,施工技术人员应向机械操作人员进行施工任务及安全技术措施交底。操作人员应熟悉作业环境和施工条件,听从指挥,遵守现场安全规程。违反安全的作业指令,操作人员应先说明理由,后拒绝执行。

④操作人员在作业过程中,应集中精力正确操作,注意机械工况,不得擅自离开工作岗位或将机械交给其他无证人员操作。无关人员不得进入作业区或操作室内。机械使用与安全发生矛盾时,必须服从安全的要求。

⑤操作人员应遵守机械有关保养规定,认真及时做好机械的例行保养,保持机械的完好状态。机械不得带病运转。

⑥实行多班作业的机械,应执行交接班制度,认真填写交接班记录,接班人员经检查确认无误后,方可进行工作。

⑦机械设备的基础承载能力必须满足安全使用要求。机械安装后,必须经机械、安全管理人员共同验收合格后,方可投入使用。

⑧排除故障或更换部件过程中,要切断电源和锁上开关箱,并有专人监护。

⑨机械集中停放的场所,应有专人看管,并应设置消防器材及工具;大型内燃机应配备灭火器;机房、操作室及机械四周不得堆放易燃、易爆物品。

⑩停用1个月以上或封存的机械,应认真做好停用或封存前的保养工作,并应采取预防风沙、雨淋、水泡、锈蚀等措施。

7.2　大型施工机械的安全技术要求

根据《建筑机械使用安全技术规程》(JGJ 33—2012)的规定,为保障建筑机械的正确、安全使用,发挥机械效能,确保安全生产,应有针对性地制定相应的安全技术要求。在本节仅列举建筑施工中常用的大型施工机械或者事故多发的施工机械的安全技术要求。

▶7.2.1　挖掘机的安全技术要求

土方机械化开挖应根据基础形式、工程规模、开挖深度、地质、地下水情况、土方量、运距、现场和机具设备条件、工期要求以及土方机械的特点等,合理选择挖土机械,以充分发挥机械效率,节省机械费用,加速施工进度。

挖掘机的安全控制要点如下:

①挖掘机工作时,应停置在平坦的地面上,并应刹住履带行走机构。

②挖掘机通道上不得堆放任何机具等障碍物。

③挖掘机工作范围内禁止任何人停留。

④作业中,如发现地下电缆、管道或其他地下建筑物时,应立刻停止工作,并立即通知有关单位处理。

⑤挖掘机在工作时,应等汽车司机将汽车制动停稳后方可向车厢回转倒土。回转时禁止铲斗从驾驶室上越过,卸土时铲斗应尽量放低,并注意不得撞击汽车任何部位。

⑥在操作中,进铲不应过深,提斗不宜过猛,一次挖土高度不能高于4 m。

⑦正铲作业时,禁止任何人在悬空铲斗下面停留或工作。

⑧挖掘机停止工作时,铲斗不得悬空吊着,司机的脚不得离开脚踏板。

⑨铲斗满载时,不得变换动臂的倾斜度。

⑩在挖掘工作过程中应做到"四禁止",即:

a.禁止铲斗未离开工作面时进行回转。

b.禁止进行急剧的转动。

c.禁止用铲斗的侧面刮平土堆。

d.禁止用铲斗对工作面进行侧面冲击。

⑪挖掘机动臂转动范围应控制在45°~60°,倾斜角应控制在30°~45°。

⑫挖掘机走行上坡时,履带主动轮应在后面,下坡时履带主动轮在前面,动臂在后面,大臂与履带平行。回转机构应该处于制动状态,铲斗离地面不得超过1 m。上下坡不得超过20°,下坡应低速,禁止变速滑行。

⑬禁止将挖掘机布置在上下两个采掘段(面)内同时作业;在工作面转动时,应选取平整

地面,并排除通道内的障碍物。如在松软地面移动时,需在行走装置下垫方木。

⑭禁止在电线等高空架设物下作业,不得在停机下面作业,不准使满载铲斗长时间滞留在空中。

⑮挖掘机需在斜坡上停车时,铲斗必须降落到地面,所有操纵杆应置于中位,停机制动,且应在履带或轮胎后部垫置楔块。

▶7.2.2 桩工机械的安全技术要求

桩工机械类型应根据桩的类型、桩长、桩径、地质条件、施工工艺等综合考虑后再选择。

桩工机械的安全技术要点如下:

①打桩机卷扬钢丝绳应经常润滑,不得干摩擦。

②施工现场应按桩机使用说明书的要求进行整平压实,地基承载力应满足桩机的使用要求。在基坑和围堰内打桩,应配置足够的排水设备。

③桩机作业区内应无妨碍作业的高压线路、地下管道和埋设电缆。作业区应有明显标志或围栏,非工作人员不得进入。

④电力驱动的桩机,作业场地至电源变压器或供电主干线的距离应在 200 m 以内,工作电源电压的允许偏差为其公称值的±5%。电源容量与导线截面应符合设备使用说明书的规定。

⑤桩机的安装、试机、拆除应由专业人员严格按设备使用说明书的要求进行。安装桩锤时,应将桩锤运到立柱正前方 2 m 以内,并不得斜吊。

⑥打桩作业前,应由施工技术人员向机组人员作详细的安全技术交底。

⑦水上打桩时,应选择排水量比桩机质量大 4 倍以上的作业船或牢固排架,打桩机与船体或排架应可靠固定,并采取有效的锚固措施。当打桩船或排架的偏斜度超过 3°时,应停止作业。

⑧作业前,应检查并确认桩机各部件连接牢靠,各传动机构、齿轮箱、防护罩、吊具、钢丝绳、制动器等良好,起重机起升、变幅机构正常,电缆表面无损伤,有接零和漏电保护措施,电源频率一致、电压正常,旋转方向正确,润滑油、液压油的油位符合规定,液压系统无泄漏,液压缸动作灵敏,作业范围内无人或障碍物。

⑨桩机吊桩、吊锤、回转或行走等动作不应同时进行。桩机在吊桩后不应全程回转或行走。吊桩时,应在桩上拴好拉绳,避免桩与桩锤或机架碰撞。桩机在吊有桩和锤的情况下,操作人员不得离开岗位。

⑩桩锤在施打过程中,操作人员应在距离桩锤中心 5 m 以外监视。

⑪插桩后,应及时校正桩的垂直度。桩入土 3 m 以上时,不应用桩机行走或回转动作来纠正桩的倾斜度。

⑫拔送桩时,不得超过桩机起重能力。起拔载荷应符合以下规定:

a.打桩机为电动卷扬机时,起拔载荷不得超过电动机满载电流。

b.打桩机卷扬机以内燃机为动力,拔桩时若发现内燃机明显降速,应立即停止起拔。

c.每米送桩深度的起拔载荷可按 40 kN 计算。

⑬作业过程中,应经常检查设备的运转情况,当发生异响、吊索具破损、紧固螺栓松动、漏气、漏油、停电及其他不正常情况时,应立即停机检查,排除故障后方可重新开机。

⑭桩孔应及时浇注,暂不浇注的要及时封闭。

⑮在有坡度的场地上及软硬边际作业时,应沿纵坡方向作业和行走。

⑯遇风速 10.8 m/s 及以上大风和雷雨、大雾、大雪等恶劣气候时,应停止一切作业。当风力超过 7 级或有风暴警报时,应将桩机顺风向停置,并增加缆风绳,必要时应将桩架放倒。桩机应有防雷措施,遇雷电时人员应远离桩机。冬季应清除机上积雪,工作平台应有防滑措施。

⑰作业中,当停机时间较长时,应将桩锤落下并垫好。检修时不得悬吊桩锤。

⑱桩机运转时,不应进行润滑和保养工作。设备检修时,应停机并切断电源。

⑲桩机安装、转移和拆运过程中,不得强行弯曲液压管路,以防液压油泄漏。

⑳作业后,应将桩机停放在坚实平整的地面上,将桩锤落下垫实,并切断动力电源。冬季应放尽各种可能冻结的液体。

▶7.2.3 塔式起重机的安全技术要求

塔式起重机具有提升、回转、水平输送(通过滑轮车移动和臂杆仰俯)等功能,不仅是重要的吊装设备,而且也是重要的垂直运输设备,用其垂直和水平吊运长、大、重的物料的能力仍为其他垂直运输设备(施)所不及。

塔式起重机的安全技术要点如下:

①塔吊的轨道基础和混凝土基础必须经过设计验算,验收合格后方可使用。基础周围应修筑边坡和排水设施,并与基坑保持一定安全距离。

②塔吊的拆装必须配备下列人员:持有安全生产考核合格证书的项目负责人和安全负责人、机械管理人员;具有建筑施工特种作业操作资格证书的建筑起重机械安装拆卸工、起重司机、起重信号工、司索工等特殊作业操作人员。

③拆装人员应穿戴安全保护用品,高处作业时应系好安全带,熟悉并认真执行拆装工艺和操作规程。

④顶升前必须检查液压顶升系统各部件连接情况。顶升时,严禁回转臂杆和其他作业。

⑤塔吊安装后,应进行整体技术检验和调整,经分阶段及整机检验合格后,方可交付使用。在无线荷载情况下,塔身与地面的垂直度偏差不得超过 4/1 000。

⑥塔吊的金属结构、轨道及所有电气设备的可靠外壳都应有可靠的接地装置,接地电阻不应大于 4 Ω,并设立避雷装置。

⑦作业前,必须对工作现场周围环境、行驶道路、架空电线、建筑物以及构件的质量和分布等情况进行全面了解。塔吊作业时,塔吊起重臂杆起落及回转半径内不得有障碍物,与架空输电导线的安全距离应符合规定。

⑧塔吊的指挥人员、操作人员必须持证上岗,作业时应严格执行指挥人员的信号,如信号不清或错误时,操作人员应拒绝执行。

⑨在进行塔吊回转、变幅、行走和吊钩升降等动作前,操作人员应检查电源电压(应达到 380 V,变动范围不得超过-10~+20 V),送电前启动控制开关应在零位,并应鸣声示意。

⑩塔吊的动臂变幅限制器、行走限位器、力矩限制器、吊钩高度限制器以及各种行程限位开关等安全保护装置,必须安全完整、灵敏可靠,不得随意调整和拆除。严禁用限位装置代替操作机构。

⑪在起吊荷载达到塔吊额定起重量的 90%及以上时,应先将重物吊起,离地面 20~50 cm

时停止提升并进行检查,检查起重机的稳定性、制动器的可靠性、重物的平稳性和绑扎的牢固性。

⑫突然停电时,应立即把所有控制器拨到零位,断开电源开关,并采取措施将重物安全降到地面。严禁起吊重物长时间悬挂空中。

⑬重物提升和降落速度要均匀,严禁忽快忽慢和突然制动。左右回转动作要平稳,当回转未停稳前不得做反向动作。非重力下降式塔吊,严禁带载自由下降。

⑭遇有6级以上的大风或大雨、大雪、大雾等恶劣天气时,应停止塔吊露天作业。在雨雪过后或雨雪中作业时,应先进行试吊,确认制动器灵敏可靠后方可进行作业。

⑮严格执行"十不吊",即:超载或被吊物重量不清不吊;指挥信号不明确不吊;捆绑、吊挂不牢或不平衡,可能引起滑动时不吊;被吊物上有人或浮置物时不吊;结构或零部件有影响安全工作的缺陷或损伤时不吊;遇有拉力不清的埋置物件时不吊;工作场地昏暗,无法看清场地、被吊物和指挥信号时不吊;被吊物棱角处与捆绑钢绳间未加衬垫时不吊;歪拉斜吊重物时不吊;容器内装的物品过满时不吊。

▶7.2.4 井架、龙门架物料提升机的安全技术要求

物料提升架包括井式(简称"井架")、龙门式提升架(简称"龙门架")、塔式提升架(简称"塔架")和独杆升降台等,它们的共同特点为:

①提升采用卷扬方式,卷扬机设于架体外。

②安全设备一般只有防冒顶、防坐冲和停层保险装置,因而只允许用于物料提升,不得载运人员。

③用于10层以下时,多采用缆风固定;用于超过10层的高层建筑施工时,必须采取附墙方式固定,成为无缆风高层物料提升架,并可在顶部设液压顶升构造,实现井架或塔架标准节的自升接高。

井架、龙门架物料提升机的安全技术要点如下:

①进入施工现场的井架、龙门架必须具有下列安全装置:上料口防护棚,层楼安全门、吊篮安全门,断绳保护装置及防坠器,安全停靠装置,起重量限制器,上、下限位器,紧急断电开关、短路保护、过电流保护、漏电保护,信号装置,缓冲器。

②基础应符合说明书要求。缆风绳、附墙装置不得与脚手架连接,不得用钢筋、脚手架钢管等代替缆风绳。

③起重机的制动器应灵活可靠。

④运行中吊篮的四角与井架不得互相擦碰,吊篮各构件连接应牢固、可靠。

⑤龙门架或井架不得和脚手架连为一体。

⑥垂直输送混凝土和砂浆时,翻斗出料口应灵活可靠,保证自动卸料。

⑦吊篮在升降工况下严禁载人,吊篮下方严禁人员停留或通过。

⑧作业后,应检查钢丝绳、滑轮、滑轮轴和导轨等,发现异常磨损应及时修理或更换。

⑨作业后,应将吊篮降到最低位置,各控制开关扳至零位,切断电源,锁好开关箱。

▶7.2.5 施工升降机的安全技术要求

多数施工电梯为人货两用,少数为仅供货用。电梯按其驱动方式可分为齿条驱动和绳轮

驱动两种。齿条驱动电梯又有单吊箱(笼)式和双吊箱(笼)式两种,并装有可靠的限速装置,适于 20 层以上建筑工程使用。绳轮驱动电梯为单吊箱(笼),为无限速装置,轻巧便宜,适于 20 层以下建筑工程使用。

施工升降机的安全技术要点如下:

①地基应浇制混凝土基础,必须符合施工升降机使用说明书要求,说明书无要求时,其承载能力应大于 150 kPa。地基上表面平整度允许偏差为 10 mm,并应有排水设施。

②应保证升降机的整体稳定性。导轨架安装时,应用经纬仪对升降机在两个方向进行测量校准,其垂直度允许偏差应符合表 7.1 中要求。

表 7.1　导轨架垂直度允许偏差

架设高度/m	≤70	70~100	100~150	150~200	>200
垂直度偏差/mm	≤1/1 000 H	≤70	≤90	≤110	≤130

③升降机梯笼周围应按使用说明书的要求设置稳固的防护栏杆,各楼层平台通道应平整牢固,出入口应设防护门。全行程四周不得有危害安全运行的障碍物。

④升降机安装后,在投入使用前,必须经过坠落试验。升降机在使用中,每隔 3 个月应进行一次坠落试验。试验程序应按说明书规定进行,梯笼坠落试验制动距离不得超过 1.2 m;试验后以及正常操作中每发生一次防坠动作,均必须由专门人员进行复位。

作业前应重点检查以下项目,并应符合下列要求:

a.各部结构无变形,连接螺栓无松动。

b.齿条与齿轮、导向轮与导轨均接合正常。

c.各部钢丝绳固定良好,无异常磨损。

d.运行范围内无障碍。

⑤梯笼内乘人或载物时,应使载荷均匀分布,不得偏重。严禁超载运行。

⑥操作人员应根据指挥信号操作。作业前应鸣声示意。在升降机未切断总电源开关前,操作人员不得离开操作岗位。

⑦当升降机运行中发现有异常情况时,应立即停机并采取有效措施将梯笼降到底层,排除故障后方可继续运行。在运行中发现电器失控时,应立即按下急停按钮;在未排除故障前,不得打开急停按钮。

⑧升降机在风速 10.8 m/s 及以上大风、大雨、大雾以及导轨架、电缆等结冰时,必须停止运行,并将梯笼降到底层,切断电源。暴风雨后,应对升降机各有关安全装置进行一次检查,确认正常后方可运行。

⑨升降机运行到最上层或最下层时,严禁用行程限位开关作为停止运行的控制开关。

⑩当升降机在运行中由于断电或其他原因而中途停止时,可以进行手动下降,将电动机尾端制动电磁铁手动释放拉手缓缓向外拉出,使梯笼缓慢地向下滑行。梯笼下滑时,不得超过额定运行速度,手动下降必须由专业维修人员进行操纵。

⑪作业后,应将梯笼降到底层,将各控制开关拨到零位,切断电源,锁好开关箱,闭锁梯笼门和围护门。

思考题

1.建筑施工机械伤害有哪几种?

2.简述起重伤害事故的特点。

3.建筑施工机械安全事故的主要预防措施有哪些?

4.简述井架、龙门架物料提升机的安全技术要点。

建筑施工安全防护用品

[本章学习目标]

本章针对建筑施工现场常用的安全防护用品,从防护用品的种类、技术要求、检测方法及使用方法等几方面进行介绍,重点介绍了建筑"三宝"(即安全网、安全带和安全帽)的各种技术要求和检测及使用规定。通过本章的学习,应达到以下学习目标:

1.熟悉:建筑施工常用安全防护用品的种类及使用功能;

2.了解:各种常用安全防护用品的技术要求和检测规定;

3.掌握:建筑施工常用安全防护用品的使用规定和正确使用方法。

[工程实例导入]

在建筑安全事故分析统计中,由于安全防护用品缺失或使用不当造成的安全事故占了较大比例。某咨询公司随机对北京市50多个工地发生的安全事故案例进行了跟进与研究,共获得有效案例73个,其事故原因分析如下表所示。由表可见,安全防护用品的正确使用是减少和防止施工安全事故的重要措施。

事故原因	样本数/例	比例/%
防护措施缺失受伤	40	54.8
工具操作不当受伤	19	26.0
工作中被他人所伤	10	13.7
过劳死	1	1.4
上下班路上车祸	3	4.1
合计	73	100

施工安全防护用品是指在建筑施工生产过程中用于预防和防备可能产生的危险,或发生事故时用于保护劳动者而使用的工具和物品。常用的防护用品分为安全网、安全带、安全帽和其他防护物品等几类。

施工防护使用的安全网、个人防护佩戴的安全帽和安全带一般被称为建筑"三宝"。安全网是用来防止人、物坠落,或用来避免、减轻人员坠落及物体打击伤害的网具。正确使用安全网,可以有效地避免高空坠落、物体打击事故的发生。安全帽主要用来保护使用者的头部,减轻撞击伤害,以保证每个进入建筑施工现场的人员的安全。安全带是高处作业人员预防坠落伤亡的防护用品。坚持正确使用建筑施工防护用品,是降低建筑施工伤亡事故的有效措施。

8.1 安全网

▶8.1.1 安全网的构造与分类

1)安全网的构造

安全网一般由网体、边绳、系绳、筋绳等组成。网体是由单丝、线、绳等编织或采用其他成网工艺制成的,构成安全网主体的网状物;边绳是沿网体边缘与网体连接的绳;系绳是把安全网固定在支撑物上的绳;筋绳是为增加安全网强度而有规则地穿在网体上的绳。

2)安全网的分类

安全网按功能分为安全平网、安全立网和密目式安全立网3类。安装平面不垂直于水平面,用来防止人、物坠落,或用来避免、减轻坠落及物击伤害的安全网,简称为安全平网。安装平面垂直于水平面,用来防止人、物坠落,或用来避免、减轻坠落及物击伤害的安全网,简称为立网。网眼孔径不大于12 mm,垂直于水平面安装,用于阻挡人员、视线、自然风、飞溅及失控小物体的网,简称为密目网。

①平(立)网的分类标记由产品材料、产品分类及产品规格尺寸3部分组成:产品分类以字母P代表平网,字母L代表立网;产品规格尺寸以宽度×长度表示,单位为m;阻燃型网应在分类标记后加注"阻燃"字样。

示例1:宽度为3 m、长度为6 m、材料为锦纶的平网表示为:锦纶 P-3X6;

示例2:宽度为1.8 m、长度为6 m、材料为维纶的阻燃型立网表示为:维纶 L-1.8X6 阻燃。

②密目网的分类标记由产品分类、产品规格尺寸和产品级别3部分组成:产品分类以字母ML代表密目网;产品规格尺寸以宽度×长度表示,单位为m;产品级别分为A级和B级。

示例:宽度为1.8 m、长度为10 m的A级密目网表示为:ML-1.8X10A级。

▶8.1.2 安全平(立)网的技术要求

1)安全平(立)网

①平(立)网可采用锦纶、维纶、涤纶或其他材料制成,其物理性能、耐候性应符合《安全网》(GB 5725—2009)的有关规定。

②每张平(立)网质量不宜超过 15 kg。

③平网宽度不应小于 3 m,立网宽(高)度不应小于 1.2 m。平(立)网的规格尺寸与其标称规格尺寸的允许偏差为±4%。

④平(立)网的网目形状应为菱形或方形,其网目边长不应大于 8 cm。

⑤平(立)网的绳断裂强力应符合表8.1 的规定。

表 8.1 平(立)网绳断裂强力要求

网类别	绳类别	绳断裂强力要求/kN
平网	边绳	≥7
	网绳	≥3
	筋绳	≤3
立网	边绳	≥3
	网绳	≥2
	筋绳	≤3

⑥按《安全网》(GB 5725—2009)规定的测试方法,平(立)网的耐冲击性能应符合表8.2 的规定。

⑦续燃、阴燃时间均不应大于 4 s。

表 8.2 平(立)网的耐冲击要求

网类别	平网	立网
冲击高度	7 m	2 m
测试结果	网绳、边绳、筋绳不断裂,测试重物不应该接触地面	

2)密目式安全立网

①密目网的宽度应为 1.2~2 m,长度由合同双方协议条款指定,但最低不应小于 2 m。

②网目、网宽度的允许偏差为±5%。

③在室内环境中,使用截面直径为 12 mm 的圆柱试穿任意一个孔洞,应不得穿过,即网眼孔径不应大于 12 mm。

④纵横方向的续燃、阴燃时间均不应大于 4 s。

▶8.1.3 安全网的耐冲击性能测试

1）原理

利用专用的试验装置,使测试球从规定的高度自由落入测试网,根据其破坏程度来判断安全网的耐冲击性能。

2）试验设备

①测试重物:一为表面光滑,直径为(500±10) mm,质量为(100±1) kg 的钢球;一为底面直径为(550±10) mm,高度不超过 900 mm,质量为(120±1) kg 的圆柱形沙包。出厂检验可选上述任一种测试重物,型式检验、仲裁检验应使用钢球。

②测试吊架:能将测试重物提升,并在规定的位置释放使之自由下落的测试吊架一个。

③安全网测试框架:长 6 m,宽 3 m,距地面高度为 3 m,采用管径不小于 50 mm、壁厚不小于 3 mm 的钢管牢固焊接而成的刚性框架。

3）测试样品

规格尺寸为 3 m×6 m 的平网或立网,或可以销售、使用或在用的完整密目网。

4）测试方法

安全网的耐冲击性能测试如图 8.1 所示。

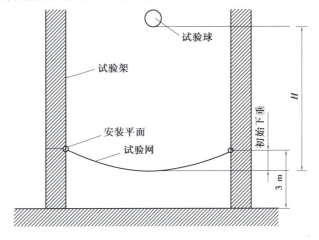

图 8.1 平(立)网的耐冲击性能测试

①试验高度 H:平网为 7 m,立网为 2 m,A 级密目网为 1.8 m,B 级密目网为 1.2 m。

②冲击点应为样品的几何中心位置。

③测试步骤如下:

a.将测试样品牢固系在测试框架上。

b.提升测试吊架,将测试物提升到规定高度,使其底面与样品网安装平面间的距离再加上样品网的初始下垂等于试验高度 H,然后释放测试重物使之自由落下。

c.观察样品情况。

5）测试结果评定

平(立)网按表 8.2 的规定进行测试结果的评定,并记录测试结果。密目网以截面

200 mm×50 mm的立方体不能穿过撕裂空洞视为测试通过。测试结果以测试重物吊起之前为准,立方体穿过撕裂空洞不应施加明显的外力。

平(立)网及密目网还有其他项目(如边长、规格尺寸、绳断裂强力、撕裂强力、阻燃性能等指标)需要测试,具体参见《安全网》(GB 5725—2009)。

►8.1.4 检验规则

1)检验类别

检验类别分为出厂检验和型式检验。

2)出厂检验

生产企业应对所生产的安全网批次逐批进行出厂检验,检验项目、单项检验样本大小、不合格分类、判定数组见表8.3及表8.4。

表8.3 平(立)网的出厂检验要求

试验项目	批量范围	单项检验样本大小	不合格分类	单项判定数组	
				合格判定数	不合格判定数
系绳间距长度、筋绳间距、绳断裂强力、耐冲击性能标志	<500	3	A	0	1
	501~5 000	5			
	≥5 001	8			
节点、网目形状及边长、规格尺寸	<500	3	B	1	2
	501~5 000	5			
	≥5 001	8			

表8.4 密目式安全立网的出厂检验要求

检验项目	批量范围	单项检验样本大小	不合格分类	单项判定数组	
				合格判定数	不合格判定数
断裂强力×断裂伸长、接缝部位抗拉强力、梯形法撕裂强力、开眼环扣强力、绳断裂强力、耐贯穿性能、耐冲击性能、阻燃性能、标志	<500	3	A	0	1
	501~5 000	5			
	≥5 001	8			
一般要求	<500	3	B	1	2
	501~5 000	5			
	≥5 001	8			

3)型式检验

有下列情况时需进行型式检验:

①新产品鉴定或老产品转厂生产的试制定型鉴定。

②正式生产后,原材料、生产工艺、产品结构形式等发生较大变化,可能影响产品性能时。

③停产超过半年后恢复生产时。

④周期检查,每年一次。

⑤出厂检验结果与上次型式检验结果有较大差异时。

⑥主管部门提出型式检验要求时。

样本由提出检验的单位或委托第三方从企业出厂检验合格的产品中随机抽取,样品数量以满足测试项目要求为原则。

▶8.1.5 标志

1)平(立)网

平(立)网的标志由永久标志和产品说明书组成。

(1)平(立)网的永久标志

①执行的国家标准号。

②产品合格证。

③产品名称及分类标记。

④制造商名称、地址。

⑤生产日期等。

(2)平(立)网的产品说明书

批量供货,应在最小包装内提供产品说明,应包括但不限于下述内容:

①安装、使用及拆除的注意事项。

②储存、维护及检查。

③使用期限。

④在何种情况下应停止使用。

2)密目网

密目网的标志由永久标志和产品说明书组成。

(1)密目网的永久标志

①执行的国家标准号。

②产品合格证。

③产品名称及分类标记。

④制造商名称、地址。

⑤生产日期等。

(2)密目网的产品说明书

批量供货,应在最小包装内提供产品说明,应包括但不限于下述内容:

①密目网的适用和不适用场所。

②使用期限。

③整体报废条件或要求。

④整洁、维护、储存的方法。

⑤拴挂方法。

⑥日常检查方法和部位。

⑦使用注意事项。

⑧警示"不得作为平网使用"。

⑨警示"B级产品必须配合立网或护栏使用才能起坠落防护作用"。

⑩本品为合格品的声明。

▶8.1.6 安全网的支搭方法

建筑工程施工根据作业环境和作业高度,水平安全网分为首层网、层面网和随层网3种,各种水平网的支搭方法如下:

①首层网的支搭。首层水平网是施工时在房屋外固定地面以上的第一安全网,其主要作用是防止人、物坠落,支搭必须坚固可靠。凡高度在4 m以上的建筑物,首层四周必须支搭固定3 m宽的水平安全网,支搭方法如图8.2(a)所示。此网可以与外脚手架连接在一起。固定平网的挑架应与外脚手架连接牢固,斜杆应埋入土中50 cm。平网应外高里低,一般以15°为宜。网不宜绷挂,应用钢丝绳与挑架绷挂牢固。高度超过20 m的建筑,应支搭宽度为6 m的水平网。高层建筑外无脚手架时,水平网可以直接在结构外墙搭网架,网架的立杆和斜杆必须埋入土中50 cm或下垫5 cm厚的木垫板,如图8.2(b)所示。立杆斜杆的纵向间距不大于2 m,挑网架端用钢丝绳直径不小于12.5 mm,将网绷挂。首层网无论采用何种形式都必须做到:

a.坚固可靠,受力后不变形。

b.网底和网周围空间不准有脚手架,以免人坠落时碰到钢管。

c.水平网下面不准堆放建筑材料,保持足够的空间。

d.网的接口处必须连接严密,与建筑物之间的缝隙不大于10 cm。

②安装平网时,除按上述要求外,还要遵守支搭安全网的要求,即负载高度、网的宽度、缓冲距离等有关规定。网的负载高度一般不超过6 m;若因施工需要,允许超过6 m,但最大不超过10 m,并必须附加钢丝绳缓冲安全措施。

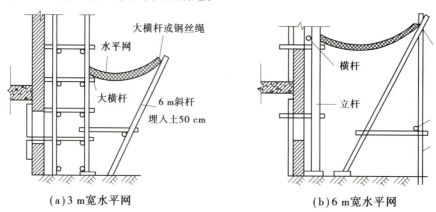

(a)3 m宽水平网　　　　　　　　(b)6 m宽水平网

图8.2　首层水平网支搭示意图

北京市颁布的《北京市建筑施工安全防护基本标准》规定:无外脚手架或采用单排外脚手

架和工具式脚手架时,凡高度在 4 m 以上的建筑物,首层四周必须支搭固定 3 m 宽的水平网(高度在 20 m 以上的建筑物支搭 6 m 宽的双层网;每隔 4 层还应固定一道 3 m 宽的水平网)。缓冲距离是指网底距下方物体表面的距离,3 m 宽的水平网,缓冲距离不得少于 3 m;6 m 宽的水平网,缓冲距离不得少于 5 m。安全网下边不得堆物。安全网支搭标准还规定:正在施工工程的电梯井、采光井、螺旋式楼梯口,除必须设防护门外,还应在井口内首层,以及每隔 4 层固定一道安全网;烟囱、水塔等独立体建筑物施工时,要在里、外脚手架的外围固定一道 6 m 宽的双层安全网;井内设一道安全网,如图 8.3 所示。

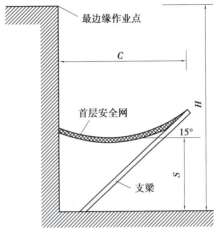

图 8.3 水平网安装示意图

▶8.1.7 安全网的一般使用规则

1)安装时的注意事项

①新网必须有产品质量检验合格证,旧网必须有允许使用的证明书或合格的检验记录。安装时,安全网上的每根系绳都应与支架系结,四周边绳(边缘)应与支架贴紧。系结应符合打结方便、连接牢固又容易解开、工作中受力后不会散脱的原则。有筋绳的安全网安装时,还应把筋绳连接在支架上。

②平网网面不宜绷得过紧,当网面与作业面高度差大于 5 m 时,其伸出长度应大于 4 m;当网面与作业面高度差小于 5 m 时,其伸出长度应大于 3 m。平网与下方物体表面的最小距离应不小于 3 m,两层平网间距离不得超过 10 cm。

③立网网面应与水平面垂直,且与作业面边缘的最大间隙不超过 10 cm。

④安装后的安全网应经专人检验后方可使用。

2)使用

①使用时,应避免发生下列现象:

a.随便拆除安全网的构件。

b.人跳进或将物品投入安全网内。

c.大量焊接或其他火星落入安全网内。

d.在安全网内或下方堆积物品。

e.安全网周围有严重腐蚀性烟雾。

②对使用中的安全网,应进行定期或不定期的检查,并及时清理网上落物污染,当受到较大冲击后应及时更换。

3)管理

安全网应由专人保管发放,暂时不用时应存放在通风、避光、隔热、无化学品污染的仓库或专用场所。

8.2 安全带

安全带是防止高处作业人员发生坠落或发生坠落后将作业人员安全悬挂的个体防护装备。目前的国家标准是《安全带》(GB 6059—2009)与《坠落防护 安全带系统性能测试方法》(GB/T 6096—2020)。该标准适用于体重及负重之和不大于 100 kg 的使用者,不适用于体育运动、消防等用途的安全带。

▶8.2.1 安全带的分类、组成与标记

1)安全带的分类

按照使用条件的不同,安全带分为围杆作业安全带、坠落悬挂安全带和区域限制安全带。

围杆作业安全带是通过围绕在固定构造物上的绳或带将人体绑定在固定构造物附近,使作业人员的双手可以进行其他操作的安全带,如图 8.4 所示。

坠落悬挂安全带是高处作业或登高人员发生坠落时,将作业人员安全悬挂的安全带,如图 8.5 所示。

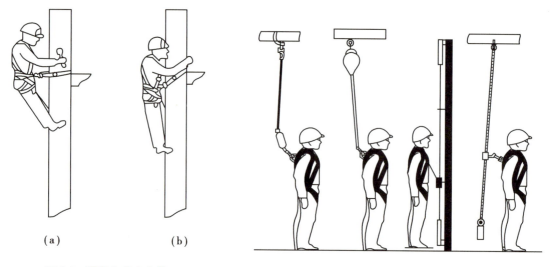

(a)　　　　　　(b)

图 8.4　围杆作业安全带

图 8.5　坠落悬挂安全带

区域限制安全带,是用以限制作业人员活动范围,避免其到达可能发生坠落区域的安全带,如图 8.6 所示。

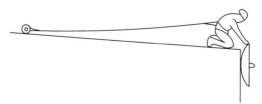

图 8.6　区域限制作业安全带

2）安全带的组成

安全带的一般组成见表 8.5。

表 8.5　安全带组成

分　类	部件组成	挂点装置
围杆作业安全带	系带、连接器、调节器（调节扣）、围杆带（围杆绳）	杆（柱）
区域限制安全带	系带、连接器（可选）、安全绳、调节器、连接器	挂点
	系带、连接器（可选）、安全绳调节器、连接器、滑车	导轨
坠落悬挂安全带	系带、连接器（可选）、缓冲器（可选）、安全绳、连接器	挂点
	系带、连接器（可选）、缓冲器（可选）、安全绳、连接器、自锁器	导轨
	系带、连接器（可选）、缓冲器（可选）、速差自控器、连接器	挂点

3）标记

安全带的标记由作业类别和产品性能两部分组成。

作业类别：以字母 W 代表围杆作业安全带，以字母 Q 代表区域限制安全带，以字母 Z 代表坠落悬挂安全带。

产品性能：以字母 Y 代表一般性能，以字母 J 代表抗静电性能，以字母 R 代表抗阻燃性能，以字母 F 代表抗腐蚀性能，以字母 T 代表适合特殊环境（各性能可组合）。

示例：围杆作业的一般安全带表示为"W-Y"；区域限制、抗静电、抗腐蚀的安全带表示为"Q-JF"。

▶8.2.2　安全带的测试方法

1）围杆作业用安全带系统性能测试

（1）测试图例

围杆作业用安全带测试示例如图 8.7 所示。

（2）仅含系带及安全绳的围杆作业用安全带

仅含系带及安全绳的围杆作业用安全带测试步骤如下：

①将系带按照使用说明书的要求穿戴至模拟人身上，将模拟人头部吊环与释放装置连接。

②将安全绳按照使用说明书与系带两侧挂点连接。

③在系带所有调节扣边缘处进行标记。

④将安全绳中点与测试挂点连接。

⑤提升模拟人，将模拟人抬高至自由坠落距离为（1 800+50）mm，并使释放点至测试挂点的水平距离不大于 300 mm，当自由坠落距离小于 1 800 mm 时应在测试挂点与安全绳中点处连接测试链条。

⑥释放模拟人。

⑦待模拟人静止后观察并记录安全带情况，测量并记录系带在调节扣内的位移。

（3）含有长度调节装置的围杆作业用安全带

含长度调节装置的围杆作业用安全带测试步骤如下：

①将系带按照使用说明书的要求穿戴至模拟人身上,将模拟人头部吊环与释放装置连接。

②将安全绳按照使用说明书与系带两侧挂点连接。

③在系带所有调节扣边缘处进行标记。

④调节长度调节装置,将安全绳长度调节至(2 000±50)mm,当长度不足2 000 mm时调节至最大长度。

⑤将安全绳中点与测试挂点连接。

⑥提升模拟人,将模拟人抬高至自由坠落距离为(1 800+50)mm,并使释放点至测试挂点的水平距离不大于300 mm,当自由坠落距离小于1 800 mm时应在测试挂点与安全绳中点处连接测试链条。

⑦释放模拟人。

⑧待模拟人静止后观察并记录安全带情况,测量并记录系带在调节扣内的位移。

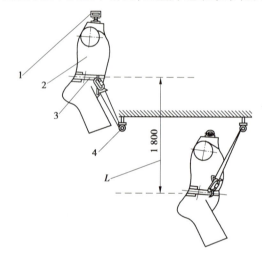

图8.7 围杆作业用安全带测试示例(单位:mm)

1—释放装置;2—模拟人;3—被测样品;4—测试挂点;L—自由坠落距离

2)坠落悬挂用安全带系统性能测试

(1)测试图例

坠落悬挂用安全带测试示例见图8.8—图8.10。

(2)含系带、单根安全绳及缓冲器的坠落悬挂用安全带

仅含系带、单根安全绳及缓冲器的坠落悬挂用安全带测试步骤如下:

①按照使用说明书将系带穿戴在模拟人身上,将模拟人头部吊环与释放装置连接。

②将安全绳及缓冲器按照使用说明书分别连接至系带及测试挂点,当安全绳长度可调节时,应将安全绳长度调节至最大长度。

③在系带所有调节扣边缘处进行标记。

④提升模拟人至系带与安全绳连接点高于测试挂点(1 000+50)mm处,并使释放点至测试挂点的水平距离不大于300 mm。

⑤释放模拟人,在模拟人处于悬吊状态下记录安全带冲击力峰值。

⑥待模拟人静止后观察并记录安全带情况,测量伸展长度并记录系带在调节扣内的位移。

⑦卸载并调整系带,在系带所有调节扣边缘处重新进行标记。

⑧更换安全绳及缓冲器,将安全绳及缓冲器按照产品说明分别连接至系带及测试挂点;当安全绳长度可调节时,应将安全绳长度调节至最大长度。

⑨将模拟人臀部吊环与释放装置连接,提升模拟人臀部吊环至与测试挂点水平,并使释放点到测试挂点间的水平距离不大于 300 mm;释放模拟人,在模拟人处于悬吊状态下记录安全带冲击力峰值。

⑩待模拟人静止后观察并记录安全带情况,测量伸展长度并记录系带在调节扣内的位移。

(3)含系带、双尾安全绳及缓冲器的坠落悬挂用安全带

仅含系带、双尾安全绳及缓冲器的坠落悬挂用安全带测试步骤如下:

①按照使用说明书将系带穿戴在模拟人身上,将模拟人头部吊环与释放装置连接。

②将安全绳的共用端及缓冲器按照产品说明书与系带连接。

③将双尾安全绳的其中一个连接点与测试挂点连接,另一连接点与连接安全绳共用端的系带连接点连接,当两根安全绳长度不一样时选择最长的安全绳与挂点连接。

④提升模拟人至系带与安全绳连接点高于测试挂点(1 000+50)mm 处,并使释放点至测试挂点的水平距离不大于 300 mm。

⑤释放模拟人,待模拟人静止后观察并记录安全带情况。

⑥卸载并调整系带。

⑦更换安全绳及缓冲器,按照步骤②、③进行连接。

⑧将模拟人臀部吊环与释放装置连接,提升模拟人臀部吊环至与悬挂点水平,并使释放点到测试挂点间的水平距离不大于 300 mm。

⑨释放模拟人,待模拟人静止后观察并记录安全带情况。

(4)安全绳或缓冲器与系带一体的坠落悬挂用安全带

当安全绳或缓冲器与系带在不使用工具的情况下无法拆分时,测试步骤应根据安全绳种类分别按(2)或(3)进行测试,在更换安全绳及缓冲器时应与系带整体更换。

(5)含系带、速差自控器的坠落悬挂用安全带

仅含系带、速差自控器的坠落悬挂用安全带测试步骤如下:

①按照使用说明书将系带穿戴在模拟人身上,将模拟人头部吊环与释放装置连接。

②将速差自控器按照产品说明书分别与系带及测试挂点连接。

③在系带所有调节扣边缘处进行标记。

④提升模拟人至速差自控器安全绳拉出(1 000+50)mm,并使释放点至测试挂点的水平距离不大于 300 mm。

⑤释放模拟人,在模拟人处于悬吊状态下记录安全带冲击力峰值。

⑥待模拟人静止后观察并记录安全带情况,测量伸展长度并记录系带在调节扣内的位移。

⑦卸载并调整系带,在系带所有调节扣边缘处重新进行标记。

⑧更换速差自控器,将速差自控器按照产品说明书分别与系带及测试挂点连接。

⑨将模拟人臀部吊环与释放装置连接,提升模拟人臀部吊环至与测试挂点水平,并使释放点到测试挂点间的水平距离不大于 300 mm。

⑩释放模拟人,在模拟人处于悬吊状态下记录安全带冲击力峰值。

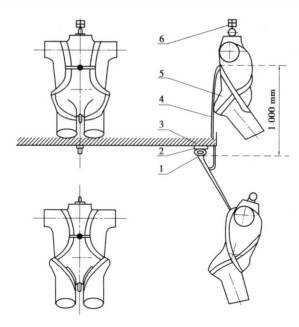

图8.8　含安全绳及缓冲器的坠落悬挂用安全带测试示例(单位:mm)

1—测试挂点;2—传感器;3—测试结构;4—被测样品;5—模拟人;6—释放装置

⑪待模拟人静止后观察并记录安全带情况,测量伸展长度并记录系带在调节扣内的位移。

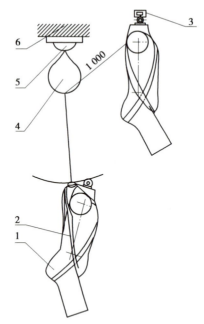

图8.9　含速差自控器的坠落悬挂用安全带测试示例

1—模拟人;2—系带;3—释放装置;4—速差自控器;5—传感器;6—测试结构

(6)含系带、自锁器的坠落悬挂用安全带

仅含系带、自锁器的坠落悬挂用安全带测试步骤如下:

①按照使用说明书将系带穿戴在模拟人身上,将模拟人头部吊环与释放装置连接。

②在系带所有调节扣边缘处进行标记。

③将导轨按照使用说明书安装至测试结构。

④将自锁器按照使用说明书安装至导轨上,并与系带连接点连接。

⑤在自锁器测试挂点及系带连接点之间连接传感器。

⑥提升模拟人至自锁器可在导轨上自由滑动且距导轨顶端 300 mm,并使释放点至测试挂点的水平距离不大于 300 mm。

⑦释放模拟人,在模拟人处于悬吊状态下记录安全带冲击力峰值。

⑧待模拟人静止后观察并记录安全带情况,并记录系带在调节扣内的位移。

⑨测量伸展长度,记录时应去除传感器的连接长度。

⑩重新将模拟人头部吊环与释放装置连接,提升模拟人至自锁器可在导轨上自由滑动。

⑪卸载传感器,将自锁器测试挂点与系带连接点直接连接,并使释放点至测试挂点的水平距离不大于 300 mm。

⑫释放模拟人,待模拟人静止后观察并记录安全带情况。

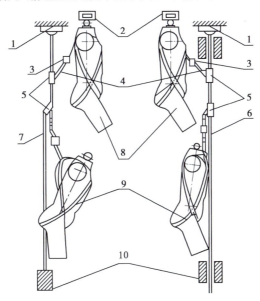

图 8.10　含自锁器的坠落悬挂用安全带首次冲击测试示例

1—测试结构;2—释放装置;3—传感器;4—测试挂点;5—自锁器;
6—刚性导轨;7—柔性导轨;8—模拟人;9—系带;10—导轨固定装置(如果有)

▶8.2.3　安全带的技术要求

1)一般要求

①安全带与身体接触的一面不应有突出物,结构应平滑。

②安全带不应使用回料或再生料,使用皮革不应有接缝。

③坠落悬挂安全带的安全绳同主带的连接点应固定于佩戴者的后背、后腰或胸前,不应位于腋下、腰侧或腹部。

④坠落悬挂安全带应带有一个足以装下连接器及安全绳的口袋。

⑤金属零件应浸塑或电镀以防锈蚀。

⑥金属环类零件不应使用焊接件,不应留有开口。

⑦连接器的活门应有保险功能,应在两个明确的动作下才能打开。

⑧在爆炸危险场所使用的安全带,应对其金属件进行防爆处理。

⑨主带扎紧扣应可靠,不能意外开启。

⑩主带应是整根,不能有接头。宽度不应小于 40 mm,辅带宽度不应小于 20 mm。

⑪腰带应和护腰带同时使用。

⑫安全绳(包括未展开的缓冲器)有效长度不应大于 2 m,有两根安全绳(包括未展开的缓冲器)的安全带,其单根有效长度不应大于 1.2 m。

⑬护腰带整体硬挺度不应小于腰带的硬挺度,宽度不应小于 80 mm,长度不应小于 600 mm,接触腰的一面应为柔软、吸汗、透气的材料。

2)基本技术性能

(1)围杆作业安全带

①整体静态负荷。围杆作业安全带应进行整体静态负荷测试,应满足下列要求:

a.整体静拉力不应小于 4.5 kN。不应出现织带撕裂、开线、金属件碎裂、连接器开启、绳断、金属件塑性变形、模拟人滑脱等现象。

b.安全带不应出现明显的不对称滑移或不对称变形。

c.模拟人的腋下、大腿内侧不应有金属件。

d.不应有任何部件压迫模拟人的喉部、外生殖器。

e.织带或绳在调节扣内的滑移不应大于 25 mm。

②整体滑落。围杆作业安全带按上述方法进行整体滑落测试,应满足下列要求:

a.不应出现织带撕裂、开线、金属件碎裂、连接器开启、带扣松脱、绳断、模拟人滑脱等现象。

b.安全带不应出现明显的不对称滑移或不对称变形。

c.模拟人悬吊在空中时,其腋下、大腿内侧不应有金属件。

d.模拟人悬吊在空中时,不应有任何部件压迫模拟人的喉部、外生殖器。

e.织带或绳在调节扣内的滑移不应大于 25 mm。

(2)区域限制安全带

区域限制安全带按上述方法进行整体静态负荷测试,应满足下列要求:

①整体静拉力不应小于 2 kN。

②不应出现织带撕裂、开线、金属件碎裂、连接器开启、绳断、金属件塑性变形等现象。

③安全带不应出现明显的不对称滑移或不对称变形。

④模拟人的腋下、大腿内侧不应有金属件。

⑤不应有任何部件压迫模拟人的喉部、外生殖器。

(3)坠落悬挂安全带

①整体静态负荷。坠落悬挂安全带按上述方法进行整体静态负荷测试,应满足下列要求:

a.整体静拉力不应小于 15 kN。

b.不应出现织带撕裂、开线、金属件碎裂、连接器开启、绳断、金属件塑性变形、模拟人滑脱、缓冲器(绳)断等现象。

c.安全带不应出现明显的不对称滑移或不对称变形。

d.模拟人的腋下、大腿内侧不应有金属件。

e.不应有任何部件压迫模拟人的喉部、外生殖器。

f.织带或绳在调节扣内的滑移不应大于 25 mm。

②整体动态负荷。坠落悬挂安全带及含自锁器、速差自控器、缓冲器的坠落悬挂安全带按上述方法进行整体动态负荷测试,应满足下列要求:

a.冲击作用力峰值不应大于 6 kN。

b.伸展长度或坠落距离不应大于产品标志的数值。

c.不应出现织带撕裂、开线、金属件碎裂、连接器开启、绳断、模拟人滑脱、缓冲器(绳)断等现象。

d.坠落停止后,模拟人悬吊在空中时不应出现模拟人头朝下的现象。

e.坠落停止后,安全带不应该出现明显的不对称滑移或不对称变形。

f.坠落停止后,模拟人悬吊在空中时不应有任何部件压迫模拟人的喉部、外生殖器。

g.坠落停止后,织带或绳在调节扣内的滑移不应大于 25 mm 。

对于有多个连接点或多条安全绳的安全带,应分别对每个连接点和每条安全绳进行整体动态负荷测试。

3)特殊技术性能

①产品标志声明的特殊性能仅适用于相应的特殊场所。

②具有特殊性能的安全带在满足特殊性能时,还应具有上述一般要求和基本技术性能。

③阻燃性能续燃时间不大于 5 s 。

④抗腐蚀性能。

▶8.2.4　检验规则

1)出厂检验

生产企业应按照生产批次对安全带逐批进行出厂检验。各测试项目、测试样本大小、不合格分类、判定数组见表8.6。

表8.6　出厂检验

测试项目	批量范围/条	单项检验样本大小/条	不合格分类	单项判定数组	
				合格判定数	不合格判定数
整体静态负荷	≤500	3	A	0	1
整体动态负荷	501~5 000	5		0	1
整体滑落测试					
零部件静态负荷					
零部件动态负荷					
零部件机械性能					

2)型式检验

有下列情况之一时需进行型式检验。

①新产品鉴定或老产品转厂生产的试制定型鉴定。

②当材料、工艺、结构设计发生变化时。

③停产超过一年后恢复生产时。

④周期检查,每年一次。

⑤出厂检验结果与上次型式检验结果有较大差异时。

⑥国家有关主管部门提出型式检验要求时。

⑦样本由提出检验的单位或委托第三方从企业出厂检验合格的产品中随机抽取,样品数量以满足全部测试项目要求为原则。

▶8.2.5 标志

安全带的标志由永久标志和产品说明组成。

1)永久标志

永久性标志应缝制在主带上,内容应包括:产品名称;本标准号;产品类别(围杆作业、区域限制或坠落悬挂);制造厂名;生产日期(年、月);伸展长度;产品的特殊技术性能(如果有);可更换的零部件(应符合相应标准的规定)。

可以更换的系带应有下列永久标记:产品名称及型号;相应标准号;产品类别(围杆作业、区域限制或坠落悬挂);制造厂名;生产日期(年、月)。

2)产品说明

每条安全带应配有一份说明书,随安全带送到佩戴者手中。其内容包括:

①安全带的适用和不适用对象。

②生产厂商的名称、地址、电话。

③整体报废或更换零部件的条件或要求。

④清洁、维护、储存的方法。

⑤穿戴方法。

⑥日常检查的方法和部位。

⑦安全带同挂点装置的连接方法(包括图示)。

⑧扎紧扣的使用方法或带在扎紧扣上的缠绕方式(包括图示)。

⑨系带扎紧程度。

⑩首次破坏负荷测试时间及以后的检查频次。

⑪声明"旧产品,当主带或安全绳的破坏负荷低于 15 kN 时,该批应报废或更换部件"。

⑫根据安全带的伸展长度、工作现场的安全空间、挂点位置判断应该是否可用的方法。

⑬本产品为合格品的声明。

▶8.2.6 安全带的使用方法

①在 2 m 以上的高处作业,都应系好安全带。必须有产品检验合格证明,否则不能使用。

②安全带应高挂低用,注意防止摆动碰撞。若安全带低拉高用,一旦发生坠落,将增加冲击力,增加坠落危险。使用 3 m 以上长绳应加缓冲器,内锁绳例外。

③安全带使用两年后,按批量购入情况抽检一次。若测试合格,则该批安全带可继续使用。对抽试过的样带,必须更换安全绳后才能继续使用。使用频繁的绳,要经常做外观检查,发现异常情况,应立即更换新绳。安全带的使用期限为 3~5 年,发现异常情况,应提前报废。

④不准将绳打结使用,也不准将钩直接挂在安全绳上使用,挂钩应该挂在连环上使用。

⑤安全绳的长度控制在 1.2~2 m,使用 3 m 以上的长绳应增加缓冲器。安全绳上的各种部件不得任意拆掉。更换新绳时要注意加绳套。

⑥缓冲器、速差式装置和自锁钩可以串联使用。

8.3 安全帽

▶8.3.1 安全帽的防护原理

安全帽是对人体头部受坠落物及其他特定因素引起的伤害起保护作用的作业用防护帽,由帽壳、帽衬和下颏带、附件组成。安全帽由具有一定强度的帽体、帽衬和缓冲结构构成,以承受和分散坠落物瞬间的冲击力,以便能使有害荷载分布在头盖骨的整个面积上,即头与帽和帽顶的空间位置共同构成吸收分流,以保护使用者头部,避免或减轻外来冲击力的伤害。另外,戴安全帽后由一定的高度坠落,若头部先着地而帽不脱落,还能避免或减轻头部撞击伤害。

▶8.3.2 安全帽的构造与分类

1)安全帽的构造

安全帽涉及的国家标准有《头部防护　安全帽》(GB 2811—2019)及《安全帽测试方法》(GB/T 2812—2006)。其构造如下:

①帽壳:安全帽外表面的组成部分,由帽舌、帽沿、顶筋组成。帽舌是帽壳前部伸出的部分;帽沿是帽壳上除帽舌以外帽壳周围其他伸出的部分;顶筋是用来增强帽壳顶部强度的结构。

②帽衬:帽壳内部部件的总称,由帽箍、吸汗带、缓冲垫、衬带等组成。帽箍是绕头围起固定作用的带圈,包括调节带圈大小的结构;吸汗带是附加在帽箍上的吸汗材料;缓冲垫是设置在帽箍和帽壳之间吸收冲击能力的部件;衬带是与头顶直接接触的带子。

③下颏带:系在下巴上起辅助固定作用的带子,由系带、锁紧卡组成。锁紧卡是调节与固定系带有效长短的零部件。

④附件:附加于安全帽的装置,包括眼面部防护装置、耳部防护装置、主动降温装置、电感应装置、颈部防护装置、照明装置、警示标志等。

2)安全帽的分类

安全帽可按不同材料、外形、作业场所进行分类。

(1)按材料分类

①工程塑料:工程塑料主要分热塑性材料和热固性材料两大类,主要用来制作安全帽帽壳、帽衬等。制作帽箍所用的材料,当加入其他增塑剂、着色剂等材料时,要注意这些成分有无毒性,不要引起皮肤过敏或发炎。应用在煤矿瓦斯矿井使用的塑料帽,应加防静电剂。热固性材料可以和玻璃丝、维纶丝混合压制而成。

②橡胶料:分天然橡胶和合成橡胶。不能用废胶和再生胶。

③纸胶料:用木浆等原料调制。

④防寒帽用料:防寒帽帽壳可用工程塑料制成,面料可用棉织品、化纤制品、羊剪绒、长毛绒、皮革、人造革、毛料等。帽衬里可用色织布、绒布、毛料等。

⑤帽衬带用料为棉、化纤;帽衬和顶带拴绳用料为棉绳、化纤绳或棉、化纤混合绳;下放带

用料为棉织带或化纤带。

（2）按外形分类

按外形分类，可分为无沿、小沿、卷边、中沿、大沿等。

（3）按作业场所分类

按作业场所分类，可分为普通安全帽和含特殊性能的安全帽。Y 表示一般作业类别的安全帽；T 表示特殊作业类别的安全帽。

普通安全帽适用于大部分工作场所，包括建设工地、工厂、电厂、交通运输等。这些场所可能存在坠落物伤害、轻微磕碰、飞溅的小物品引起的打击等。

含特殊性能的安全帽可作为普通安全帽使用，具有普通安全帽的所有性能。特殊性能可以按照不同组合，适用于特定的场所。按照特殊性能的种类，其对应的工作场所包括：

①抗侧压性能。指适用于可能发生侧向挤压的场所，包括可能发生塌方、滑坡的场所；存在可预见的翻倒物体；可能发生速度较低的冲撞场所。

②其他性能。其他性能要求如阻燃性、防静电性能、绝缘性能、耐低温性能，以及根据工作实际情况可能存在的特殊性能，包括摔倒及跌落的保护，导电性能，防高压电性能，耐超低温、耐极高温性能，抗熔融金属性能等。

▶8.3.3　安全帽主要规格要求

1）一般要求

①帽箍可根据安全帽标志中明示的适用头围尺寸进行调整。

②帽箍对应前额的区域应有吸汗性织物或增加吸汗带，吸汗带宽度应大于或等于帽箍的宽度。

③系带应采用软质纺织物，使用宽度不小于 10 mm 的带或直径不小于 5 mm 的绳。

④不得使用有毒、有害或引起皮肤过敏等对人体伤害的材料。

⑤材料耐老化性能不应低于产品标志明示的日期，正常使用的安全帽在使用期内不能因材料原因导致其性能低于标准要求。所有使用的材料应具有相应的预期寿命。

⑥当安全帽配有附件时，应保证正常佩戴时的稳定性，应不影响正常防护功能。

⑦质量：普通安全帽不超过 430 g，特殊型安全帽不超过 600 g。

⑧帽壳内部尺寸：长为 195～250 mm，宽为 170～220 mm，高为 120～150 mm。

⑨帽舌为小于等于 70 mm；帽沿小于等于 70 mm。

⑩佩戴高度：指安全帽在佩戴时，帽箍底部至头顶最高点的轴向距离。按照 GB/T 2812 规定的方法测量，佩戴高度应大于等于 80 mm。

⑪垂直间距：指安全帽在佩戴时，头顶最高点与帽壳内表面之间的轴向距离（不包括顶筋的空间）。按照 GB/T 2812 中规定的方法测量，垂直间距应小于等于 50 mm。

⑫水平间距：安全帽在佩戴时，帽箍与帽壳内侧之间在水平面上的径向距离应大于等于 6 m，以避免外来冲击时头部两侧与帽壳直接接触。

2）基本技术性能

①冲击吸收性能。经高温、低温、浸水、紫外线照射预处理后做冲击测试，要求传递到头模上的力不超过 4 900 N，帽壳不得有碎片脱落。参见本书 8.3.6 中第 9）条冲击吸收性能测试。

②耐穿刺性能。经高温、低温、浸水、紫外线照射预处理后做穿刺测试，要求钢锥不得接

触头模表面,帽壳不得有碎片脱落。参见本书8.3.6中第10)条耐穿刺性能测试。

③下颏带的强度。按照本书8.3.6中第11)条做下颏带的强度测试,下颏带发生破坏时的力值应为150~250 N。

3)特殊技术性能

产品标志中所声明的安全帽具有的特殊性能,仅适用于相应的特殊场所。

①侧向刚性。按照本书8.3.6中第12)条侧向刚性测试方法进行测试,要求最大变形不超过40 mm,残余变形不超过15 mm,帽壳不得有碎片脱落。

②其他性能。包括防静电性能、电绝缘性能、阻燃性能以及耐低温性能等,建筑施工中通常较少用到,其测试与合格标准参照《安全帽测试方法》(GB/T 2812—2006)。

▶8.3.4 安全帽的检验

1)安全帽的检验样品

①检验样品应符合产品标志的描述,零件齐全,功能有效。

表8.7 安全帽检验项目

性能类别	检验项目	性能类别	检验项目
基本性能	高温(50 ℃)处理后冲击吸收性能	基本性能	外观结构及尺寸
	低温(−10 ℃)处理后冲击吸收性能		下颏带强度检验
	技术处理后冲击吸收性能	特殊性能	阻燃性能
	辐照处理后冲击吸收性能		侧向刚性
	高温(50 ℃)处理后耐穿刺性能		防静电性能
	低温(−10 ℃)处理后耐穿刺性能		电绝缘性能
	辐照处理后耐穿刺性能		低温(−20 ℃)处理后冲击吸收性能
	浸水处理后耐穿刺性能		低温(−20 ℃)处理后耐穿刺性能

表8.8 出厂检验样本大小、不合格分类、判定组数

检验项目	批量范围	单项检验样本大小	不合格分类	单项判定数组	
				合格判定数	不合格判定数
冲击吸收性能、耐穿刺性能、电绝缘性能、侧向刚性、阻燃性能、防静电性能、垂直间距、佩戴高度、标志	<500	3	A	0	1
	501~5 000	5		0	1
	5 001~50 000	8		0	1
	≥50 001	13		1	2
质量、水平间距、帽壳、内突出物、下颏带强度、通气孔设置	<500	3	B	1	2
	501~5 000	5		1	2
	5 001~50 000	8		1	2
	≥50 001	13		2	3

续表

检验项目	批量范围	单项检验样本大小	不合格分类	单项判定数组	
				合格判定数	不合格判定数
帽舌尺寸、帽沿、帽壳内部尺寸、吸汗带要求、系带的要求	<500	3	C	1	2
	501~5 000	5		1	2
	5 001~50 000	8		2	3
	≥50 001	13		2	3

②检验样品的数量应根据检验的要求确定,表 8.7 规定的检验项目最小检验数量均为 1 顶。

③非破坏性检验可以同破坏性检验共用样品,不另外增加样品数量。

④检验样品应在最终生产工序完成后在普通大气环境中至少平衡 3 天。

2)安全帽的检验类别

检验类别分为出厂检验、型式检验、进货检验三类。

3)出厂检验

生产企业应逐批进行出厂检验。检查批量以一次生产投料为一批次,最大批量应小于 8 万顶。各项检验样本大小、不合格分类、判定数组见表 8.8。

4)型式检验

①有下列情况时需进行型式检验:

a.新产品鉴定;

b.当配方、工艺、结构发生变化时;

c.停产一定周期后恢复生产时;

d.周期检查,每年一次;

e.出厂检验结果与上次型式检验结果有较大差异时。

②型式检验样本数量根据检验项目的要求,按照表 8.7 的规定执行。

③样本由提出检验的单位或委托第三方从逐批检查合格的产品中随机抽取。判别水平、不合格质量标准、判定数组数见表 8.9。

表 8.9 型式检验样本数量、判别标准、不合格质量水平的判定数组

判别水平	合格类别	不合格质量水平	合格判定数	不合格判定数
		RQL	Ac	Re
Ⅱ	A	50	0	1
	B	50	1	2
	C	50	2	3

5)进货检验

进货单位按批量对冲击吸收性能、耐穿刺性能、垂直间距、佩戴高度、标志及标志中声明

的符合8.3.6的技术性能或相关方约定的项目进行检测,无检验能力的单位应到有资质的第三方实验室进行检验。样本大小按表8.10执行,检验项目必须全部合格。

表8.10 进货样本检验

批量范围	<500	≥501~5 000	≥5 001~50 000	≥50 000
样本大小	1×n	2×n	3×n	4×n

▶8.3.5 安全帽的标志

每顶安全帽的标志都由永久标志和产品说明组成。

1)永久标志

永久标志是指刻印、缝制、铆标牌、模压或注塑在帽壳上的永久标志,包括:本标准编号;制造厂名;产品名称(由生产厂命名);生产日期(年、月);产品的特殊技术性能(如果有)。

2)产品说明

每个安全帽均要附加一个含有下列内容的说明材料,可以使用印刷品、图册或耐磨不干胶贴等形式,提供给最终使用者,必须包括:

①声明"为充分发挥保护力,安全帽佩戴时必须按头围的大小调整帽箍并系紧下颏带。安全帽在经受严重冲击后,即使没有明显损坏也必须更换。除非按制造商的建议进行,否则对安全帽配件进行的任何改造和更换都会给使用者带来危险"。

②是否可以改装的声明;是否可以在外表面涂敷油漆、溶剂、不干胶贴的声明。

③制造商的名称、地址和联系资料。

④本产品为合格品的声明及资料。

⑤适用和不适用场所。

⑥适用头围的大小。

⑦调整、装配、使用、清洁、消毒、维护、保养和储存方面的说明和建议。

⑧使用的附件和备件(如果有)的详细说明;安全帽的报废判别条件和保质期限。

▶8.3.6 安全帽的技术要求与试验方法

1)测试样品

测试样品应符合产品标志的描述,附件齐全,功能有效。

测试样品数量应根据测试的具体要求确定,最小数量应满足表8.8的要求。

2)预处理

被测试样品应在测试室放置3 h以上,然后分别按照规定进行预处理,特别声明的除外。

3)测试设备

①温度调节箱。温度调节箱内的温度应在(50±2)℃、(-10±2)℃或(-20±2)℃范围内可控制,箱内温度应均匀,温度的调节可以准确到1℃,应保证安全帽在箱体内不接触其内壁。

②紫外线照射箱。紫外线照射箱内应有足够的空间,保证安全帽被摆放在均匀辐照区域内,并保证安全帽不触及箱体的内壁。可采用紫外线照射(A法)和氙气灯照射(B法)两种

方法。

a.紫外线照射:应保证帽顶最高点至灯泡距离为(150±5)mm;正常工作时间内箱体温度不超过 60 ℃,灯泡为 450 W 的短脉冲高压氙气灯,推荐的型号为 XBO-450W/4 或 CSX-450W/4。

b.氙气照射:每灯波长在 280~800 nm 内的辐射能可测量;黑板温度(70±3)℃;相对湿度 50%±5%;喷水或喷雾周期每隔 102 min 喷水 18 min。

③水槽应有足够体积使安全帽浸没在水中,应保证水温在(20±2)℃ 范围内可控制。

4)测试顺序

测试应先做无损检测,后做破坏性测试。同一顶帽子应按照图8.11的次序进行测试。

图 8.11 安全帽测试顺序

5)测试环境

测试环境温度应为(20±2)℃,相对湿度为 50%±20%,安全帽应在脱离预处理环境 30 s 内完成测试。

6)头模

GB/T 2812—2006 附录 A 提供了测试用头模的要求,分为 1 号头模和 2 号头模两种。材质为镁合金或铝的主体加配重组成,质量为(5.0±0.1)kg。应按照佩戴高度的大小选择头模的型号,佩戴高度≤85 mm 时,选择 1 号头模;佩戴高度>85 mm 时,选择 2 号头模。

7)佩戴高度测量

(1)测试装置

装置为一个带有测量标尺的 1 号头模,以头模顶点为 0 刻度、向下延伸的高度距离为(1±0.5)mm 的等高线,刻度准确到 1 mm,应同时保证相邻 5 条等高线的距离为(5±0.08)mm。

(2)检验方法

将安全帽正常戴到头模上,安全帽侧面帽箍底边与头模对应的标尺刻度即为佩戴高度,记录测量值准确到 1 mm。

8)垂直间距测量

使用标准的头模,将安全帽正常佩戴在头模上,帽壳短轴边缘上点与头模对应的标尺刻度为 X_1,将安全帽去掉帽衬后放在同一头模上,帽壳边缘同一点与头模对应的标尺刻度为 X_2,计算 X_2 与 X_1 的差值即为垂直间距,记录测量值准确到 1 mm。

9)冲击吸收性能测试

(1)预处理

①调温处理。安全帽分别在(50±2)℃、(-10±2)℃ 或(-20±2)℃ 的温度调节箱中放置 3 h。

②紫外线照射预处理。紫外线照射预处理应优先采用 A 法,当用户要求或有其他必要时

可采用 B 法。

采用紫外线照射(A 法)时,安全帽应在紫外线照射箱中照射(400±4)h,取出后在实验室环境中放置 4 h。采用氙气灯照射(B 法)时,累计接受波长(280~800)mm 的辐射能量为 1 GJ／㎡时,试验周期不少于 4 d。

③浸水处理。安全帽应在温度(20±2)℃的新鲜自来水槽里完全浸泡 24 h。

(2)测试装置

测试装置示意图见图8.12。

(3)测试装置中各部件的要求

①基座。应为质量不少于 500 kg 的混凝土材料。

②头模。应符合 GB/T 2812—2006 附录 A 的规定。

③台架。能够控制提升、悬挂和释放冲击落锤。

④落锤。质量为(50+0.05)kg,锤头为半球形,半径为 48 mm ,材质为 45 号钢,外形对称均匀。

⑤测力传感器。测量范围为 0~20 kN、频率响应最小为 5 kHz 的动态力传感器。

⑥底座。具有抗冲击强度,能牢固安装测力传感器。

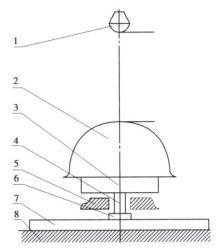

图 8.12　冲击测试装置示意图

1—落锤;2—安全帽;3—头模;4—过渡轴;
5—支架;6—传感器;7—底座;8—基座

⑦数据处理装置。

(4)测量精度

测量精度要求为全量程范围内±2.5%。

(5)测试方法

根据安全帽的佩戴高度选择合适的头模,按照安全帽的说明书调整安全帽到正常使用状态,将安全帽正常佩戴在头模上,保证帽箍与头模的接触为自然状态且稳定。调整落锤的轴线与传感器的轴线重合,调整落锤的高度为(1 000±5)mm。如果使用带导向的落锤系统,在测试前应验证 60 mm 高度下落末速度与自由下落末速度相差不超过 0.5%。依次对经浸水、高温、低温、紫外线照射预处理的安全帽进行测试。记录冲击力值,准确到 1 N。

10)耐穿刺性能测试

(1)预处理

同冲击吸收性能测试。

(2)测试装置

测试装置示意图见图8.13。

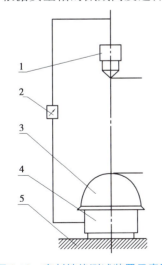

图 8.13　穿刺性能测试装置示意图

1—穿刺锥;2—通电显示装置;3—安全帽;
4—头模;5—基座

(3)测试装置中各部件的要求

①基座。应为质量不少于 500 kg 的混凝土材料。

②头模。应符合 GB/T 2812—2006 附录 A 的规定。

头模上部分表面由金属制成,受到撞击后应可以修复。

③台架。能够控制提升、悬挂和释放穿刺落锤。

④穿刺锥。材质为 45 号钢,质量为(30+0.05)kg。穿刺部分为:锥角 60°,锥尖半径 0.5 mm,长度 40 mm,最大直径 28 mm,硬度 HRC45。

⑤通电显示装置。当电路形成闭合回路时可以发出信号,表示锥尖已经接触头模。

(4)测试方法

根据安全帽的佩戴高度选择合适的头模,按安全帽的说明书调整安全帽到正常使用状态,将安全帽正常佩戴在头模上,保证帽箍与头模的接触为自然状态且稳定。调整穿刺锥的轴线,使其穿过安全帽帽顶中心直径 100 mm 范围内结构最薄弱处,调整穿刺锥尖至帽顶接触点的高度为(1 000±5)mm。如果使用带导向的落锤系统,在测试前应验证 60 mm 高度下落末速度与自由下落末速度相差不超过 0.5%。依次对经高温、低温、浸水、紫外线照射预处理的安全帽进行测试。观察通电显示装置和安全帽的破坏情况,记录穿刺结果。

11)下颏带强度测试

(1)测试装置

测试装置由头模、支架、人造下颏和试验机组成,如图 8.14 所示。

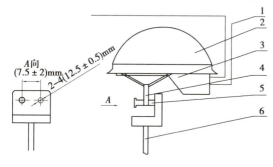

图 8.14　下颏带性能测试装置示意图

1—上支架;2—安全帽;3—头模;
4—下颏带;5—轴;6—下支架

(2)测试装置中各部件的要求

①头模。一个带有稳定支撑、能与人造下颏组合使用的模拟头模,质量大小可以不考虑,与帽衬接触的外形部分参照 GB/T 2812—2006 附录 A 的规定选用 1 号头模。

②人造下颏。由两个直径为(12.5±0.5)mm、互相平行且轴线的距离为(75±2)mm 的刚性轴,固定在一个刚性的支架上与试验机相接。

③精度。试验机精度为±1%。

(3)试验方法

将一个经过穿刺测试的安全帽正常佩戴在头模上,将下颏带穿过人造下颏的两个轴系紧,以(150±10)N/min 的速度加荷载至 150 N,然后以(20±2)N/min 的速度连续施加荷载,直到下颏带断开或松懈时为止,记录最大荷载,精确到 1 N。

当上下支架分离位移超过该安全帽的佩戴高度,即视为下颏带松懈。

12)侧向刚性测试

(1)测试装置

测试装置由万能材料试验机和两个直径为 100 mm 的金属平板组成。万能材料试验机的测试精度为±1%,金属平板硬度为 HRC45。

(2)测试方法

将安全帽侧向放在两平板之间,帽沿在外并尽可能靠近平板,测试机通过平板向安全帽加压。在平板的垂直方向施加 30 N 的力,并保持 30 s,记录此时平板间的距离为 Y_1;然后以

100 N/min 的速度加载直至 430 N,保持 30 s,记录此时平板的间距为 Y_2;以100 N/min的速度将荷载降至 25 N,然后立即以100 N/min 的速度加载直至 30 N,保持 30 s,记录此时平板的间距为 Y_3。测量值应精确到 1 mm,并记录可能出现的破坏现象。Y_1 与 Y_2 的差值为最大变形值,Y_1 与 Y_3 的差值为残余变形值。试验示意图如图 8.15 所示。

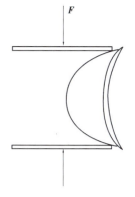

图 8.15　侧向刚性试验示意图

13)其他测试

其他测试如防静电性能测试、电绝缘性能测试、阻燃性能测试等,参见《安全帽测试方法》(GB/T 2812—2006)。

▶8.3.7　安全帽的使用方法

安全帽是建筑施工现场有效保护头部、减轻各种事故伤害、保证生命安全的主要防护用品。大量的事实证明,正确佩戴安全帽可以有效降低施工现场的事故发生频率,有很多事故都是因为进入施工现场的人不戴安全帽或不正确佩戴安全帽而引起的。正确佩戴安全帽的方法如下:

①帽衬顶端与帽壳内顶必须保持 25~50 mm 的空间。有了这个空间,才能有效地吸收冲击能量,使冲击力分布在头盖骨的整个面积上,减轻对头部的伤害。

②必须系好下颏带,戴紧安全帽,如果不系紧下颏带,一旦发生物体坠落打击事故,安全帽将离开头部,导致发生严重后果。

③安全帽必须戴正。如果戴歪了,一旦头部受到打击,就不能减轻对头部的打击。

④安全帽要定期检查。由于帽子在使用过程中会逐渐损坏,所以要定期进行检查。发现帽体开裂、下凹、裂痕和磨损等情况应及时更换,不得使用有缺陷的帽子。由于帽体材料具有硬化、变脆的性质,故在气候炎热、阳光长期直接曝晒的地区,塑料帽定期检查的时间要适当缩短。另外,由于汗水浸湿而使帽衬损坏的帽子要立即更换。

⑤不要为了透气而随便在帽壳上开孔,因为这样会使帽体强度显著降低。

⑥要选购经有关技术监督管理部门检验合格的产品,要有合格证及生产许可证,严禁选购无证产品、不合格产品。

⑦进入施工现场的所有作业人员必须正确佩戴安全帽,包括技术管理人员、检查人员和参观人员。

8.4　其他个人防护用品

根据对人体的伤害情况,以保护为目的而制作的劳动保护用品可以分为两类:一类是保护人体由于受到急性伤害而使用的保护用品;另一类是保护人体由于受到慢性伤害而使用的保护用品。为了防护这两种伤害,建筑工地除经常使用的安全带、安全帽外,主要还有以下个人防护用品:

1)眼面部防护用品

眼面部的防护在劳动保护中占有很重要的地位,其功能是防止生产过程中产生的物质飞逸颗粒、火花、液体飞沫、热流、耀眼的光束、烟雾、熔融金属和有害射线等给人的眼睛和面部造成伤害。眼面部护具根据防护对象的不同,可分为防冲击眼面部护具、防辐射眼面部护具、防有害液体飞溅眼面部护具和防烟尘眼面部护具等。而每类眼面部护具,根据其结构形式一般又可分为防护眼镜、防护眼罩和防护面罩几种。

（1）防冲击眼面部护具

防冲击眼面部护具主要用来预防工厂、矿山及其他作业场所中,铁、灰砂和碎石等物可能引起的眼、面部击伤。防冲击眼面部护具分为防护目镜、眼罩和面罩三类。

防冲击眼面部护具,应具有良好的抗高强度冲击性能和抗高速粒子冲击性能,此外,还应满足一定的耐热性能和耐腐蚀要求。透光部分应满足规定的视野要求,镜片应具有良好的光学性能。镜片的材料通常可为塑胶片、粘合片或经强化处理的玻璃片。在结构上,眼部护具应做到:一方面既能防护正面,又能防护侧面的飞击物;另一方面还要具有良好的透气性。在外观的质量上,要求表面光滑,无毛刺、锐角和可能引起眼部或面部不舒适感的其他缺陷。

（2）防辐射眼面部护具

防辐射眼面部护具,主要用来抵御、防护生产中有害的红外线、紫外线、耀眼可见光线及焊接过程中的金属飞溅物等对眼面部的伤害。

防辐射眼面部护具分护目和防护面罩两大类。护目镜仅能对眼部进行防护,而防护面罩既可保护眼部,又能对面部进行防护。防护面罩上设有观察窗,观察窗上装有护目镜片,以便于操作过程中的观察。对于这两类防辐射眼面护具,应按不同的防护目的和使用场所适当选择。

对于防辐射类眼面部护具,我国已颁发《职业眼面部防护　焊接防护第1部分:焊接防护具》(GB/T 3609.1—2008)。标准规定,用于焊接作业的眼面护具分为两大类7种形式:一类是护目镜类,分为普通眼镜式、前挂镜式和防侧光镜式3种;另一类是面罩类,分为手持式、头戴式、安全帽式和安全帽前挂镜片式4种。

眼面护具的镜片在防护中起着关键作用,对于防辐射线眼面护具的镜片,既要求它保证规定的视力,以便使用者进行作业,又要求它对辐射线有充分的阻挡作用,以避免或减少对使用者眼面部的伤害。为此,国家标准对护具滤光镜的遮光能力规定了技术要求,要求滤光片既能透过适当的可见光,又能将紫外线和红外线减弱到标准允许值以下。标准中根据可见光的透光率,将滤光片编为不同的遮光号,同时,对每种遮光号的滤光片的紫外线透光率和红外线透光率规定了允许值。

根据防护作用原理的不同,滤光片可分为吸收式、反射式、吸收-反射式、光化学反应式和光电式等几类,可分别通过吸收、反射或吸收-反射等方式将有害的辐射线除掉,使之不能进入眼部,达到保护目的。

对滤光片,除上述的遮光能力要求外,还在光学性质(平行度、屈光度)和颜色、耐紫外线照射的稳定性和强度等方面均应达到一定的标准。护具的镜架或面罩应具有良好的耐热、耐燃烧和耐腐蚀性能,以满足焊接作业高温环境的要求。

（3）防有害液体飞溅眼面部护具

防有害液体的眼面护具,主要用来防止酸、碱等液体及其他危险液体或化学药品对眼面部的伤害。护具应采用耐腐蚀的材料制成,透光部分的镜片可采用普通玻璃制作。

（4）防烟、尘眼面部护具

防烟、尘眼面部护具,主要用来防止灰尘、烟雾和有毒气体对眼面部的伤害。要求这种护具对眼部的防护必须严密封闭,以防灰尘、烟雾或毒气侵入眼部。当需要同时对呼吸道进行防护时,可与防尘口罩或防毒口罩一起使用,也可以采用防毒面具。

2)防触电的绝缘手套和绝缘鞋

为了防止触电,在电气作业和操作手持电动工具时,必须戴橡胶手套或穿上带橡胶底的绝缘鞋。橡胶手套和橡胶底鞋的厚度应根据电压的高低来选择。

3)防尘的自吸过滤式口罩

防尘的自吸过滤式口罩在某些建筑工地经常使用,主要是通过各种过滤材料制作的口罩,过滤被灰尘、有毒物质污染了的空气,净化后供人呼吸。

思考题

1.建筑"三宝"是指什么？各有什么作用？
2.安全网的主要构造和分类有哪几种？
3.对安全网的测试分为哪几个内容？
4.安全带的使用规定主要有哪些？
5.对安全帽的测试内容主要有哪些？

建筑施工安全事故调查与处理

[本章学习目标]

　　本章介绍了建筑施工生产安全事故的分类和等级,以及在安全事故发生后,现场人员应该执行的报告制度;全面介绍了对于事故的调查处理工作,包含从成立调查小组、现场查勘、分析事故原因直至事故审理和结案的全过程;并根据国家法规,对涉及生产安全事故的责任人和责任单位可能面临的处罚进行了介绍。通过本章的学习,应达到以下学习目标:

　　1.了解:安全事故发生后,现场人员应当采取的措施和报告规定;

　　2.了解:安全事故处理的整个流程和要求;

　　3.了解:安全事故责任人和责任单位的处罚措施。

[工程实例导入]

　　2007年4月27日,青海省西宁市某公司基地边坡支护工程施工现场发生一起坍塌事故,造成3人死亡、1人轻伤,直接经济损失60万元。事故发生后,西宁市政府成立了事故调查处理小组。经调查,该事故主要原因是施工单位在没有进行地质灾害危险性评估的情况下盲目施工,也没有根据现场的地质情况采取有针对性的防护措施,违反了自上而下分层修坡、分层施工的工艺流程,从而导致了事故的发生。而建设单位和监理单位也存在着未做地质灾害性评估和现场监督不严的次要责任。

　　根据事故调查和责任认定,对有关责任方作出以下处理:项目经理、现场监理工程师等责任人分别受到撤职、吊销执业资格等行政处罚;施工、监理等单位分别受到资质降级、暂扣安全生产许可证等行政处罚。

　　安全生产事故的发生,不仅给国家和人民生命财产带来严重损失,也造成重大的社会影响。对安全事故的处理,不仅是对当事责任人和责任单位的处理和处罚,更是所有建筑从业人员应吸取的经验和教训。

9.1 建筑施工生产安全事故的分类和等级

为了减少生产安全事故损失,缩小事故不良影响,尽力抢救和保护员工生命和国家、集体财产,查清事故原因,吸取教训,降低生产安全事故发生频率,有关单位和人员必须遵照执行国务院《生产安全事故报告和调查处理条例》(国务院令第493号)和建设部《关于进一步规范房屋建筑和市政工程生产安全事故报告和调查处理工作的若干意见》(建质〔2007〕257号)的规定,做好建筑施工生产安全事故的报告和调查处理。

建设主管部门按照各级人民政府授权或委托,负责组织事故调查组对事故进行调查。生产安全事故调查与处理应当坚持实事求是、尊重科学的原则,及时、准确地查清事故经过、事故原因和事故损失,查明事故性质,认定事故责任,总结事故教训,提出整改措施,并对事故责任者提出处理意见。任何单位和个人不得阻挠和干涉对事故的报告和依法调查处理。

▶9.1.1 伤亡事故类别

根据多年来对全国建筑施工生产安全事故的分析,建筑施工生产安全事故的类型主要有7种主要类型,包括高处坠落、物体打击、起重伤害、机械伤害、触电、施工坍塌和中毒。

▶9.1.2 伤亡事故等级

1)按伤害程度分类

根据《企业职工伤亡事故报告和处理规定》,按照事故的伤害程度,可分为轻伤事故、重伤事故、死亡事故。

2)按事故伤亡人数与经济损失程度分类

根据国务院《生产安全事故报告和调查处理条例》,按生产安全事故造成的人员伤亡或者直接经济损失,分为以下4个等级:

①特别重大事故——造成30人以上死亡,或者100人以上重伤(包括急性工业中毒,下同),或者1亿元以上直接经济损失的事故。

②重大事故——造成10人以上30人以下死亡,或者50人以上100人以下重伤,或者5 000万元以上1亿元以下直接经济损失的事故。

③较大事故——造成3人以上10人以下死亡,或者10人以上50人以下重伤,或者1 000万元以上5 000万元以下直接经济损失的事故。

④一般事故——造成3人以下死亡,或者10人以下重伤,或者100万元以上1 000万元以下直接经济损失的事故。

事故等级所称的"以上"包括本数,所称的"以下"不包括本数。

9.2　生产安全事故的调查

▶9.2.1　生产安全事故的报告

①事故发生后,事故现场有关人员应当立即向本单位负责人报告。单位负责人接到报告后,若属死亡事故或上述4个等级事故,应当于1小时内向事故发生地县级以上人民政府建设主管部门和负有安全生产监督管理职责的有关部门报告。情况紧急时,事故现场有关人员可以直接向事故发生地县级以上人民政府建设主管部门和负有安全生产监督管理职责的有关部门报告。

实行施工总承包的建设工程,由总承包单位负责上报事故。发生死亡或上述4个等级事故的企业,应当保护事故现场并迅速采取必要措施抢救人员和财产,排除险情,防止事故扩大。

②建设主管部门和负有安全生产监督管理职责的有关部门接到有关死亡事故或重大事故报告后,应当依照《生产安全事故报告和调查处理条例》规定上报事故情况,并通知公安机关、劳动保障部门、工会和人民检察院。

③事故发生后,事故报告应当及时、准确、完整,任何单位和个人对事故不得迟报、漏报、谎报或者瞒报。报告事故应当包括下列内容:

a.事故发生单位和工程项目。

b.事故发生的时间、地点以及事故现场情况。

c.事故的简要经过。

d.事故已经造成或者可能造成的伤亡人数(包括下落不明的人数)。

e.事故初步估计的直接经济损失。

f.事故的初步原因。

g.已经采取的措施。

h.其他应当报告的情况。

▶9.2.2　生产安全事故的现场处理

在事故发生后,除了立即按规定进行上报,有条件的现场还应迅速抢救伤员,保护好事故现场,并采取一切可能的措施尽量防止损失扩大。

事故发生后,现场人员不要惊慌失措,要有组织、有指挥,首先抢救伤员和排除险情,防止事故蔓延扩大。同时,为了事故调查分析需要,现场人员都有责任保护好事故现场。因抢救伤员和排险而必须移动现场物件时,要作出标记。

事故现场是提供有关物证的主要场所,是调查事故原因不可缺少的客观条件,必须要严加保护。要求现场各种物件的位置、颜色、形状及其物理、化学性质等尽可能保持事故结束时的原来状态,必须采取一切可能的措施,防止人为或自然因素的破坏。清理事故现场应在调查组确认无证可取并充分记录后方可进行。不得借口恢复生产,擅自处理现场从而掩盖事故真相。

▶9.2.3　**组织生产安全事故的调查组**

接到事故报告后的单位负责人,应立即赶赴现场帮助组织抢救。特别重大事故由国务院或者国务院授权有关部门组织事故调查组进行调查。重大事故、较大事故、一般事故分别由事故发生地省级人民政府、设区的市级人民政府、县级人民政府负责调查。省级人民政府、设区的市级人民政府、县级人民政府可以直接组织事故调查组进行调查,也可以授权或者委托有关部门组织事故调查组进行调查。未造成人员伤亡的一般事故,县级人民政府也可以委托事故发生单位组织事故调查组进行调查,由企业负责人或其指定人员组织生产、技术、安全等有关人员以及工会成员迅速组成事故调查组,开展调查。上级人民政府认为必要时,可以调查由下级人民政府负责调查的事故。特别重大事故以下等级事故,事故发生地与事故发生单位不在同一个县级以上行政区域的,由事故发生地人民政府负责调查,事故发生单位所在地人民政府应当派人参加。

事故调查组的组成应当遵循精简、高效的原则。根据事故的具体情况,事故调查组由有关人民政府、安全生产监督管理部门、负有安全生产监督管理职责的有关部门、监察机关、公安机关以及工会派人组成,并应当邀请人民检察院派人参加。事故调查组可以聘请有关专家参与调查,事故调查组成员应当具有事故调查所需要的知识和专长,并与所调查的事故没有直接利害关系。事故调查组组长由负责事故调查的人民政府指定,事故调查组组长主持事故调查组的工作。

事故调查组有权向有关单位和个人了解与事故有关的情况,并要求其提供相关文件、资料,有关单位和个人不得拒绝。事故发生单位的负责人和有关人员在事故调查期间不得擅离职守,并应随时接受事故调查组的询问,如实提供有关情况。事故调查中发现涉嫌犯罪的,事故调查组应当及时将有关材料或者复印件移交司法机关处理。

▶9.2.4　**生产安全事故的现场勘察**

事故发生后,调查组必须要到现场进行勘察。现场勘察是技术性很强的工作,涉及广泛的科技知识和实践经验,对事故的现场勘察必须及时、全面、细致、客观。现场勘察的主要内容如下:

1)做笔录

①发生事故的时间、地点、气象情况等。

②现场勘察人员的姓名、单位和职务。

③现场勘察起止时间、勘察过程。

④能量逸散所造成的破坏情况、状态和程度等。

⑤设备损坏或异常情况及事故前后的位置。

⑥事故发生前劳动组合、现场人员的位置和行动。

⑦现场物件散落情况。

⑧重要物证的特征、位置及检验情况等。

2)现场拍照

①方位拍照,要能反映事故现场在周围环境中的位置。

②全面拍照,要能反映事故现场各部分之间的联系。

③中心拍照,反映事故现场中心情况。

④细节拍照,揭示事故直接原因的痕迹物、致害物等。

⑤人体拍照,反映伤亡者主要受伤和造成死亡伤害的部位。

3)现场绘图

根据事故类别和规模以及调查工作的需要,应绘出下列示意图:

①建筑物平面图、剖面图。

②事故发生时人员位置及疏散(活动)图。

③破坏物立体图或展开图。

④涉及范围图。

⑤设备或工、器具构造简图等。

▶9.2.5 分析事故原因

通过充分的调查,查明事故经过,弄清造成事故的各种因素(包括人、物、生产管理和技术管理等方面的问题),通过认真分析事故原因,从中吸取教训,采取相应措施,防止类似事故重复发生,这是事故调查分析的宗旨。

1)建筑施工事故原因分类

对建设工程施工事故发生原因进行分析时,应判断出直接原因、间接原因和主要原因。

①直接原因。根据《企业职工伤亡事故分类标准》(GB 6441—86),直接导致伤亡事故发生的机械、物质和环境的不安全状态及人的不安全行为是事故的直接原因。

②间接原因。事故中属于技术和设计上的缺陷,教育培训不够或未经培训、缺乏或不懂安全操作技术知识,劳动组织不合理,对施工现场缺乏检查或指导错误,没有安全操作规程或不健全,没有或不认真实施事故预防措施,对事故隐患整改不力等原因,是事故的间接原因。

③主要原因。导致事故发生的主要因素是事故的主要原因。

2)事故分析步骤

①整理和阅读调查材料

根据《企业职工伤亡事故分类标准》的附录 A,按以下 7 项内容进行分析:

受伤部位——身体受伤的部位;

受伤性质——人体受伤的类型;

起因物——导致事故发生的物体、物质;

致害物——直接引起伤害及中毒的物体或物质;

伤害方法——致害物与人体发生接触的方式;

不安全状态——能导致事故发生的物质条件;

不安全行为——能造成事故的人为错误。

②确定事故的直接原因、间接原因和事故责任者。在分析事故原因时,应根据调查所确认的事实,从直接原因入手,逐步深入到间接原因,从而掌握事故的全部原因。通过对直接原因和间接原因的分析,确定事故中的直接责任者和领导责任者,再根据其在事故发生过程中的作用,确定主要责任者。

事故责任分析可以通过事故调查所确认的事实,事故发生的直接原因和间接原因,有关人员的职责、分工和在具体事故中所起的作用,追究其所应负的责任;按照有关组织管理人员及生产技术因素,追究最初造成不安全状态的责任;按照有关技术规定的性质、明确程度、技术难度,追究属于明显违反技术规定的责任;对属于未知领域的责任不予追究。

根据对事故应负责任的程度不同,事故责任者分为直接责任者、主要责任者、重要责任者和领导责任者。对事故责任者的处理,在以教育为主的同时,还必须根据有关规定,按情节轻重,分别给予经济处罚、行政处分,直至追究刑事责任。对事故责任者的处理意见形成之后,事故责任企业的有关部门必须尽快办理报批手续。

▶9.2.6 确定事故性质

应经过认真、客观、全面、细致、准确地分析,确定事故的性质和责任。事故性质通常分为3类:

①责任事故,即由于人的过失造成的事故。

②非责任事故,即在人们不能预见或不可抗拒的自然条件中,由于科学技术条件的限制而发生的无法预料的事故。但是,对于能够预见并可以采取措施加以避免的伤亡事故,或没有经过认真研究解决技术问题而造成的事故,不能包括在内。

③破坏性事故,即为达到既定目的而故意制造的事故。对已确定为破坏性事故的,应由公安机关和企业保卫部门认真追查破案,依法处理。

▶9.2.7 制订事故预防措施

根据对事故原因的分析,制订防止类似事故再次发生的预防措施。在防范措施中,应把改善劳动生产条件、作业环境和提高安全技术措施水平放在首位,力求从根本上消除危险因素。

在查清伤亡事故原因后,必须对事故进行责任分析,目的在于使事故责任者、单位领导人和广大职工吸取教训,接受教育,改进安全生产工作。

▶9.2.8 确定处理意见

根据对事故分析的原因,在制订防止类似事故再次发生的措施的同时,根据事故后果和事故责任者应负的责任提出处理意见。轻伤事故也可参照上述要求执行。对于重大未遂事故不可掉以轻心,也应严肃认真按上述要求查找原因,分清责任,严肃处理。

▶9.2.9 写出调查报告

事故调查组应当自事故发生之日起60日内提交事故调查报告;特殊情况下,经负责事故调查的人民政府批准,提交事故调查报告的期限可以适当延长,但延长的期限最长不超过60日。事故调查报告应当包括下列内容:

①事故发生单位概况。

②事故发生经过和事故救援情况。

③事故造成的人员伤亡和直接经济损失。

④事故发生的原因和事故性质。

⑤事故责任的认定以及对事故责任者的处理建议。

⑥事故防范和整改措施。事故调查报告应当附具有关证据材料。事故调查组成员应当在事故调查报告上签名。如调查组内部意见有分歧,应在弄清事实的基础上,对照政策法规反复研究,统一认识;对于个别同志仍持有不同意见的,允许保留,并在签字时写明自己的意见。事故调查报告报送负责事故调查的人民政府后,事故调查工作即告结束。事故调查的有关资料应当归档保存。

▶9.2.10　事故的审理和结案

①重大事故、较大事故及一般事故,负责事故调查的人民政府应当自收到事故调查报告之日起 15 日内作出批复;特别重大事故,30 日内作出批复;特殊情况下,批复时间可以适当延长,但延长的时间最长不超过 30 日。

有关机关应当按照人民政府的批复,依照法律、行政法规规定的权限和程序,对事故发生单位和有关人员进行行政处罚,对负有事故责任的国家工作人员进行处分。

事故发生单位应当按照负责事故调查的人民政府的批复,对本单位负有事故责任的人员进行处理。负有事故责任的人员涉嫌犯罪的,依法追究刑事责任。

事故案件的审批权限,与企业的隶属关系及干部管理权限一致。县办企业和县以下企业,由县审批;地、市办的企业,由地、市审批;省直属企业的重大事故,由直属主管部门提出处理意见,征得当地安全生产监督管理部门同意,报省主管厅局批复。

②关于对事故责任者的处理,根据其情节轻重和损失大小,谁有责任,什么责任,是主要责任、重要责任、一般责任还是领导责任等,都要分清并给以应得的处分。给事故责任者应得的处分是对职工很好的教育。

③事故教训是用鲜血换来的宝贵财富,这些财富要靠档案记载保存下来,这是研究改进措施、进行安全教育、开展科学研究难得的资料。因此,要把事故调查处理的文件、图纸、照片、资料等长期完整地保存起来。事故档案的主要内容包括:

a.职工伤亡事故登记表。

b.职工重伤、死亡事故调查报告书,现场勘察资料(记录、图纸、照片等)。

c.技术鉴定和试验报告。

d.物证、人证调查材料。

e.医疗部门对伤亡者的诊断结论及影印件。

f.事故调查组的调查报告(在调查报告书的最后),要表明调查组人员的姓名、职务,并要逐个签字。

g.企业或其主管部门对该事故所作的结案申请报告。

h.受处理人员的检查材料。

i.有关部门对事故的结案批复等。

9.3　生产安全事故的处理

按照国务院《生产安全事故报告和调查处理条例》的规定,在各级人民政府对事故调查报告作出批复后,有关机关应当按照人民政府批复,依照法律、行政法规的权限和程序,对事故发生单位和有关人员进行行政处罚,对负有事故责任的国家工作人员进行处分。负有事故责任的人员涉嫌犯罪的,依法追究刑事责任。

建设部《关于进一步规范房屋建筑和市政工程生产安全事故报告和调查处理工作的若干意见》规定:建设主管部门应当依据有关人民政府对事故的批复和有关法律法规的规定,对事故相关责任者和责任单位施行行政处罚;事故发生单位应按照负责事故调查的人民政府的批复,对本单位负有事故责任的人员进行处理。

事故发生单位应当认真吸取事故教训,落实防范和整改措施,防止事故再次发生。防范和整改措施的落实情况应当接受工会和职工的监督。建设主管部门和负有安全生产监督管理职责的有关部门应当对事故发生单位落实防范和整改措施的情况进行监督检查,严格按照"四不放过"的原则进行处理。"四不放过"原则是:事故原因分析不清不放过;防范措施没有落实不放过;广大职工未受到教育不放过;事故责任人未受到严肃处理不放过。

根据国务院《生产安全事故报告和调查处理条例》,具体规定如下:

①事故发生单位主要负责人有下列行为之一的,处一年年收入 40%～90% 的罚款;属于国家工作人员的,并依法给予处分;构成犯罪的,依法追究刑事责任:a.不立即组织事故抢救的;b.迟报或者漏报事故的;c.在事故调查处理期间擅离职守的。

②事故发生单位及其有关人员有下列行为之一的,对事故发生单位处 100 万元以上 500 万元以下的罚款;对主要负责人、直接负责的主管人员和其他直接责任人员处上一年年收入的 60% 至 100% 的罚款;属于国家工作人员的,并依法给予处分;构成犯罪的,依法追究刑事责任:a.谎报或者瞒报事故的;b.伪造或者故意破坏事故现场的;c.转移、隐藏资金、财产,或者销毁有关证据、资料的;d.拒绝接受调查或者拒绝提供有关情况和资料的;e.在事故调查中作伪证或者指使他人作伪证的;f.事故发生后逃匿的。

③事故发生单位对事故发生负有责任的,依照下列规定处以罚款:发生一般事故的,处 10 万元以上 20 万元以下的罚款;发生较大事故的,处 20 万元以上 50 万元以下的罚款;发生重大事故的,处 50 万元以上 200 万元以下的罚款;发生特别重大事故的,处 200 万元以上 500 万元以下的罚款。

④事故发生单位主要负责人未依法履行安全生产管理职责,导致事故发生的,依照下列规定处以罚款;属于国家工作人员的,并依法给予处分;构成犯罪的,依法追究刑事责任:a.发生一般事故的,处上一年年收入 30% 的罚款;b.发生较大事故的,处上一年年收入 40% 的罚款;c.发生重大事故的,处上一年年收入 60% 的罚款;d.发生特别重大事故的,处上一年年收入 80% 的罚款。

⑤事故发生单位对事故发生负有责任的,由有关部门依法暂扣或者吊销其有关证照。对事故发生单位负有事故责任的有关人员,依法暂停或者撤销其与安全生产有关的执业资格、岗位证书;事故发生单位主要负责人受到刑事处罚或者撤职处分的,自刑罚执行完毕或者受处分之日起,5 年内不得担任任何生产经营单位的主要负责人。

依照建设部《关于进一步规范房屋建筑和市政工程生产安全事故报告和调查处理工作的若干意见》,具体行政处罚如下:

①建设主管部门应当依照有关法律法规的规定,对因降低安全生产条件导致事故发生的施工单位给予暂扣或吊销安全生产许可证的处罚;对事故有责任的相关单位给予罚款、停业

整顿、降低资质等级或吊销资质证书的处罚。

②对事故发生负有责任的注册执业资格人员给予罚款、停止执业或吊销其注册执业资格证书的处罚。

依照《国务院关于进一步加强企业安全生产工作的通知》规定：企业发生重大生产安全事故，追究事故企业主要负责人的责任，触犯法律的，依法追究企业主要负责人或企业实际控制人法律责任。对重大、特大生产安全事故负有主要责任的企业，其主要负责人终身不得担任本行业的矿长（厂长、经理）。

思考题

1.进行安全生产事故调查和处理主要依据的文件规定有哪些？

2.安全生产事故发生后，现场人员应采取的措施有哪些？

3.建筑生产安全事故主要有哪些类型？

4.安全生产事故的调查主要包含哪些工作？

$\boldsymbol{10}$

建筑施工安全专项方案

[本章学习目标]

本章介绍建筑施工危险性较大的分部分项工程的范围、安全专项方案的编制、安全专项方案的评审。通过本章的学习,应达到以下学习目标:

1.了解:建筑施工危险性较大的分部分项工程的范围;

2.了解:安全专项方案的编制方法和要求;

3.了解:安全专项方案的评审流程和方法。

[工程实例导入]

2000年10月25日上午9:30左右,南京市电视台新演播大厅在屋盖混凝土浇筑中发生了高支模的整体坍塌重大事故(简称"南京'10.25'事故"),造成6人死亡、11人重伤、24人轻伤。

该屋盖的平面尺寸为24 m×26.8 m,双向预应力梁井式楼盖。Y向预应力大梁有两根,截面尺寸为500 mm×(1 600~1 850) mm;X向有大梁5根,截面尺寸为400 mm×1 600 mm。屋盖板厚130 mm,屋盖顶面标高为29.30~29.575 m,大梁梁底的支模高度约为36 m(地下室两层,高度为-8.7 m)。

该事故发生的技术原因分析有以下几点:①对超高支模的重要性和严重性认识不足是事故产生的深层次原因。大演播厅的屋盖支模高度达36 m,双向井式楼盖的跨度达25 m左右,其大梁高度为1 800 mm左右,有一定工程经验的项目施工人员和监理人员都应对这些重要的高支模技术参数引起足够的重视,但该工程的项目部人员警觉明显不够,监理人员的警觉也不够。②对扣件式钢管搭设的排架支撑的承载力决定因素认识不足是事故产生的主要技术原因。该工程的楼盖施工有简单的模板支架方案,一般板下立杆间距为800 mm×800 mm,步高为1 800 mm;大梁下立杆间距增为@400mm,步高为900 mm。但实际搭设时有变动,立杆的基本尺寸临时改为 1 000 mm×1 000 mm,步高统一为 1 800 mm,地下室地坑处局部步高达 2.6 m。大梁下虽增设间距为@500 的立杆,但凡增设的立杆均缺与之垂直交叉的水平杆连系,支架的承载力没有得到根本的提高。③搭设的支架构造不合理是事故产生的又一主要原因。查看事故现场残存的支架,发现无扫地杆,相邻的连续 5 根立杆的钢管接头对接在同一高度,未见设置剪刀撑,大梁底模下也未设置必要的均匀分配荷载的横向水平木枋等。

施工安全专项方案对于危险性较大的分部分项工程施工的安全控制极为重要,在工程施工前应按要求编制完整的施工安全专项方案并获专家评审通过,在实施过程中应严格按安全专项方案要求组织施工,从而避免安全事故的发生。

10.1 施工安全专项方案的编制

根据《危险性较大的分部分项工程安全管理办法》(建质〔2018〕37 号),对建筑工程在施工过程中存在的、可能导致作业人员群死群伤或造成重大不良社会影响的分部分项工程,需编制危险性较大的分部分项工程安全专项施工方案。该专项方案是指施工单位在编制施工组织(总)设计的基础上,针对危险性较大的分部分项工程单独编制的安全技术措施文件。

▶10.1.1 危险性较大的分部分项工程范围

(1)基坑工程

①开挖深度超过 3 m(含 3 m)的基坑(槽)的土方开挖、支护、降水工程。

②开挖深度虽未超过 3 m,但地质条件、周围环境和地下管线复杂,或影响毗邻建、构筑物安全的基坑(槽)的土方开挖、支护、降水工程。

(2)模板工程及支撑体系

①各类工具式模板工程:包括滑模、爬模、飞模、隧道模等工程。

②混凝土模板支撑工程:搭设高度 5 m 及以上,或搭设跨度 10 m 及以上,或施工总荷载(荷载效应基本组合的设计值,以下简称"设计值")10 kN/m² 及以上,或集中线荷载(设计值)15 kN/m 及以上,或高度大于支撑水平投影宽度且相对独立无联系构件的混凝土模板支撑工程。

③承重支撑体系:用于钢结构安装等满堂支撑体系。

(3)起重吊装及安拆工程

①采用非常规起重设备、方法,且单件起吊重量在 10 kN 及以上的起重吊装工程。

②采用起重机械进行安装的工程。

③起重机械安装和拆卸工程。

(4)脚手架工程

①搭设高度 24 m 及以上的落地式钢管脚手架工程(包括采光井、电梯井脚手架)。

②附着式升降脚手架工程。

③悬挑式脚手架工程。

④高处作业吊篮。

⑤卸料平台、操作平台工程。

⑥异型脚手架工程。

（5）拆除工程

可能影响行人、交通、电力设施、通讯设施或其他建、构筑物安全的拆除工程。

（6）暗挖工程

采用矿山法、盾构法、顶管法施工的隧道、洞室工程。

网架工程
施工安全
专项方案

（7）其他

①建筑幕墙安装工程

②钢结构、网架和索膜结构安装工程。

③人工挖孔桩工程

④水下作业工程

⑤装配式建筑混凝土预制构件安装工程

⑥采用新技术、新工艺、新材料、新设备可能影响工程施工安全,尚无国家、行业及地方技术标准的分部分项工程。

▶10.1.2　施工安全专项方案编制的内容

①工程概况:危大工程概况和特点、施工平面布置、施工要求和技术保证条件。

②编制依据:相关法律、法规、规范性文件、标准、规范及施工图设计文件、施工组织设计等。

③施工计划:包括施工进度计划、材料与设备计划。

④施工工艺技术:技术参数、工艺流程、施工方法、操作要求、检查要求。

⑤施工安全保证措施:组织保障措施、技术措施、监测监控措施等。

⑥施工管理及作业人员配备和分工:施工管理人员、专职安全生产管理人员、特种作业人员、其他作业人员等。

⑦验收要求:验收标准、验收程序、验收内容、验收人员等。

⑧应急处置措施。

⑨计算书及相关施工图纸。

10.2　施工安全专项方案论证

▶10.2.1　论证项目

当危险性较大的分部分项工程超过一定规模,即称超危大工程,需要编制该工程的施工安全专项方案并通过专家论证后组织实施。超过一定规模的危大工程范围:

（1）深基坑工程

开挖深度超过5 m(含5 m)的基坑(槽)的土方开挖、支护、降水工程。

（2）模板工程及支撑体系

①各类工具式模板工程:包括滑模、爬模、飞模、隧道模等工程。

②混凝土模板支撑工程:搭设高度8 m及以上,或搭设跨度18 m及以上,或施工总荷载(设计值)15 kN/m² 及以上,或集中线荷载(设计值)20 kN/m及以上。

③承重支撑体系:用于钢结构安装等满堂支撑体系,承受单点集中荷载7 kN及以上。

(3)起重吊装及安拆工程

①采用非常规起重设备、方法,且单件起吊重量在100 kN及以上的起重吊装工程。

②起重量300 kN及以上,或搭设总高度200 m及以上,或搭设基础标高在200 m及以上的起重机械安装和拆卸工程。

(4)脚手架工程

①搭设高度50 m及以上的落地式钢管脚手架工程。

②提升高度在150 m及以上的附着式升降脚手架工程或附着式升降操作平台工程。

③分段架体搭设高度20 m及以上的悬挑式脚手架工程。

(5)拆除工程

①码头、桥梁、高架、烟囱、水塔或拆除中容易引起有毒有害气(液)体或粉尘扩散、易燃易爆事故发生的特殊建、构筑物的拆除工程。

②文物保护建筑、优秀历史建筑或历史文化风貌区影响范围内的拆除工程。

(6)暗挖工程

采用矿山法、盾构法、顶管法施工的隧道、洞室工程。

(7)其他

①施工高度50 m及以上的建筑幕墙安装工程。

②跨度36 m及以上的钢结构安装工程,或跨度60 m及以上的网架和索膜结构安装工程。

③开挖深度16 m及以上的人工挖孔桩工程。

④水下作业工程。

⑤重量1 000 kN及以上的大型结构整体顶升、平移、转体等施工工艺。

⑥采用新技术、新工艺、新材料、新设备可能影响工程施工安全,尚无国家、行业及地方技术标准的分部分项工程。

▶10.2.2　论证流程

专项方案应当由施工单位技术部门组织本单位施工技术、安全、质量等部门的专业技术人员进行审核。经审核合格的,由施工单位技术负责人签字。实行施工总承包的,专项方案应当由总承包单位技术负责人及相关专业承包单位技术负责人签字。

▶10.2.3　专家论证会

超过一定规模的危险性较大的分部分项工程专项方案,应当由施工单位组织召开专家论证会。实行施工总承包的,由施工总承包单位组织召开专家论证会。

(1)专家

在专家库中选取相关专业的专家,专家应当具备以下基本条件:

①诚实守信、作风正派、学术严谨。

②从事专业工作15年以上或具有丰富的专业经验。

③具有高级专业技术职称。

（2）参加专家论证会的人员

①专家组应当由5名及以上符合相关专业要求的专家组成。

②建设单位项目负责人或技术负责人。

③监理单位项目总监理工程师及相关人员。

④施工单位分管安全的负责人、技术负责人、项目负责人、项目技术负责人、专项方案编制人员、项目专职安全生产管理人员。

⑤勘察、设计单位项目技术负责人及相关人员。

▶10.2.4　专家论证的主要内容

①专项方案内容是否完整、可行。

②专项方案计算书和验算依据是否符合有关标准规范。

③安全施工的基本条件是否满足现场实际情况。

▶10.2.5　专项方案论证结论及应用

专项方案经论证后，专家组应当提交论证报告，对论证的内容提出明确的意见，并在论证报告上签字，该报告作为专项方案修改完善的指导意见；施工单位应当根据论证报告修改完善专项方案，并经施工单位技术负责人、项目总监理工程师、建设单位项目负责人签字后，方可组织实施；实行施工总承包的，应当由施工总承包单位、相关专业承包单位技术负责人签字。专项方案经论证后需作重大修改的，施工单位应当按照论证报告修改，并重新组织专家进行论证。施工单位应当严格按照专项方案组织施工，不得擅自修改、调整专项方案；如因设计、结构、外部环境等因素发生变化确需修改的，修改后的专项方案应当按相关管理办法重新审核。对于超过一定规模的危险性较大工程的专项方案，施工单位应当重新组织专家进行论证。

▶10.2.6　专项方案实施的相关单位职责

（1）施工单位职责

专项方案实施前，编制人员或项目技术负责人应当向现场管理人员和作业人员进行安全技术交底；施工单位应当指定专人对专项方案实施情况进行现场监督和按规定进行监测。发现不按照专项方案施工的，应当要求其立即整改；发现有危及人身安全紧急情况的，应当立即组织作业人员撤离危险区域；施工单位技术负责人应当定期巡查专项方案实施情况。

（2）监理单位职责

监理单位应当将危险性较大的分部分项工程列入监理规划和监理实施细则，应当针对工程特点、周边环境和施工工艺等，制订安全监理工作流程、方法和措施；监理单位应当对专项方案实施情况进行现场监理，对不按专项方案实施的，应当责令整改，施工单位拒不整改的，应当及时向建设单位报告；建设单位接到监理单位报告后，应当立即责令施工单位停工整改，施工单位仍不停工整改的，建设单位应当及时向住房城乡建设主管部门报告。

（3）建设行政主管部门职责

住房城乡建设主管部门应当依据有关法律法规对以下行为予以处罚：

①建设单位未按规定提供危险性较大的分部分项工程清单和安全管理措施，未责令施工

单位停工整改的,未向住房城乡建设主管部门报告的。

②施工单位未按规定编制、实施专项方案的。

③监理单位未按规定审核专项方案或未对危险性较大的分部分项工程实施监理的。

(4)相关单位应承担的验收职责

对于按规定需要验收的危险性较大的分部分项工程,施工单位、监理单位应当组织有关人员进行验收。验收合格的,经施工单位项目技术负责人及项目总监理工程师签字后,方可进入下一道工序。

10.3　工程实例

××项目××单位工程

模板支撑体系安全专项施工方案

(以落地扣件式钢管支撑架为例)

编制单位:××公司××项目经理部

日期:××年××月××日

目 录

1.工程概况

1.1 编制说明

本工程为 16F/-1F 框架-剪力墙结构,地上一层层高为 5.7 m,二层层高为 4.2 m,三层层高为 4.2 m,地上一层楼面标高为-0.050 m。由于结构在①轴~⑥轴/⑥轴~ⓐ轴区域无地上一层和二层的顶板,因此该区域地上一层的底板到三层的顶板的层高达到 14.1 m;①轴~⑥轴/⑥轴~ⓐ轴区域最大梁截面尺寸为 600 mm×1 200 mm,集中线荷载为 18 kN/m。

本工程模板支撑架采用落地扣件式钢管支撑架。依据《危险性较大的分部分项工程安全管理办法》(建办质〔2018〕37 号文)规定,"混凝土模板支撑工程:搭设高度 8 m 及以上;搭设跨度 18 m 及以上;施工总荷载 15 kN/m² 及以上;集中线荷载 20 kN/m 及以上"的混凝土模板支撑工程属于超过一定规模的危险性较大的分部分项工程。因此,本工程在架体搭设高度方面超限,高大模板支撑体系的范围详见施工图纸。遵照该办法第十条的规定:"施工单位应当在危险性较大的分部分项工程施工前编制专项方案;对于超过一定规模的危险性较大的分部分项工程,施工单位应当组织专家对专项方案进行论证",特编制本安全专项施工方案。

本安全专项施工方案分文本和施工设计图两部分。实施前,本项目施工单位的技术负责人必须向现场管理人员和作业人员进行专项方案交底和安全技术交底,详细说明本方案模板支撑体系的设计、相关安全技术措施和施工工艺要求及注意事项。

高大模板支撑体系应按相关规定和本方案确定的验收要求开展阶段性验收、隐蔽工程验收和方案实施的总体验收。施工单位验收合格后,报请监理单位和建设单位进行复查验收,验收合格后,形成书面的验收资料并经项目技术负责人、项目总监理工程师、建设单位现场负责人签字确认后,方可进入下一道工序。

本方案所涉及的高大模板支撑体系的实施过程中,施工单位应指派专人对专项方案实施情况进行现场监督并按方案的实施监控监测,同时接受监理单位对高大模板支撑体系应实施的旁站监理。

1.2 工程建设相关单位

本项目相关参建单位信息详见表 1.1。

表 1.1 参建单位信息一览表

序号	种类	单位名称	项目负责人
1	建设单位	××市房地产开发公司	赵××
2	勘察单位	××市勘测院	钱××
3	设计单位	××市建筑设计院	孙××
4	施工单位	××市第一建筑公司	李××
5	监理单位	××市工程监理公司	王××
6	租赁单位	××市建筑材料租赁公司	张××
7	劳务单位	××市建筑劳务公司	刘××

1.3 项目概况

1.3.1 项目基本概况

本项目的基本信息详见表1.2。

表1.2 项目信息一览表

工程名称	××项目		
工程地点	××市××区××街道		
地域	××市	项目类别	房屋建筑■ 市政工程□ 轨道交通□ 其他□
建筑面积/m²	10 000	工程造价/万元	1 200
层数	16/−1	总高/m	73
基础型式	独立基础、条形基础、旋挖桩	结构型式	框架-剪力墙结构
高大模板超限类型	搭设高度≥8 m■ 施工总荷载≥15 kN/m²□	搭设跨度≥18 m□ 施工线荷载≥20 kN/m■	

1.3.2 环境概况

本项目位于××市××区××街道,为周边建筑群相对密集的城市市区,建筑场地位于平坦地势区段。本方案所涉及的支模架立杆基础为标高−0.050 m层的钢筋混凝土楼面,混凝土强度等级为C30,板厚120 mm。

项目交通便利,现场场内临时道路通过小区道路与××市政道路相接,场内临时道路已形成环道,满足消防要求。

1.4 模板支撑体系概况

1.4.1 施工区与流水施工段的划分

本工程模板支撑体系所采用的架体类型为扣件式钢管满堂支撑架。

本方案所涉及的模板支撑体系区域平面范围面积较小,只有一个施工区域和一个施工流水段,平面和立面可不作施工区域、流水施工段的划分。

1.4.2 结构设计参数

本方案所涉及的模板支撑体系的结构设计参数详见表1.3。

表 1.3　支撑体系结构设计参数

楼层	部位	主要截面尺寸			高大模板支撑体系范围
地上 1F～3F（-0.050～14.050m）贯穿三层	层高/m	14.1			①～⑥轴/Ⓔ～ⓐ轴
	平面尺寸/m×m	42.4×16.3	架体高宽比	0.86	
	板厚/mm	120	施工总荷载/(kN·m⁻²)	6.0	
	墙厚/mm	300、200			
	柱截面尺寸/mm×mm	800×800、800×1 200、φ800			
	梁截面尺寸	梁截面尺寸/mm×mm	跨度/m	集中线荷载/(kN·m⁻¹)	
		L6 300×600	7.8	4.5	
		L7 300×600	8.5	4.5	
		L8 300×600	5.7	4.5	
		KL2(最左端)300×700	4.3	5.3	
		KL2(标准段)400×700	8.4	7.0	
		KL10 400×700	8.2	7.0	
		KL11 400×700	6.7	7.0	
		KL8 600×1 200	8.4	18	
	支撑架基础	-1F 楼面(-0.05 层)承力			

1.5　施工平面布置

本项目施工平面布置图详见图 1.1。

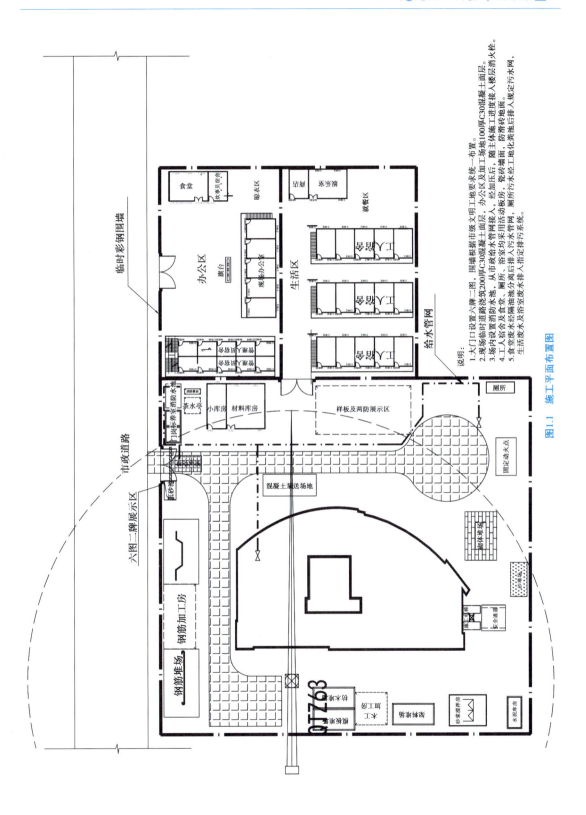

图1.1 施工平面布置图

说明：

1.大门口设置六牌二图，围墙根据市级文明工地要求统一布置。

2.现场临时道路浇筑200厚C30混凝土面层，从市政给水管网接入，办公区及加工场地100厚C30混凝土面层。

3.场内设置消防水池，厕所，容室均采用活动板房，砖砌墙，瓷砖墙面，防滑地面，随主体施工进度接入楼层消火栓。

4.工人宿舍及食堂，厕所，容室经生化池分离后接入污水管网。

5.食堂废水经隔油池分离后排入污水管网，厕所污水经工地化粪池后排入规定污水网，生活废水及容室废水排入指定排污系统。

1.6 施工要求及技术保证条件

1.6.1 施工要求

为确保本项目高大模板支撑体系施工过程的安全,实现安全控制目标,应做到如下施工要求:

①先浇筑楼层竖向构件混凝土,待模板拆除后再浇筑楼面梁板混凝土。

②梁混凝土分层浇筑,一次成型,分层厚度不超过 400 mm。

③混凝土应从楼层中间往两边对称浇筑。

④泵送混凝土的输送管与模板支撑架应隔离设置。

⑤当梁、板跨度大于 4 m 时,模板应按设计或规范要求起拱。

⑥严格按照本方案要求布置监测监控点,并形成最终监控监测资料存档。

1.6.2 技术保证条件

模板支撑体系施工过程中应具备并落实下列技术保证条件:

①项目部成立安全生产小组,严格执行方案实施前、使用中、实施后控制,加强对高大模板支撑体系搭设、混凝土浇筑以及模板拆除过程中的监督、管理,确保施工安全。

②本工程所采用的材料、半成品均应满足规范和安全施工要求。

③对施工中所执行的各种规范、规程、标准、图纸和规范性文件、标准图集等文件等,必须为最新版本。

④加强技术交底和施工过程控制,严格执行由专家审核通过的施工方案。

⑤特种作业人员必须持证上岗,进入施工现场必须正确佩戴安全防护用品。

⑥在高大模板支撑体系搭设、拆除及混凝土浇筑过程中,应安排专业技术人员现场指导,并设专人负责进行安全检查,加强监控监测工作。发现隐情,应立即停止施工并采取应急措施,排除险情后方可继续施工。

2.编制依据

2.1 法律、法规

本方案编制所依据的法律、法规参见表 2.1。

表 2.1 法律、法规列表

序号	法律、法规名称	实施或颁布时间
1	《中华人民共和国安全生产法》	2014 年 12 月 1 日
2	《中华人民共和国建筑法》	2011 年 7 月 1 日
3	《建设工程安全生产管理条例》(国务院 393 号令)	2004 年 2 月 1 日

2.2 标准、规范和规程

本方案编制所依据的标准、规范参见表 2.2。

表 2.2 标准、规范列表

序号	标准、规范名称	编号
1	《企业职工伤亡事故分类标准》	GB 6441—86
2	《生产过程危险和有害因素分类与代码》	GB/T 13861—2009
3	《高处作业分级》	GB/T 3608—2008
4	《生产经营单位生产安全事故应急预案编制导则》	GB/T 29639—2013
5	《建筑结构荷载规范》	GB 50009—2012
6	《建筑施工安全技术统一规范》	GB 50870—2013
7	《钢结构设计规范》	GB 50017—2003
8	《混凝土结构设计规范》	GB 50010—2010
9	《混凝土结构施工规范》	GB 50666—2010
10	《木结构设计规范》	GB 50005—2003
11	《混凝土结构工程施工质量验收规范》	GB 50204—2002
12	《建设工程施工现场消防安全技术规范》	GB 50720—2011
13	《塔式起重机安全规程》	GB 5144—2012
14	《建筑施工模板安全技术规范》	JGJ 162—2008
15	《建筑施工脚手架安全技术统一标准》	GB 51210—2016
16	《建筑施工扣件式钢管脚手架安全技术规范》	JGJ 130—2011
17	《建筑施工临时支撑结构技术规范》	JGJ 300—2013
18	《重庆市房屋建筑与市政基础设施施工模板支撑体系安全技术规范》	DBT 50—168—2013
19	《建筑施工高处作业安全技术规范》	JGJ 80—91
20	《施工现场临时用电安全技术规范》	JGJ 46—2005
21	《建筑施工安全检查标准》	JGJ 59—2011
22	《建筑机械使用安全技术规范》	JGJ 33—2012
23	《重庆市房屋建筑和市政基础设施工程现场施工从业人员配备标准》	DBT 50—157—2013

2.3 规范性文件

本方案编制所依据的规范性文件参见表2.3。

表2.3 规范性文件列表

序号	文件名称	文件编号
1	《重庆市建设工程安全生产管理办法》	重庆市人民政府令第 289 号
2	《危险性较大的分部分项工程安全管理办法》	建办质〔2018〕37 号
3	《建设工程高大模板支撑系统施工安全监督管理导则》	建质〔2009〕254 号
4	《关于印发危险性较大的分部分项工程安全管理实施细则的通知》	渝建发〔2014〕16 号

2.4 其他编制依据

本方案编制所依据的其他文件参见表2.4。

表2.4 其他文件列表

序号	名称	备注
1	本项目施工组织设计	
2	本项目专项施工方案	
3	设计施工图	

3.施工计划

3.1 施工进度计划

本项目高大模板支撑体系施工楼层面积及混凝土方量较小，只划为一个施工段。施工进度计划详见图3.1。

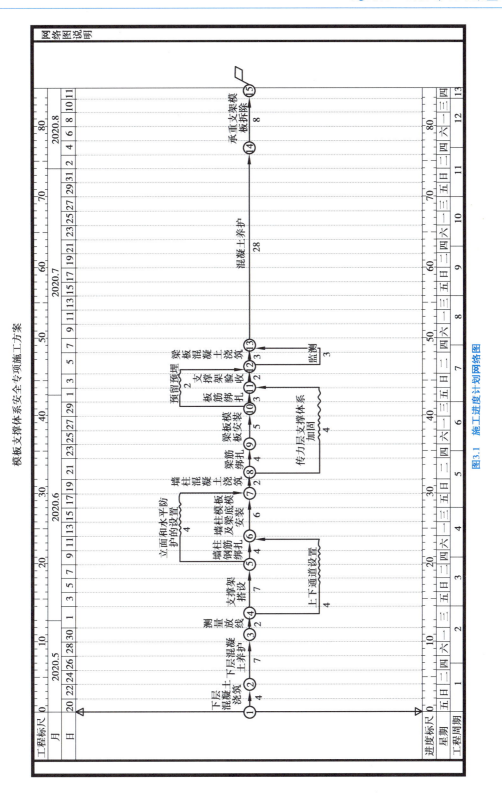

图3.1 施工进度计划网络图

3.2 材料计划

本项目工程材料计划及模板、支撑体系等的周转材料计划详见表 3.1 和表 3.2。

表 3.1 主要工程材料计划

序号	材料种类	规格型号	单位	数量
1	钢筋	HPB300	t	7
2		HRB400	t	13
3	混凝土	C30	m^3	630
4		C40	m^3	74

表 3.2 周转材料计划表

序号	种类	规格	单位	数量
1	胶合板模	1 830 mm×915 mm×15 mm	m^2	362
2	钢管	48.3 mm×3.6 mm	m	10 500
3	直角扣件	GKZ48A	颗	3 500
4	对接扣件	GKD48A	颗	2 100
5	旋转扣件	GKD48A	颗	230
6	对拉螺杆	$\phi12$	m	530
7	木枋	50 mm×100 mm	m	1 600
8	顶托	$\phi36$	个	350
9	安全平网	1.5 m×6 m	张	210

3.3 设备计划

本项目主要设备计划详见表 3.3。

表 3.3 主要设备配备表

序号	设备名称	规格型号	单位	数量	备注
1	塔式起重机	QTZ63	台	1	
2	台式木工多用机床	MQ431B-11	台	2	
3	电锤	GBH 2-22	把	6	
4	交流切割机	BX2-300-1	台	5	
5	砂轮切割机	400 mm	台	5	
6	强制式混凝土搅拌机	JDY500	台	1	
7	钢筋切断机	QC40-2	台	1	
8	钢筋弯曲机	CW-4C	台	1	
9	钢筋调直机	TX-200	台	1	
10	车载混凝土天泵	JH5190THB-29	台	1	
11	插入式振动棒	ZN50	台	3	
12	发电机	200kW	台	1	
13	配电箱	PXT04 DQ	台	2	CCC 认证

3.4 检测、监测仪器仪表计划

本项目主要测、监测仪器计划详见表3.4。

表3.4 主要检测、监测仪器配备表

序号	仪器名称	规格型号	单位	数量
1	活动扳手	12"	把	5
2	力矩扳手	NB-100G	把	1
3	水平尺	1 m	把	1
4	2 m 靠尺	2 m	把	1
5	线坠	0.5 kg	个	2
6	水平仪	DS1	台	2
7	激光投线仪	LX410DT	台	2
8	钢卷尺	5 m	把	10
9	钢卷尺	50 m	把	1

3.5 安全物资计划

本项目主要安全物资计划详见表3.5。

表3.5 主要安全物资配备表

序号	物资名称	规格型号	单位	数量	备注
1	汽车	—	辆	2	—
2	担架	—	副	2	—
3	医用氧气瓶(氧气罩)	—	套	2	—
4	消防栓	—	个	10	—
5	消防皮带	—	卷	100	—
6	灭火器(干粉)	—	个	100	—
7	医用急救包	—	只	2	—
8	对讲机	—	只	10	—
9	太平斧	—	把	2	—
10	强光灯	—	只	10	—
11	急救箱	—	只	2	—
12	成品配电柜	—	套	8	—
13	滑轮(开口式)	3t	个	4	—
14	保险绳	(φ15)20 m 长	根	20	—
15	两用扳手	17	把	1	一头梅花一头开口
16	两用扳手	19、22、13	把	2	—
17	活动扳手	450 mm	把	1	—

续表

序号	物资名称	规格型号	单位	数量	备注
18	安全带	套大腿式	根	50	—
19	钢丝钳	180 mm(普通)	把	2	—
20	撬棍	1.2 m	把	2	—
21	安全帽	—	顶	200	—

4.施工工艺技术

4.1 技术参数

4.1.1 构配件技术参数

本项目模板支撑系统所采用的主要构配件技术参数见表4.1。

表4.1 构配件技术参数

序号	构配件名称	规格型号	力学性能	进场验收标准
1	立杆钢管	ϕ48.3×3.0Q235 钢管	强度设计值 205 MPa,弹性模量 $2.06×10^5$ N/mm²	GB/T 13793
2	水平杆钢管	ϕ48.3×3.0Q235 钢管	强度设计值 205 MPa,弹性模量 $2.06×10^5$ N/mm²	GB/T 13793
3	剪刀撑钢管	ϕ48.3×3.0Q235 钢管	强度设计值 205 MPa,弹性模量 $2.06×10^5$ N/mm²	GB/T 13793
4	扣件	铸钢扣件 ZG230-450	螺栓拧紧扭力矩大于 40 N·m	GB 15831
5	可调托撑	20#无缝钢管 ϕ36×6	抗压承载力设计值 40 kN	JGJ 130
6	底座	Q235 实心螺杆 ϕ36×6	抗压承载力设计值 40 kN	JGJ 130
7	模板面板	15 mm 厚覆面胶合板	抗弯强度设计值 15 MPa,弹性模量 10 000 N/mm²	ZBB 70006
8	模板次楞	50 mm×100 mm 木方	抗弯强度设计值 15 MPa,抗剪强度设计值 1.8 MPa,弹性模量 9 300 N/mm²	GB 50005
9	模板主楞	ϕ48.3×3.0Q235 钢管	强度设计值 205MPa,弹性模量 $2.06×10^5$ N/mm²	GB/T 13793
10	对拉螺杆	M14 螺杆	抗拉承载力设计值 17.8 kN	GB 50017

4.1.2 基础或持力层技术参数

本项目所涉及的高大模板支撑体系采用下层已浇筑楼面传力,传力层下支撑架不拆除,将荷载传至地面基层。承力层处理及基层信息详见表4.2。

表4.2   高大模板支撑体系传力基层处理信息一览表

传力方式		楼层■ 地面□		
荷载传递层数		−0.05 m 层结构层传力,传力一层至地面		
楼面处理情况		现浇结构楼面养护期约 28 d		
地面基层	地面处理情况	基层夯实,密实度应大于 0.93		
	地基承载力	大于 140 kPa		
	面层处理情况	100 mm 厚 C20 混凝土垫层		
	截排水沟的设置	四周模板支撑架以外 1 m 处设置排水沟		
传力层一层的板厚及层高		板厚 120 mm,层高 4.2 m	传力层一层梁与承重层梁对应情况	超限梁与框架梁对应

4.1.3   架体搭设技术参数

本工程楼板和梁体模板支撑架的立杆纵横间距、水平杆步距、剪刀撑设置、连墙件设置、模板主次楞等重要的搭设技术分别参见表4.3和表4.4。

表4.3   板支架搭设技术参数

楼板厚度	支撑架高度	立杆纵向间距	立杆横向间距	水平杆步距	荷载传至立杆方式	次楞间距	归并类型号、计算书编号
120 mm	14.1 m	1 000 mm	1 000 mm	1 500 mm	顶托传力	300 mm	第一类板计算书(一)

表4.4   梁支架搭设技术参数

梁截面尺寸/(mm×mm)	支撑高度	支撑方式	梁两侧立杆间距	梁底增加立杆根数	梁跨度方向立杆间距	水平杆步距	荷载传至立杆方式	底模次楞设置方向及间距(根数)	归并类型号、计算书编号
300×600	14.1	梁两侧有板,梁板共用立杆	900 mm	1	1 000 mm	1 500 mm	可调托撑	次楞平行于梁跨度,3根	第一类梁,控制截面300 mm×700 mm计算书(一)
300×700									

续表

梁截面尺寸/(mm×mm)	支撑高度	支撑方式	梁两侧立杆间距	梁底增加立杆根数	梁跨度方向立杆间距	水平杆步距	荷载传至立杆方式	底模次楞设置方向及间距(根数)	归并类型号、计算书编号
400×700	14.1	梁两侧有板,梁板共用立杆	1 000 mm	2	1 000 mm	1 500 mm	可调托撑	次楞平行于梁跨度,4根	第二类梁,控制截面400 mm×700 mm计算书(二)
600×1 200	14.1	梁两侧有板,梁板共用立杆	1 100 mm	2	500 mm(1/2板下同方向立杆间距)	1 500 mm	可调托撑	次楞平行于梁跨度,4根	第三类梁控制截面600 mm×1 200 mm计算书(三)

4.1.4　安全防护技术参数

本工程模板支撑系统施工的相关安防护全技术参数如下:

①人员上下采用钢管扣件搭设的梯道,梯道从9.85 m至14.05 m作业层,高度为一层,梯步高度为300 mm、宽度为300 mm,梯步铺木脚手板,共14步;梯道宽度为1 000 mm,两侧设置1 200 mm高钢管栏杆,中间在600 mm高处设置中间栏杆。

②架体作业层防护采用外侧双排脚手架,脚手架搭设详见本项目《脚手架安全专项施工方案》。

③本项目模板支撑架不设置通行门洞。

4.1.5　架体构造技术参数

本工程楼板和梁体模板支撑架的架体构造参数参见表4.5。

表4.5　架体构造技术参数

第一施工区域		
构件类别	构造名称	参数
第一类板(120 mm厚)	楼板模板次楞间距	300 mm
	可调托撑内主楞根数	2
	主楞控制悬挑长度	400 mm
	次楞控制悬挑长度	200 mm
	立杆顶部自由外伸控制长度	350 mm

续表

第一施工区域		
第一类梁 （300 mm×700 mm）	梁底模次楞设置方向	平行于梁跨度
	梁底模次楞设置根数或间距	3
	可调托撑内主楞根数	1
	主楞控制悬挑长度	400 mm
	次楞控制悬挑长度	200 mm
	立杆顶部自由外伸控制长度	350 mm
第二类梁 （400 mm× 700 mm）	梁底模次楞设置方向	平行于梁跨度
	梁底模次楞设置根数或间距	4
	可调托撑内主楞根数	1
	主楞控制悬挑长度	400 mm
	次楞控制悬挑长度	200 mm
	立杆顶部自由外伸控制长度	350 mm
第二类梁 （600 mm× 1 200 mm）	梁底模次楞设置方向	平行于梁跨度
	梁底模次楞设置根数或间距	5
	可调托撑内主楞根数	1
	主楞控制悬挑长度	400 mm
	次楞控制悬挑长度	200 mm
	立杆顶部自由外伸控制长度	350 mm
架体剪刀撑	剪刀撑设置类型	JGJ 130 规定的加强型
连墙件	连墙件设置方式	钢管扣件抱柱
	连墙件设置间距	每柱均设，高度每两步设一道

4.2 工艺流程

本项目模板支撑架施工工艺流程详见图4.1。

4.3 施工方法及工艺要求

4.3.1 施工准备

①施工前应按规定进行安全专项施工方案的审批，且应按规定进行论证、审批；应开展针对施工组织设计、专项施工方案、安全专项施工方案的施工技术交底和安全技术交底，且应形成书面交底记录。

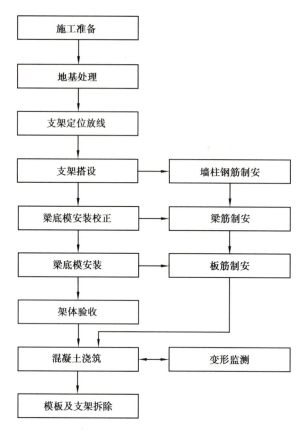

图 4.1　模板支撑架施工工艺流程图

②施工前应针对安全专项施工方案进行全面的安全技术交底,且应形成书面交底记录。操作班组应熟悉设计与施工说明书,并应做好模板安装作业的分工准备。

③对模板和配件应进行挑选、检测,不合格者应剔除,并应运至工地指定地点堆放。

④施工前应备齐操作所需的一切安全防护设施和器具。

4.3.2　基础处理

本项目标高-0.050~14.050 m层高支模架直接支承在标高-0.050 m层混凝土楼面梁板之上,该层楼面承载力验算合格,根据构造需要,保留-0.050 m层以下-1层的支模架。立杆设置前应按本项目《模板支撑架设计施工图》的要求放线定位。本工程每根立杆底部设置底座及垫板,垫板通长设置,长度不小于2跨,厚度不小于50 mm,宽度不小于200 mm。

在模板支撑体系外侧作业脚手架水平投影范围以外约1.0 m处的地面,应沿四周设置排水沟,地面基层处理范围应包括排水沟范围,地面处理应延伸到排水沟。

4.3.3　立杆设置

①钢管规格、立杆间距、扣件应与本项目模板支撑架施工图纸一致。

②立杆应按照施工图纸中的立杆布置定位度定位放线,在搭设基础面上采用弹线定点确定每根立杆的位置,立杆定位线的偏差应小于5 mm。

③架体搭设时,应在基础面上竖起3~4根立杆为架体搭设的起始单元,并在设置纵、横向扫地杆及第一步水平杆连成架体起始段,在起始段完成后,扩展搭设形成架体整体。

④如遇立杆底部不在同一高度,高处的纵向扫地杆应向低处延长不少于两跨,高低差不

得大于 1 m,立杆距边坡上方边缘不得小于 0.5 m。

⑤立杆接长严禁搭接,必须采用对接扣件连接,相邻两立杆的对接接头不得在同步内,且对接接头沿竖向错开的距离不宜小于 500 mm,各接头中心距主节点不宜大于步距的 1/3。

⑥严禁将上段的钢管立杆与下段钢管立杆错开固定于水平杆上。

⑦楼梯底部模板应设置竖向及垂直于梯段斜面的支撑杆件。

4.3.4　水平杆设置

①纵、横向扫地杆应采用直角扣件固定在立杆上,靠下的扫地杆距地面不大于 200 mm。

②纵、横向扫地杆及水平杆的步距应与本项目《模板支撑架设计施工图》一致。

③水平杆接长应采用对接扣件连接或搭接,并应符合下列规定。

a.两根相邻水平杆的接头不应设置在同步或同跨内;不同步或不同跨两个相邻接头在水平方向错开的距离不应小于 500 mm;各接头中心至最近主节点的距离不应大于纵距的 1/3。

b.端部扣件盖板边缘至搭接纵向水平杆杆端的距离不应小于 100 mm。

4.3.5　剪刀撑设置

本项目架体采用加强型剪刀撑设置,每道剪刀撑的间距、跨越立杆根数及设置位置应符合施工图纸的要求。

剪刀撑在搭设到剪刀撑设置平面位置和水平高度时应及时搭设。

剪刀撑杆件应采用旋转扣件固定在与之相交的水平杆或立杆上,旋转扣件中心线至主节点的距离不宜大于 150 mm,两个扣件的距离应确保剪刀撑杆件的长细比不大于 250,即不大于 3.9 m。

4.3.6　垫板、底座及垫板设置

①每根立杆底部应设置底座或垫板。

②立杆垫板或底座底面标高宜高于自然地坪 50~100 mm。

③立杆可调底座、可调托撑螺杆插入立杆内的长度不得小于 150 mm,螺杆伸出钢管的长度不应大于 300 mm,螺杆外径与立杆钢管内径的间隙不得大于 3 mm,安装时应保证上下同心。

④底座、垫板均应准确地放在定位线上。

4.3.7　连墙件的设置

连墙件的构造做法采用钢管扣件抱框架柱的方式,设置应符合施工图纸的要求。

4.3.8　模板安装

①现浇钢筋混凝土梁、板,当跨度大于 4 m 时,模板应起拱;当设计无具体要求时,起拱高度宜为全跨长度的 1/1 000~3/1 000。

②拼装高度为 2 m 以上的竖向模板,不得站在下层模板上拼装上层模板。安装过程中应设置临时固定设施。

③周边构件支模时,当支架立杆沿竖向呈一定角度倾斜,或其支架立杆的顶表面倾斜时,应采取可靠措施确保支点稳定,支撑底脚必须有防滑移的可靠措施。

④对梁和板安装二次支撑前,其上不得有施工荷载,支撑的位置必须正确。安装后所传给支撑或连接件的荷载不应超过其允许值。

4.3.9　其他施工要求

搭设双排外脚手架作为主体钢筋混凝土结构施工的外防护架,每隔 10 m 设水平安全兜网,立面满挂密目安全网;双排外脚手架上设置人员上下通道;高大模板工程支撑体系区域与

非高大模板工程支撑体系区域之间的纵横水平杆应纵横贯通设置。

4.4 检查与验收

4.4.1 模板安装检查与验收

模板安装允许偏差应符合表4.6的规定。

表4.6 现浇结构模板安装的允许偏差及检查方法

项目		允许偏差/mm	检查方法
轴线位置		5	钢尺检查
底模上表面标高		±5	水准仪或拉线、钢尺检查
截面内部尺寸	基础	±10	钢尺检查
	柱、墙、梁	+4，-5	钢尺检查
层垂直高度	不大于5 m	6	经纬仪或吊线、钢尺检查
	大于5 m	8	经纬仪或吊线、钢尺检查
相邻两板表面高低差		2	钢尺检查
表面平整度		5	2 m靠尺和塞尺检查

4.4.2 进场构配件检查与验收

模板支撑架的杆件材料应按以下要求进行验收、抽检和检测：

①构配件进场时，应对进场的承重杆件、连接件等材料的质量合格证、质量检验报告进行复核，并按表4.7的规定对其表面观感、重量、壁厚、焊接质量等物理指标进行抽检。

表4.7 构配件外观质量检查表

序号	项目	要求	抽检数量	检查方法
1		表面应平直光滑，不应有裂缝、结疤、分层、错位、硬弯、毛刺、压痕和深的划痕及严重锈蚀等缺陷，严禁打孔	全数	目测
2		钢管内外壁宜浸漆或作镀锌处理	全数	目测
3		钢管外径、壁厚及允许偏差应满足现行行业标准《建筑施工扣件式钢管脚手架安全技术规范》(JGJ 130)的规定	3%	游标卡尺
4	钢管	外表面的锈蚀深度≤0.18 mm	3%	游标卡尺
5		钢管两端面切斜偏差≤1.70 mm	3%	塞尺、拐角尺
6		各种杆件钢管的端部弯曲≤5 mm(端部弯曲段≤1.5 m)	3%	钢板尺
7		立杆钢管弯曲≤12 mm(3 m<L≤4 m)≤20 mm(4 m<L≤6.5 m)	3%	钢板尺
8		水平杆、斜杆的钢管弯曲≤30 mm(L≤6.5 m)	3%	钢板尺

续表

序号	项目	要求	抽检数量	检查方法
9	扣件	扣件的铸造件表面应光滑平整,不得有砂眼、缩孔、裂纹等缺陷,表面粘砂应清除干净	全数	目测
10		冲压件不得有毛刺、裂纹、氧化皮等缺陷	全数	目测
11		旋转扣件应转动灵活,不得有卡滞现象	全数	目测
12				
13	可调底座及可调托撑	可调底座及可调托撑螺杆外径不得小于38 mm;螺杆与调节螺母啮合长度不得少于5扣,螺母厚度不小于30 mm;螺杆与承力面钢板焊接环焊焊缝高度不小于6 mm;可调托撑U形顶托板厚度不得小于5 mm;可调底座垫座板厚度不得小于6 mm,顶托板弯曲变形不应大于1 mm	3%	游标卡尺、钢板尺、目测
14		螺杆与承力面钢板焊接要牢固,焊缝应饱满,不得有夹渣、裂缝、开焊现象	全数	目测
15	脚手板	冲压钢脚手板	冲压钢脚手板板面挠曲≤12 mm($L \leq 4$ m)或≤16 mm($L > 4$ m);板面扭曲≤5 mm(任一角翘起)	3%	钢板尺
16			不得有裂纹、开焊与硬弯;新、旧脚手板均应涂防锈漆	全数	目测
17		木脚手板	材质应符合现行国家标准《木结构设计规范》(GB 50005—2017)中Ⅱa级材质的规定;扭曲变形、劈裂、腐朽的脚手板不得使用	全数	目测
18			木脚手板的宽度不宜小于200 mm,厚度不应小于50 mm,板厚允许偏差-2 mm	3%	钢板尺
19		竹脚手板	宜采用由毛竹或楠竹制件的竹串片板、竹笆板	全数	目测
20			竹串片脚手板宜采用螺栓将并列的竹片串联而成。螺栓直径宜为3~10 mm,螺栓间距宜为500~600 mm,螺栓离板端宜为200~250 mm,板宽250 mm,板长2 000 mm、2 500 mm和3 000 mm	3%	钢板尺
21	安全立网	安全立网绳不得损坏和腐朽,平支安全网宜使用锦纶安全网;密目式阻燃安全网除满足网目要求外,其锁扣间距应控制在300 mm以内	全数	目测

此外,对进场的钢管、扣件等应按照主管部门的相关规范性文件进行抽样、送检。

②应对扣件螺栓的紧固力矩进行抽查,扣件拧紧抽样检查数目及质量判定标准应按照表4.8进行,对梁底扣件应进行100%检查。

表4.8 扣件拧紧抽样检查数目及质量判定标准

抽检项目	安装扣件数量/个	抽检数量/个	允许不合格数量/个
连接立杆与纵(横)向水平杆或剪刀撑的扣件;接长立杆、纵向水平杆或剪刀撑的扣件	51~90	5	0
	91~150	8	1
	151~280	13	1
	281~500	20	2
	501~1 200	32	3
	1 201~3 200	50	5

4.4.3　架体搭设检查与验收

架体地基、基础处理及架体搭设过程中的立杆、纵横向水平杆、剪刀撑等重要杆件的垂直偏差、水平偏差、质量等应满足现行行业标准《建筑施工扣件式钢管脚手架安全技术规范》(JGJ 130—2011)的规定。为便于检查验收,将相关验收项目及其对应的质量要求列于表4.9,施工中应严格按照表4.9的要求进行检查验收。

表4.9 支撑架搭设的技术要求与允许偏差

序号	项目		一般质量要求	
1	地基基础(每100 m²不少于3个测点)	表面	地基表面应坚实平整	
		排水	地基表面不得积水,排水设施完备、畅通	
		垫板	土层地基上设置厚度不小于5 cm、宽度不小于20 cm的木垫板,至少跨越两跨立杆,不晃动	
		底座	地基表面有高差时,应设置可调底座调整,底座不得沉降	
		承载力	满足承载力特征值要求	
2	支架立杆间距、水平杆步距尺寸偏差		距离	偏差
			纵距	±30 mm
			横距	±30 mm
			步距	±20 mm
3	立杆的垂直偏差		架高	偏差
			$H=2$ m	±7 mm
			$H=10$ m	±30 mm
			$H=20$ m	±60 mm
			$H=30$ m	±90 mm

续表

序号	项目		一般质量要求	
4	纵、横向水平杆的水平偏差		一根杆的两端	±20 mm
			同跨内两根纵向水平杆	±10 mm
5	节点处相交杆件的轴线距节点中心距离		≤150 mm	
6	相邻立杆接头位置		相互错开,设在不同的步距内,且隔跨布置,相邻接头的高度差应>500 mm,接头距节点应不大于步距的1/3	
7	相邻纵、横向水平杆接头位置		相互错开,设在不同的步距和跨距内,相邻接头的水平距离应>500 mm,接头距立杆应不大于立杆纵(横)距的1/3	
8	剪刀撑与地面夹角以及与地面抵紧程度		剪刀撑斜杆应与地面抵紧,与地面夹角为45°~60°	
9	杆件搭接	杆别 搭接长度	连接要求	
		剪刀撑 >1 m	采用不少于2个旋转扣件固定在水平杆或立杆上,旋转扣件中心线至节点距离不应大于150 mm	
		水平杆	等间距设置3个旋转,端部扣件盖板边缘至搭接水平杆杆端距离不小于100 mm	
10	节点连接	扣件式钢管脚手架	拧紧扣件螺栓,其拧紧力矩应不小于40 N·m,且达到65 N·m时不得破坏	

注:H 为支撑结构高度。

4.4.4 安全防护设施检查与验收

本工程模板支撑体系安全防护设施检查与验收的规定详见本工程《脚手架安全专项施工方案》。

4.4.5 完工验收

支撑架在原材料进场、基础施工完毕、架体搭设完成、安全设施安装完毕、预压实验完毕(如有)等各阶段验收合格的基础上进行。在浇筑混凝土前,应对支撑架进行全面验收以确保架体的使用安全,且经施工单位、监理单位相关技术人员签字确认后方可浇筑混凝土。架体检查验收表格按表4.10执行。

表4.10 模板支架与方案符合性检查验收表

项目名称		搭设部位	
搭设班组		班组长	

续表

操作人员 持证人数			证书符合性			
安全专项方案编审 程序符合性			技术交底 情况		安全交 底情况	
架体 构配 件	进场前质量验收情况					
	材质、规格与方案的符合性					
	使用前质量检测情况					
	外观质量检查情况					
检查内容			实测抽查合格率(不低于90%)抽 查率不低于30%		结论	
地基承载力与方案的符合性						
支承层传力构造与方案的符合性						
立杆	梁底纵、横向间距					
	梁底支撑纵横杆是否完整					
	板底纵、横向间距					
步距	自由端长度与方案的符合性					
	顶步架步距与方案的符合性					
	非顶步步距与方案的符合性					
剪刀 撑	竖向剪刀撑与方案的符合性					
	水平剪刀撑与方案的符合性					
可调 顶托	外伸长度≤200 mm					
	插入立杆深度≥150 mm					
主次 梁	板模主次梁构造与方案的符合性					
	梁模主次梁构造与方案的符合性					
施工单位检查结论		结论: 检查人员: 项目技术负责人: 项目经理: 验收日期: 年 月 日				

续表

	结论：
监理单位验收结论	专业监理工程师：　　　　　　总监理工程师： 　　　　　　　　　　　　　　　验收日期：　　年　月　日
建设单位验收结论	结论： 检查人员：　　　　　　　验收日期：　　年　月　日

4.5　模板支撑体系预压

由于本项目高大模板支撑系统最大集中线荷载为 18 kN/m，且地基基础稳固，因此可不进行预压。

4.6　混凝土浇筑

本项目高大模板支撑系统的混凝土浇筑采用 2 台××重工的 JH5190THB-29 型号(29 m 小型混凝土泵车)的车载天泵进行浇筑。混凝土浇筑过程应确保支撑系统受力均匀，避免引起模板支撑架的失稳倾斜。混凝土浇筑应符合下列规定：

①柱和梁板的混凝土浇筑，应按先浇筑柱混凝土、后浇筑梁板混凝土的顺序进行。

②浇筑梁或悬臂构件时，应从构件挠曲变形大的部位向挠曲变形小的部位对称进行，即连续梁应从跨中向两端浇筑，悬臂梁应从悬臂端向根部浇筑。

③润滑泵管的砂浆采用现场搅拌，对于润滑泵管的砂浆，严禁喷洒到楼面上。

④混凝土自泵口下落的自由倾落高度不得超过 2 m，浇筑高度如超过 3 m 时必须采取措施，用溜管。

⑤浇筑混凝土时应分段分层连续进行，浇筑层高度应根据混凝土供应能力、一次浇筑方量、混凝土初凝时间、结构特点和钢筋疏密综合考虑决定，一般为振捣器作用部分长度的 1.25 倍。

⑥使用插入式振捣器应快插慢拔，插点要均匀排列，逐点移动，顺序进行，不得遗漏，做到均匀振实。移动间距不大于振捣作用半径的 1.5 倍(一般为 30~40 cm)。振捣上一层时应插入下层 5~10 cm，以使两层混凝土结合牢固。表面振动器(或称平板振动器)的移动间距，应保证振动器的平板覆盖已振实部分的边缘。

⑦浇筑混凝土应连续进行，如必须间歇，其间歇时间应尽量缩短，并应在前层混凝土初凝之前，将次层混凝土浇筑完毕。间歇的最长时间应按所用水泥品种、气温及混凝土凝结条件确定，一般超过 2 h 应按施工缝处理(当混凝土的凝结时间小于 2 h 时，则应当执行混凝土的初凝时间)。

⑧浇筑混凝土时应经常观察模板、钢筋、预留孔洞、预埋件和插筋等有无移动、变形或堵塞情况，发现问题应立即处理，并应在已浇筑的混凝土初凝前修正完好。

⑨混凝土表面平整度控制不得大于 5 mm，标高控制不得大于±8 mm。

4.7 模板支撑体系拆除

4.7.1 拆模时混凝土的强度要求

模板及其支架拆除时的混凝土强度,应符合设计要求,当设计无具体要求时,应符合下列规定:

①侧模在混凝土强度能保证其表面及棱角不因拆除模板而受损坏后,方可拆除。

②底模在混凝土强度符合表4.11的规定后方可拆除,并应填写表4.12所示的"模板拆除申请表"。本项目在梁板混凝土强度达到设计强度值100%时,方可拆除支撑架。

表 4.11 底模拆除时混凝土强度要求

结构类型	结构跨度/m	按设计的混凝土强度标准值的百分率计/%
板	≤2	≥50
	>2 且<8	≥75
	≥8	≥100
梁、拱、壳	≤8	≥75
	>8	≥100
悬臂构件	≤2	≥100
	>2	≥100

表 4.12 模板拆除申请表

工程名称		施工单位	
混凝土浇筑日期		设计拆模强度	
混凝土实际强度		试块报告编号	
拆除部位		监护人	
拆模警戒范围		拆模班组	
拆模安全技术措施: 施工部门负责人:			
说明:模板支撑系统拆除时,混凝土强度必须符合《混凝土结构工程施工及验收规程》(GB 50204—2002)(2010 版)第4.3.1条规定,才能进行。			
申请人: 年 月 日 劳务负责人: 年 月 日		技术负责人: 年 月 日 质检员: 年 月 日 安全员: 年 月 日	

4.7.2 混凝土结构拆模后承载的强度要求

混凝土结构在模板和支架拆除后,需待混凝土强度达到设计混凝土强度等级后,方可承受全部使用荷载;当施工荷载所产生的效应比使用荷载的效应更为不利时,必须经过核算,必要时加设临时支撑。

4.7.3 支撑架拆除顺序

①拆模板及支架前应先进行针对性的安全技术交底,并做好记录,交底双方履行签字手续。模板拆除前必须办理拆除模板审批手续,经技术负责人、监理审批签字后方可拆除。

②支拆模板及支架时,2 m及以上高处作业应设置可靠的立足点,并有相应的安全防护措施。拆模顺序应遵循先支后拆、后支先拆、从上往下的原则。

③模板及支架拆除前必须有混凝土强度报告,强度达到规定要求后方可拆模。

④楼板、梁模拆除,应先拆除楼板底模,再拆除侧模。楼板模板拆除应先拆除水平杆,然后拆除板模板立杆,每排留1~2根立杆暂不拆。操作人员应站在已拆除的空隙,拆去近旁余下的立杆使木档自由坠落,再用钩子将模板钩下。等该段的模板全部脱落后,集中运出、集中堆放,木模的堆放高度不超过2 m。楼层较高、支模采用双层排架时,先拆除上层排架,使木档和模板落在底层排架上,上层模板全部运出后再拆底层排架。有穿墙螺栓的,应先拆除穿墙螺栓,再拆除梁侧模和底模。

⑤支架拆除,应由上而下按层按步骤进行,先搭后拆,后搭先拆。拆除应按顺序从上往下,一步一清,不准上下同时作业。

⑥支架拆除时,周围应设围栏或警示标志,并设专人看管,禁止施工人员以外的人员入内。

⑦当立杆的水平杆超过2层时,应首先拆除2层以上的拉杆。当拆除最后一道水平杆时,应和拆除立杆同时进行。

⑧当拆除4~8 m跨度的梁下立杆时,应先从跨中开始,对称地分别向两端拆除。拆除时,严禁采用连梁底板向旁侧拉倒的拆除方法。

4.7.4 支撑架搭拆其他注意事项

①凡是有高血压、心脏病、癫痫病、晕高或视力不够等不适合做高处作业的人员,均不得从事架子搭设和拆除作业。配备架子工的徒工,在培训以前必须经过医务部门体检合格,操作时必须有技工带领、指导,由低到高,逐步增加,不得任意单独上架子操作,且要经常进行安全技术教育。凡从事架子工种的人员,必须定期(每年)进行体检。

②根据场地要求和施工现场总平面图,确定模板堆放区、配件堆放区及模板周转用地等。

③有恶劣气候(如风力5级以上,高温、雨雪天气等)影响安全施工时,应停止高处作业。

5.施工安全保证措施

5.1 组织措施

5.1.1 组织机构设置

本项目模板支撑体系施工的安全组织机构体系详见图5.1。

5.1.2 人员配置

本工程模板支撑体系施工人员配备如下:

项目经理1人:×××

施工负责人1人:×××

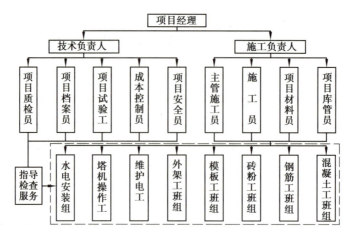

图 5.1　安全保证体系

技术负责人 1 人:×××

施工员 5 人:×××、×××、×××、×××、×××

质检员 2 人:×××、×××

资料员 1 人:×××

安全员 3 人:×××、×××、×××

材料员 1 人:×××

库管员 2 人:×××、×××

预算员 1 人:×××

5.1.3　安全管理职责

1) 项目经理

①全面负责项目计划、质量、进度、成本控制、后勤和考勤等工作。项目经理是保证本项目及公司对外承包施工合同履行的第一责任人。

②抓好本项目的安全生产,督促、支持安全员的安全管理。项目经理是项目部安全生产的第一责任人。

③编制项目《项目管理规划》,签订和组织履行《项目目标管理协议》。

④主持组建项目部和建立健全项目管理的各项办法。

⑤组织《安全专项方案》的编制,主持编制施工进度计划及月、周作业计划和材料计划。

⑥在被授权范围内,沟通与协作单位,发包人和监理工程师的联系,协调处理好各种关系,及时解决项目各种问题和突发性事件。

⑦组织危大工程阶段验收工作。

2) 技术负责人岗位职责

①负责《安全专项方案》的编制工作。

②主持施工技术交底和安全技术交底,指导施工员、安全员班前交底。

③参与危大工程的检查验收工作,按审定的方案及相关规范验收现场的实物与方案及规范的相符性。

3) 施工负责人

①主持本项目的测量工作,负责主控轴线、标高的测量工作。

②参与对班组的安全技术交底,坚持管生产必须管安全的原则,执行项目安全文明施工

相关措施,支持项目安全防护标准化的推进,对本项目的安全文明维护管理负责。

③负责按专项方案的要求组织材料设备及人力资源,控制施工质量保证安全生产。

4)施工员

①负责本主管区域内的测量工作。

②组织本施工区段内所有班前及工序交底。

③对现场的工序质量、半成品、构配件质量进行监督检查和控制,督促基层班组,搞好自检、互检、交接检,按本项目管理规划的覆盖率要求,以实测实量的工作方式对工序质量的情况进行把握,并进行动态管理。

④按本项目的施工进度计划组织本主管区段内的施工,全面管理本区段(栋号)内施工进度、质量、安全、班组协调、施工条件等,确保本区段的施工进度与目标进度相符。

⑤参与对班组的安全技术交底,坚持管生产必须管安全的原则,执行项目安全文明施工相关措施,对本区段的安全文明施工行为管理和安全防护设施的维护管理负主要责任。

5)质检员岗位职责

①参与施工技术交底的编写及交底工作。

②督促施工员及基层班组,搞好自检、互检、交接检。

③负责工程试配、原材送检、试块制作等,并以拿回符合要求的报告为准。

6)安全员

①在项目技术负责人(或内业负责人)的指导下,根据安全法规、规范,参与项目施工安全方案及安全措施计划的编制,并负责实施。

②负责新工人的入场、上岗教育和有计划地对职工进行安全教育,并做好记录。负责组织本项目的班前安全技术交底。

③负责安全防护设施的建设及过程维护管理。

④全面负责施工现场安全行为管理工作。严格禁止违章作业和违章指挥,发现有可能造成重大事故危险时,有权立即停止作业、撤出人员,然后再向上级主管领导报告。对违反安全操作规程的现场及时进行处理,并及时向工程项目负责人汇报。

⑤做好安全管理的档案资料,随时备查,并保证最终的安全档案验收合格。

⑥对安全物资进行管理,确保投入的安全物资是合格产品。参加有关安全设施的设计与审查和竣工验收,必要时应对验收中提出的安全方面的问题进行解释和说明。

⑦归口处理项目安全事故、纠纷及项目突发事件。

⑧负责项目后勤保障工作。

7)材料员岗位职责

①按照项目部提出的《材料计划》,在计划说明到场时间内按计划明确的规格数量品种和质量要求及时采购回合格材料。

②随时掌握好各种材料的市场动态,采购材料应货比三家、价比三处,购回的材料应物美价廉(原则上不能高于公司统购材料价格或本公司发布的信息价),购回的材料应有合格发票及质保资料。

③按照项目部提供的周材及设备计划,在计划时间内及时租赁和归还。租赁和归还单据必须当日由工程负责人签字方可结算,做到日租、日算、月结。对零星材料定期作检查,督促整理归堆,杜绝材料浪费。

④按质保体系要求对材料进行分类,规范堆放标志,并确保入场材料的安全。

⑤建立材料合格供应商名册及供方考察评定表和年度供方评价表。

8）档案（资料）员

①负责本项目工程技术档案的填写收集整理工作。工程图纸及变更的保管和发放，以及其他文件的管理工作，并负责将设计变更及时规范地标明在施工图上。

②负责项目日常会议的记录和纪要的整理工作。

③负责施工现场每日晴雨表的正确填写。生产需要时，应及时向气象单位联系了解气候情况，为生产提供准确的资料。

④协助技术负责人完成竣工图的绘制。

⑤负责现场办公室的布置及日常管理。

9）库管员岗位职责

①按项目计划的数量、品种、质量收货，负责进场材料的质量验收和数量的核对，并办理入库手续。

②在材料员的领导下，对进场材料作分类存放标志，确保场内材料存放安全、分类有序、标志清楚，做好储存物资的保管和保养工作。根据物资的性能，安排适当的保管场所，妥善对物资进行堆码，搞好库房清洁卫生，加强物资的日常性维护与保养，对仓库温度、湿度进行管理，做好防锈、防腐、防霉、防虫害、防鼠等工作，以及定期检查和做好季节性预防措施。

③负责做好出库物资的领用记录（出库领料单），要求出库单明确到班组和工程部位。根据出库单、入库单，使用材料软件做好材料的台账，并形成电子文档备查。

④定期盘点核实库存量与账目是否相符。

⑤对于常用材料，在库存量明显偏少的情况下应提醒相关人员早做材料计划，防止材料挡工的情况发生。

5.2 潜在事故辨识

5.2.1 模架工程潜在事故和危害源辨识清单

本项目模架工程潜在事故和危害源辨识清单见表5.1。

表5.1 模架工程潜在事故和危害源辨识清单

潜在事故	危险和有害源
坍塌	下雨后大模板的存放场地下沉，未将存放的模板转移至安全区域
	大模板临时堆放在非承重结构上，在承重结构上堆放的模板超重
	小钢模堆放场地不平整，堆放时未横竖错放堆码整齐，小钢模堆放在卸料平台上超重
	底模拆除时，混凝土未达到设计强度就强行拆模，拆模留下无支撑的悬空模板未制止，未按规定传送模板及架料，并未设置警戒区域
	模板支撑架料钢管壁薄、扣件含碳量高仍用作承重结构支撑未制止
	木制模板板面强度不够仍用作承重结构底模未制止、未纠正
	高支模所用扣件含碳量超标、变形，钢管存在壁厚偏薄、变形等缺陷未按安全规定退货
	墙、柱模板支撑设在非承重脚手架上未返工
	墙柱模板支撑架管间距偏小、支撑未固定牢固、支撑材料脆断
	模板拆除时，未先拆上部模板而是先拆下部模板，模板拆除监视人员被临时调离

续表

潜在事故	危险和有害源
坍塌	拆除的模板未堆放整齐,阻碍交通,堆放在卸料平台上的模板超重
	模板支撑未经过计算、设计参数计算错误未及时纠正
	模板支撑架管间距偏小,纵横向剪刀撑间距过大,钢管底座未压实、未垫板
	现浇混凝土模板支撑系统扣件未紧固,支撑材料偏小、未固定牢固,未经过验收进行下道工序
	钢筋或混凝土作业时,模板上施工静荷载、动荷载超过设计规定未停止作业、未监视、未加固
	高支模支撑系统的承载力和稳定性计算和验算有误,其计算公式、计算数据、验算结果未满足最大施工荷载和动荷载要求的足够安全系数
	高支模支撑系统的间距、步距未满足安全要求,高支模支撑系统的支撑方式、支撑设置的间距未满足安全要求
	对支撑系统的基础平整度、坚实度,架子底座采用的材质、面积,搭设中的间距、步距,支撑的间距、形式等关键参数未进行专项检查验收,检查结果不符合安全规定
	支撑系统与墙体拉节点的数量、位置、材质、连接方式均不符合安全规定,挑梁固定的方式、抗剪力等不符合安全规定
	扣件紧固时螺栓扭矩无专项检查记录,检查数据不在允许范围内
	作业过程中钢管、扣件等材料临时贮存的数量、位置超过限载规定
	作业过程中架子有临时拆除及拆除后无专人监视,未在规定时限内恢复,恢复后未重新验收合格
	混凝土施工全过程中未设专人在指定位置对涉及支撑结构失稳相关的立杆、水平杆、支撑的间距、管子厚薄及粗细、扣件扭力、与墙体拉结固定点位置、受力情况下变化等关键环节进行专项监视,监视中发现变化未及时报告,影响结构整体安全时未暂停混凝土浇筑
	模板荷载设定不正确
	模板支撑体系承载力计算错误
	模板物料集中超载堆放
	大模板存放无防倾倒措施
	现浇混凝土模板支撑体系未验收
	排架支撑不符合设计要求
	排架底部无垫板
	排架用砖垫
	不按规定设置纵横向剪刀撑

潜在事故	危险和有害源
坍塌	立杆间距不符合规定
	模板上施工荷载超过设计规定
	拆模没有混凝土强度报告
	混凝土强度未达到规定就提前拆模
	支撑杆搭设在门窗框上
	模板支撑在脚手架上
	支撑间歇未将模板做临时固定
	材料堆放高度超过码放规定
高处坠落	安排患有高血压、心脏病、恐高症等不适宜高空作业的人员高空作业,未对高空作业人员的身体状况进行检查或测试
	春节期间作业人员想家,心情烦躁,未对其安抚使其心情平稳后再高空作业;人员少,作业人员连续工作 24 h 后仍安排高空作业;架子工家中发生突发事件导致其心情不稳定仍登高作业
	分包作业队无相应资质证书或超过其资质范围施工;分包登高作业人员、架子工未持有效安全上岗证作业
	下大雪后,作业面上未清理干净就高空作业,北方冬季-20 ℃作业未采取安全取暖措施
	在现场高楼加工木模时临边未防护
	墙柱模板安装时未设置操作平台,操作平台不稳固,超过 2 m 无防护就作业
	模板作业时,作业面空洞和临边防护未防护,或防护损坏未及时修复
	模板作业时,作业面使用的旧跳板作业前未检查,发现断裂未及时更换
	高空作业人员的安全带高用低挂、未固定牢固,使用报废的安全带
	模板下方设置的水平网未固定牢固,安全网损坏未更换,安全网过期未检测,使用报废的安全网
	夜间进行模板拆除作业,照明灯光太暗,损坏的灯具未更换
	高大模板施工时,设置的专用上下通道损坏未及时修复合格就使用
	攀爬或扰动大模板
	支模板在 2 m 以上无可靠立足点
	支拆模板高处作业无防护或防护不严
	支拆模板区域无警戒
	支拆模板无专人监护
	拆模前未经拆模申请
	模板工程无验收手续

续表

潜在事故	危险和有害源
高处坠落	支拆模板未进行安全交底
	在模板上运混凝土无通道板
	作业面空洞和临边防护不严
	不适宜高空作业的人员进行高空作业
	在6级以上大风天气高空作业
	拆模后未及时封盖预留洞口
	人员站在正在拆除的模板上
	支拆模板使用2×4钢模板作立人板
	利用拉杆支撑攀登上下
	3 m以上的立杆模板未搭设工作台
	支独立梁模板不搭设工作台
	在未固定的梁底模上行走
	在坡度大于25°的屋面上作业没有相应的安全防护措施
	安装无临边防护的外墙门窗时不系安全带
物体打击	吊装模板用的钢丝绳断股未更换
	木枋或模板现场堆放倾斜未纠正
	没有支腿的定型大钢模板,安装时未放稳就受力
	大模板垂直吊运时,吊车回转半径不够强行吊装,吊装时原有钢丝绳丢失,随意找1根绳子做吊装绳
	模板吊装经过区域下面有其他人员在作业且无人指挥吊装
	交叉作业时,墙模一侧模板安装完成后未临时固定
	模板作业时,上下交叉作业且无隔离措施,设置的隔离板强度不够或未固定牢固
	大模板不按规定正确存放
	各种模板存放不整齐、过高
	大模板场地未平整夯实,未设1.2 m高的围栏护防
	交叉作业上下无隔离措施
	未设承放工具的口袋或挂钩
	拆除底模时下方有人员施工
	拆模留下无撑悬空模板
	封住模板时从顶部往下套
	使用2×4木料作顶撑
	拆下的模板未及时运走而是集中堆放
	拆预制构建模板时不及时加顶撑

潜在事故	危险和有害源
机械伤害	模板加工人员对新型模板体系的加工机械的性能不熟悉,未能熟悉模板加工机械的正确使用方法
	圆盘锯锯片缺齿严重未更换,使用带开口槽的刨刀未制止
	圆盘锯启动后,新增人员未待转速正常后进行锯料无人阻止
	圆盘锯加工作业时,有其他人员在与锯片同一直线上作业
	木工加工机械无保护装置仍作业,保护装置损坏未更换
	平刨机无安全防护措施
	平刨时手在料后推送
	刨短料时不用压板和推棍
	在刨口上方回料
	手按在节疤上推料
	不断电或摘掉皮带就换刀片
	刀片有损坏
	刀片安装不符合要求
	使用双向倒顺开关
	戴手套送料接料
	送料接料未和滚筒离开一定距离
	刨长度短于前后压辊距离的料
	锯片有损坏未发现
	操作时与锯片站在同一直线上
	锯片无防护罩
	未安装分料器
	使用倒顺开关
	锯超过锯片半径的木料
触电	支模现场木工加工机械未做到"一机、一闸、一箱、一漏",漏电保护器不匹配、不定期检测、发现失效未更换
	现场手动电动工具电线破损未用绝缘胶布包裹好,一次线和二次线不满足安全要求
	在组合钢模板上使用 220 V 以上的电源
火灾	模板、架料工程所使用的脱模剂、油漆、稀料一次进场后乱堆乱放,阻碍现场交通
	木工房未设置禁火标志,在木工房内抽烟未立即阻止和纠正,配置的灭火器失效未更换,灭火器被临时转移后未及时复位
	模板加工产生的木屑及刨花因人少未及时清扫,造成地面木屑及刨花大量堆积未处理
	支模现场木工加工机械的开关未用保险丝连接,保险丝未接到火线上

续表

潜在事故	危险和有害源
起重伤害	模板架料吊装设备安全装置失效仍吊装,吊装设备安全装置失效未及时维修,模板质量超过吊装设备的最大吊装量仍吊装
	吊装模板用的钢丝绳断股未更换

5.2.2 钢筋工程潜在事故和危害源辨识清单

本项目钢筋工程潜在事故和危害源辨识清单见表5.2。

表5.2 钢筋工程潜在事故和危害源辨识清单

潜在事故	危险和有害源
机械伤害	钢筋加工机械使用后保护装置失效未及时更换
	钢筋机械无验收合格手续
	锯盘传动装置无安全防护
	切断机调直块未固定防护罩,且未盖好就送料
	钢筋送入后手与曳轮接近
	切断机开机前未检查刀具状况和紧固状况
	机器未达到正常转速就送料
	人员两手分布在刀片两边,握住钢筋俯身送料
	剪切超过铭牌规定直径的料
	切断料时不用套管或夹具
	运转中用手清除切刀附近的杂物
	工作台和弯曲台不在一个平面上
	开机前未检查轴、防护等
	作业时调整速度更换轴芯
	加工超过铭牌规定直径的钢筋
	作业半径内和机身不设固定销的一侧站人
	不及时清理转盘和座孔内的杂物
	作业前未检查夹具滑轮地锚等
起重伤害	起吊钢筋下方站人
	钢筋在吊运中未降到离地面1 m就靠近
	采用汽车吊装卸钢筋时,指挥人员离岗,起重臂回转半径范围内有其他人员
	采用塔吊垂直运输钢筋时,与其塔吊运转方向不一致
	大雾天气能见度不足10 m仍采用塔吊垂直运输钢筋
	吊钢筋规格长短不一
	钢筋起吊不符合要求

续表

潜在事故	危险和有害源
坍塌	预应力钢筋材料进场检验不合格仍使用
	成品钢筋随意堆放在作业通道上,集中堆放在脚手架和模板上的钢筋超过支承的设计荷载未及时移开
	钢筋成品堆放过高
物体打击	运输过长钢筋进场未采用专用运输车辆,钢筋在运输过程中外露拖地
	钢筋搬运临时道路有塌陷未及时消除
	钢筋切断安全防护装置脱落后未及时维护合格就使用
	钢筋冷拉时 HPB235 级钢筋的冷拉率大于 4%,HRB335 级、HRB400 级和 RRB400 级钢筋的冷拉率大于 1%,未返工合格
	钢筋调直后未放松钢丝绳就安排先拆除夹具
	新增人员钢筋切短料时不用套管或夹具,用手直接扶钢筋操作
	钢筋集中堆放在脚手架和模板上
	机械无专用的操作棚
	堆料处靠近临边洞口
高处坠落	吊运钢筋区域内有其他作业人员在搬运钢筋
	作业人员家庭闹矛盾,其心情烦躁仍安排吊装作业
	秋收时节,作业人员心理负担重,未做安抚,未待其心理稳定就安排高空作业
	装卸钢筋时,汽车吊安全装置失效仍继续作业
	采用塔吊垂直吊运钢筋时,塔吊钢丝绳存在多股断丝现象
	在高处对接时,安全带低挂高用,安全带到期未按规定送权威机构检测合格就使用
	在高处钢筋连接所设置的专用操作平台不稳固,发现有失稳时未及时加固
	新增人员绑扎独立杆头钢筋时工人站在钢筋箍上操作
	高空作业人员未配备合格的安全带,安全带过期后未重新作破坏性试验确认合格就用
	绑扎悬空大梁时站在模板上操作
	绑扎独立杆头时工人站在钢筋箍上操作
	用木料管子钢模板穿在钢箍内作立人板
	工具钢箍短钢筋随意放在脚手板上
	在无防护的钢筋骨架上行走
火灾	钢筋切断作业设置的火星挡板损坏未及时更换或修补
	钢筋切断作业附近 5 m 范围内堆放大芯板,未及时清除后再作业
	切割机无火星挡板
	焊渣掉落阴燃引起明火
	电焊机周围堆放易燃易爆物品和其他杂物
	焊割时未配备灭火器材
	焊接时没有监护(看火)人员
	焊接操作人员未领取动火证
	电气焊明火作业违章操作或作业垂直下方有孔洞未封闭
	焊接作业和木工、油漆、防水交叉作业

续表

潜在事故	危险和有害源
触电	电焊机一次线长度大于5 m,二次线长度大于3 m,两侧接线未压牢
	电焊机放置的地方没有防雨、防砸措施
	钢筋机械未接地接零保护
	钢筋加工机械使用后保护装置失效未及时更换
	临时配电系统不合格

5.2.3　混凝土工程潜在事故和危害源辨识清单

本项目混凝土工程潜在事故和危害源辨识清单见表5.3。

表5.3　混凝土工程潜在事故和危害源辨识清单

潜在事故	危险和危害源
触电	振动器开关无按钮
	操作机械人员没有佩戴绝缘手套或绝缘鞋
	电缆任意拖拉,随意绑在钢筋上
	操作人员没有穿雨靴
	电缆没有进行绝缘检查
	碘钨灯外壳保护零线基础不良
	移动电箱没有稳固,未按离地面1.3~1.5 m要求架立
	电缆没有架空
	搅拌机无重复接地,保护零线接触不良
	电动搅拌机的操作台无绝缘措施
	未使用保护接零或接地电阻不符合规定
	插入式振动器无漏电保护
	插入式振动器操作人员无培训上岗
	插入式振动器没有接地、接零
	插入式振动器操作人员不穿绝缘用品
	插入式振动器电缆线不满足所需的长度
	插入式振动器电缆线上堆物
	插入式振动器电缆线被挤压
	用电缆线拖拉或吊挂插入式振动器
	插入式振动器使用前未检查电路
	插入式振动器在检修作业间断时未切断电源

续表

潜在事故	危险和危害源
高处坠落	临边洞口无防护
	无操作平台
	脚手架跟不上施工进度,在建工程外侧安全网未张挂严密
	2 m以上的高空串挑未设置防护栏杆
	料斗在临边时人员站在临边一侧
	使用滑槽操作部位无护身栏杆
	2 m以上小面积混凝土施工无牢靠立足点
	站在滑槽上操作
	高处混凝土施工少防护,无安全带
	小车运输中倒退行走
	板墙独立梁柱混凝土施工站在模板或支撑上
物体打击	操作棚无防雨、防砸措施
	工人没有正确配戴安全帽
	泵送管加固架不稳固
	交叉作业未增加立体防护措施
	将磨损的管道用在高压区
	插入式振动器的软管出现断裂
	清理地面时向下乱抛杂物
机械伤害	搅拌机安装不够稳固
	搅拌机的操作电箱没有上锁
	搅拌机料斗无保险钩
	搅拌机上限位失灵
	搅拌机传动部分防护罩松动
	输送泵使用前未经检查
	上料斗和地面之间无缓冲物
	混凝土泵未停放稳当就作业
	各个转动结构无防护罩
	垂直泵送管道直接接在泵的输出口上
	作业前不进行试机
	泵送管道和支架之间未用缓冲物
	进料时头手伸入料斗和机架之间
	车子向料斗倒料无挡车措施
	运转时用手或工具伸入筒内扒料

续表

潜在事故	危险和有害源
机械伤害	井架运输小车伸出笼外
	料斗升起时有人员在料斗下
	检修料斗清理料坑时没把料斗固定
	有人进入筒内操作时无专人监护
	作业前未对泵的整体做检查
	作业后未将料斗降落在坑底
	泵机运转时将手或铁锹伸入料斗
	搅拌机运输时未将料斗固定
	泵送时调整修理正在运转的部件
	各个转动结构无防护罩
	作业前不进行试机
坍塌	泵送混凝土架子搭设不牢靠
	泵送管道和脚手架相连
	混凝土爆模造成堆载集中
	泵送管道与钢筋和模板直接连接

5.3　安全技术措施

5.3.1　坍塌的预防措施

1)搭设管理措施

①安全专项施工方案实施前,编制人员或工程项目技术负责人应根据专项施工方案和有关规范、标准的要求,对现场管理人员、作业人员进行安全技术交底,并履行签字手续。

②搭设模板支撑架体的作业人员必须取得建筑施工架子工特种作业操作资格证书,持证上岗。作业人员应严格按规范、专项施工方案和安全技术交底书的要求进行操作,并正确佩戴劳动防护用品。

③高大模板支撑系统的地基承载力、沉降等应能满足方案设计要求。如遇松软土、回填土,应根据设计要求进行平整、夯实,并采取防水、排水措施,按规定在模板支撑立杆底部采用具有足够强度和刚度的垫板。

④对于高大模板支撑体系,以及高度与宽度之比大于两倍的独立支撑系统,应加设保证整体稳定的构造措施。

⑤高大模板工程搭设的构造要求应当符合本项目《模板支撑架设计施工图》及相关技术规范要求,支撑系统立杆接长严禁搭接。应设置扫地杆、纵横向支撑及水平垂直剪刀撑,并与主体结构的墙、柱牢固拉接。

⑥搭设高度2 m以上的支撑架体应设置作业人员登高措施。作业面应按有关规定设置安全防护设施。

⑦模板支撑系统应为独立的系统,禁止与物料提升机、施工升降机、塔吊等起重设施钢结

构架体机身及其附着设施相连接;禁止与施工脚手架、物料周转平台等架体连接。

2)验收管理措施

①高大模板支撑系统搭设前,应由项目技术负责人组织对需要处理或加固的地基、基础进行验收,并留存记录。

②高大模板支撑系统的结构材料应按相关要求进行验收、抽检和检测,并留存记录、资料。

③对进场的承重杆件、连接件等材料的产品合格证、生产许可证、检测报告进行复核,并对其表面观感、质量等物理指标进行抽检。

④对立杆钢管的外观抽检数量不得低于搭设用量的30%,发现质量不符合标准、情况严重的,要进行100%的检验,并随机抽取外观检验不合格的材料(由监理见证取样)送法定专业检测机构进行检测。

⑤采用钢管扣件搭设高大模板支撑系统时,还应对扣件螺栓的紧固力矩进行抽查,抽查数量应符合《建筑施工扣件式钢管脚手架安全技术规范》(JGJ 130—2011)的规定,对梁底扣件抽样应进行100%检查。

⑥高大模板支撑系统应在搭设完成后,由项目负责人组织验收,验收人员应包括施工单位和项目两级技术人员,项目安全、质量、施工人员,监理单位的总监和专业监理工程师。验收合格、经施工单位项目技术负责人及项目总监理工程师签字后,方可进入后续工序的施工。

3)使用与检查措施

①模板、钢筋及其他材料应均匀堆置,放平放稳,施工总荷载不得超过模板支撑系统设计荷载要求。

②模板支撑系统在使用过程中,立杆底部不得松动悬空,不得任意拆除任何杆件,不得松动扣件,也不得用作缆风绳的拉接。

③施工过程中应严格按照本方案的要求进行模板安装、架体原材料、基础、架体结构等的检查和验收。

4)混凝土浇筑管理措施

①混凝土浇筑前,施工单位项目技术负责人、项目总监确认具备混凝土浇筑的安全生产条件后,签署混凝土浇筑令,方可浇筑混凝土。

②框架结构中,柱和梁板的混凝土浇筑,应按先浇筑柱混凝土、后浇筑梁板混凝土的顺序进行。浇筑过程应符合专项施工方案要求,并确保支撑系统受力均匀,避免引起高大模板支撑系统的失稳倾斜。

③浇筑混凝土时要派专人进行监测、监控。施工时不要超负荷施工,发现支架沉陷、松动、变形或变形超过预警值等情况,应当立即停止作业,组织作业人员撤离到安全区域。工程技术人员应当立即研究解决措施并进行处置,确认安全可靠后方可继续施工作业。

5)高大模板支撑系统拆除管理措施

①高大模板支撑系统拆除前,项目技术负责人、项目总监应核查混凝土同条件试块强度报告,浇筑混凝土达到拆模强度后方可拆除,并履行拆模审批签字手续。

②高大模板支撑系统的拆除作业必须自上而下逐层进行,严禁上下层同时拆除作业,分段拆除的高度不应大于两层。设有附墙连接的模板支撑系统,附墙连接必须随支撑架体逐层拆除,严禁先将附墙连接全部或数层拆除后再拆支撑架体。

③高大模板支撑系统拆除时,严禁将拆卸的杆件向地面抛掷,应有专人传递至地面,并按规格分类均匀堆放。

④高大模板支撑系统搭设和拆除过程中,地面应设置围栏和警戒标志,并派专人看守,严禁非操作人员进入作业范围。

5.3.2　高处坠落的预防措施

①模板工程在绑扎钢筋、支拆模板时,应保证作业人员有可靠立足点,作业面应按规定设置安全防护设施。

②楼层边缘的模板施工,应加强外边的防护,增设平网和立网进行设防。

③从事模板作业的人员,应经常组织安全技术培训。从事高处作业的人员,应定期体检,不符合要求的不得从事高处作业。

④安装和拆除模板时,操作人员应佩戴安全帽、系安全带、穿防滑鞋。安全帽和安全带应定期检查,不合格者严禁使用。

⑤模板安装时,上下应有人接应,随装随运,严禁抛掷。不得将模板支搭在门窗框上,也不得将脚手板支搭在模板上,并严禁将模板与上料井架及有车辆运行的脚手架或操作平台支成一体。

⑥支模过程中如遇中途停歇,应将已就位模板或支架连接稳固,不得浮搁或悬空。拆模中途停歇时,应将已松扣或已拆松的模板、支架等拆下运走,防止构件坠落或作业人员扶空坠落伤人。

⑦严禁人员攀登模板、斜撑杆、拉条或绳索等,也不得在高处的墙顶、独立梁或模板上行走。

⑧模板施工中应设专人负责安全检查,发现问题应报告有关人员处理。当遇险情时,应立即停工和采取应急措施;待修复或排除险情后,方可继续施工。

⑨混凝土浇筑操作层处的外脚手架必须高出 1.5 m,设置两道防护栏杆及挡脚板。

⑩操作层脚手板与建筑物外墙之间的空隙不得大于 15 cm,超过时应采取措施进行封闭,防止人员和物料坠落。

⑪作业人员上下应有专用通道,不得攀爬架体。

⑫架体搭设人员必须持证上岗,操作时必须系好安全带。

5.3.3　物体打击的预防措施

①架体搭设和拆除作业中应设置警戒区。

②避免交叉作业。施工计划安排时,尽量避免或减少同一垂直线内的立体交叉作业。无法避免交叉作业时,必须设置能阻挡上面坠落物体的隔离层,否则不准施工。

③模板的安装与拆除应按照施工方案进行作业。高处作业应有可靠立足点,不要在被拆模板垂直下方作业,拆除时不准留有悬空的模板,防止掉下砸伤人。

④施工层外架应设 1.2 m 高的防护栏杆和 18 cm 高的挡脚板。脚手架外侧设置密目式安全网、扣件、钢丝绳等材料,应向下传递或用绳吊下,禁止投扔。

⑤材料、构件、料具应按施工组织设计规定的位置堆放整齐,做到工完场清。

⑥上下传递物件时禁止抛掷。

⑦运送易滑的钢材,绳结必须系牢。起吊物件应使用交互捻制的钢丝绳。钢丝绳如有扭结、变形、断丝、锈蚀等异常现象,应降级使用或报废。严禁用麻绳起吊重物。吊装不易放稳

的物件或大模板应用卡环,不得用吊钩。禁止将物体放在板形构件上起吊。在平台上吊运大模板时,平台上不准堆放无关料具,以防滑落伤人。禁止在吊臂下穿行和停留。

⑧高处作业人员应佩带工具袋,装入小型工具、小材料和配件等,防止坠落伤人。高处作业所用的较大工具,应放在楼层的工具箱。砌砖使用的工具应放在稳妥的地方。

⑨防飞溅物伤人。圆盘锯上必须设置分割刀和防护罩,防止锯下的木料被锯齿弹飞伤人。

⑩戴好安全帽,是防止物体打击的可靠措施。因此,进入施工现场的所有人员都必须戴好符合安全标准、具有检验合格证的安全帽,并系牢帽带。

5.3.4 触电的预防措施

①完善电气设备"五防"功能,电气设备、设施安全接地,接零牢固可靠,经常检查,全面消除装置性违章。

②电气设备检修前,工作负责人应向全体作业人员宣读工作票,并认真讲解安全措施和邻近带电部位。变电所清扫预试或部分停电作业时,工作负责人不能亲自参加作业的,要按规定认真做好监护工作。有两个以上工作组同时工作时,每组应分别设合格的监护人。

③加强检修施工电源管理,严禁乱拉、乱接电源,检修施工电源必须从检修电源箱或经安检人员验收合格的临时电源箱接取,且接线规范、箱门关好。机组大修中,必须建立临时接、拆电源审批制度,完善现场临时电源安全管理,组织专门电工人员进行接拆线工作。

④非电气人员进入带电的变电所、配电室工作时,要按规定办理工作票手续,并由电气检修或运行单位派合格人员进行监护。

⑤停电作业时,严格执行操作监护制,认真进行"四对照",防止走错间隔和误操作。应严格按规程规定进行验电和装设接地线,地线和接地端必须合格,严禁用缠绕法装设接地线,禁止攀登设备构架装拆地线或验电。

⑥配电装置的柜门必须加锁,同一配电盘前后标志名称、编号应清楚一致,确保与下游受电设备名称一一对应。严禁单人打开柜门进行拆装接地线工作。

⑦电气作业以及有触电危险作业时,工作人员必须佩戴合格的个体防护用品,使用合格的工(器)具。个体防护用品、电气绝缘工具、手持式电动工具、移动式电动工具应根据不同类别、性能和用途使用,不可滥用。使用前要按规定进行检查,同时必须定期检查及做绝缘试验。电动工具的防护装置(如防护罩、盖)不得任意拆卸。

⑧使用合格的插头、插座,禁止将电线直接插入插座内,也不能任意调换电源线的插头。拔出插头时,应以手紧握插头,严禁拉扯电线。

⑨临时电源线必须使用胶皮电缆,严禁使用花线或塑料线。临时电源线应绝缘良好、无破损,接头处要作可靠绝缘处理。临时电源线不准缠绕在护栏、管道及脚手架上,或不加绝缘子捆绑在护栏、管道及脚手架上。临时电源线应按规定高度敷设,必须在地面敷设时,应加可靠保护,不准任意拖拉或横在过道上。

⑩在每路施工临时电源开关上,或移动式电缆盘上,必须装合格的漏电保护器,否则使用手持式、移动式电动工器具必须单独加装漏电保护器。电气专业人员要每年定期或不定期地对漏电保护器进行检验,确保其随时处于安全可用状态。

⑪每个开关只准接一路电源或一个用电器,电源箱开关数量不能满足要求时,可装设临时配电盘。工作人员收工后或长时间离开现场或遇临时停电时,应切断用电设备电源。

⑫电气设备和线路必须绝缘良好,并应定期检修。裸露的带电体应安装在碰不着的地方或设置安全围栏和明显的警告标志。所有临时使用的电器开关必须是合格产品,各电气部件应完整、无破损、动作可靠、绝缘良好。

⑬各种电焊机一、二次线符合要求,严禁使用裸露的电焊线,电焊线接头必须做可靠绝缘处理。二次线侧有快速插头的电焊机,必须使用快速插头。

⑭电气设备着火时,应立即切断有关设备的电源,然后进行救火。对可能带电的设备,应使用干式灭火器、二氧化碳灭火器、1211灭火器灭火。

5.3.5 机械伤害预防措施

1)实现本质安全性

这是指采用直接安全技术措施,选择最佳设计方案,并严格按照标准制造、检验,合理地采用机械化、自动化和计算机技术,最大限度地消除危险或限制风险,实现机械本身应具有的本质安全性能。

2)采用安全防护装置

若不能或不完全能由直接安全技术措施实现安全时,可采用间接安全技术措施即为机械设备设计出一种或多种安全防护装置,最大限度地预防、控制事故发生。要注意,当选用安全防护措施来避免某种风险时,要警惕可能产生的另一种风险。

3)使用信息

若直接安全技术措施和间接安全技术措施都不能完全控制风险,就需要采用指示性安全技术措施,通知和警告使用者有关某些遗留风险。例如在机床上粘贴警示标志,在使用说明书中做出安全方面的提示等。

4)附加预防措施

附加预防措施包括紧急状态的应急措施,如急停措施、陷入危险时的躲避和援救措施,安装、运输、储存和维修的安全措施等。

5)安全管理措施

这是指建立、健全安全管理组织,制定有针对性的安全规章制度,对机械设备实施有计划的监管,特别是对安全有重要影响的关键机械设备和零部件的检查和报废处理等,选择、配备个人防护用品。

6)人员的培训和教育

绝大多数意外事故与人的行为过失有直接或间接的联系,所以应加强对员工的安全教育(包括安全法规教育、风险意识教育、安全技能教育、特种工种人员的岗位培训和持证上岗),并使其掌握必要的施救技能。

5.3.6 起重伤害的预防措施

①起重机械必须按期由具有检验资质的机构进行检验。

②起重机械应设有能从地面辨别额定荷重的铭牌,严禁超负荷作业。

③埋设于建筑物上的安装检修设备或运送物料用吊钩、吊梁等,设计时应考虑必要的安全系数,并在醒目处标出许吊的极限载荷量。

④塔式起重机应安装以下安全装置并保证良好有效:超载限制器、升降限位器和运行限位器、连锁保护装置、缓冲器等。

⑤每班第一次工作前,应认真检查吊具是否完好,并进行负荷试吊,即将额定负荷的重物

提升离地面 0.5 m 的高度,然后下降,以检查起升制动器工作的可靠性。起重机车运行前,应先鸣铃,运行中禁止吊物从人头上经过,严格执行"十不吊"。

⑥起重机械、电气设备的金属外壳、电线保护金属管、金属结构等,按电气安全要求,必须连接成连续的导体,可靠接地(接零)。通过车轮和轨道接地(接零)的起重机轨道两端应采取接地或接零保护。轨道的接地电阻,以及起重机上任何一点的接地电阻均不得大于 4 Ω。

⑦一般情况下,不得使用两台起重机共同起吊同一重物。在特殊情况下,确实需要两台起重机起吊同一重物时,重物及吊具的总质量不得超过较小一台的起吊额定质量的两倍,并应有可靠的安全措施,工厂技术负责人须在场监督。

⑧作业前应检查绳索、卡具、模板上的吊环,必须完整有效,在升降过程中应设专人指挥,统一信号,密切配合。

⑨吊运大块或整体模板时,竖向吊运不应少于 2 个吊点,水平吊运不应少于 4 个吊点。吊运必须使用卡环连接,并应稳起稳落,待模板就位连接牢固后,方可摘除卡环。

⑩吊运散装模板时,必须码放整齐,待捆绑牢固后方可起吊。

⑪严禁起重机在架空输电线路下面工作。

⑫5 级风及其以上时应停止一切吊运作业。

5.3.7 火灾事故的预防措施

①施工现场必须建立健全消防安全责任制,并成立领导小组。施工企业、工程项目部和施工班组要层层签订消防安全责任书,履行各自的消防安全管理职责。项目部应根据工程的规模配置 1 名以上的兼职消防员,有条件的工地,可以建立一支经过培训的义务消防队伍。项目部还必须建立防火制度、动火审批制度、消防安全检查制度、危险品登记保管制度、职工消防安全教育制度等,并认真贯彻落实。

②项目部要根据工程的情况,确定防火重点部位和重点环节,制订相应的措施和火灾事故应急预案,编制消防专项安全方案,绘制消防设施平面布置图,并将该图与工地的"五牌一图"放在一起。在消防设施平面布置图中,应当明确消防设施的位置、类型和数量,还应标明疏散通道。在进入施工前,还应制订防火、防爆安全计划,划分防火责任区,并落实到各班组。项目部在进行安全教育和安全技术交底时,应当将消防专项安全方案的内容和消防制度也作为培训和交底的内容,传达到每一个施工人员。

③项目部应加强现场火源的管理,严格动火审批制度。在食堂、仓库、材料堆场、木工制作场地等重点部位,应设立明显的《严禁烟火》等防火、防爆标志;易燃、易爆物品应由专人负责管理,并建立台账资料;氧气瓶、乙炔发生器等受压易爆器具,要按规定放置在安全场所,严加保管,严禁曝晒和碰撞;氧、气焊场所应远离料库、宿舍;施工现场应禁止在具有火灾、爆炸危险的场所动用明火,因特殊情况需动用明火作业的,应根据动火级别按规定办理审批手续,并应在动火证上注明动火的地点、时间、动火人、现场监护人、批准人和防火措施等内容;施工现场还应设置固定的吸烟室,杜绝游烟现象。

④配备足够数量的干粉灭火器,并指定经过培训的专人进行定期检查和保养。

⑤施工现场的电气设备应做到防雨、防潮,并根据安装部位的特点采取相应的措施。一是要正确选用电气设备,在具有爆炸危险的场所应按规范要求选用防爆电气设备,在食堂、试块养护室等潮湿场所应采用防潮灯具。二是应选择合理的安装位置,保持必要的安全距离,如照明灯具表面高温部位应当远离可燃物,碘钨灯、高压汞灯不应直接安装在可燃构件上,碘

钨灯及功率大的白炽灯的灯头线应采用耐高温线穿套管保护等。三是应按规范要求对电气设备的金属外壳等部位做可靠的接零或接地保护,防止漏电导致火灾危险。四是要加强日常维护保养,保证电气设备的电压、电流、温升等参数不超过允许值,电气设备保持足够的绝缘能力,电气连接良好,确保电气设备的正常运行。

⑥木料应堆放于下风向,离火源距离不得小于 30 m,且料场四周应设置灭火器材。

5.4 监测监控

5.4.1 监测控制

采用经纬仪、水准仪对支撑体系进行监测,主要监测体系的水平、垂直位置是否有偏移。

5.4.2 监测点设置

架体应进行位移监测,位移监测点的布置可分为基准点和位移监测点,其布设应符合下列规定:在架体的顶层、底层及不超过 5 步设置位移监测点;监测点宜设置在架体角部和四边的中部位置。

观测点采用轧丝吊重物设置,地基沉降观测点用水泥钉钉在支架变形观测点正下方基础位置。在附近已完工的墙(柱)身上作一临时水准点,采用三等水准测量观测水泥钉标高。用直尺或钢尺量测水泥钉与吊点的相对距离,即可得到相应的地基变形和支架变形。也可以按水准测量方法由一稳固的后视点观测,然后计算分析。

观测点的设置参见《模板支撑架设计施工图》。

5.4.3 监测内容

支撑架使用过程中,在以下阶段(工况)对以下部位进行沉降、位移及内力监测:

①在支撑架安装完工后,对基础进行监测。

②在模板、钢筋安装完工后,对基础、支撑架进行监测。

③在混凝土浇筑完成 60%、80%、100%后,对基础、支撑架进行监测。

④在混凝土终凝前后,对基础、支撑架进行监测。

5.4.4 监测措施

①浇筑梁板混凝土前,组织以项目技术负责人及安全部门组成的专门小组,检查支撑体系中各种坚固件的固定程度,确认符合要求后方可进行混凝土施工。

②浇筑梁板混凝土时,应由专人看护,发现紧固件滑动或杆件变形异常时应立即报告,由值班施工员组织人员,采用事前准备好的 10 t 千斤顶,把滑移部位顶回原位,并加固变形杆件,防止质量事故和连续下沉造成意外坍塌。

③当板上部有布料机等大型机械时,必须在此部位下部进行加固处理,混凝土用泵送方法运输浇筑,泵管不能直接放置在模板上,必须在模板放置铁架作为管道支撑并加固,才能作业。另外,垂直管道转弯处必须用螺栓固定。

④楼面混凝土输送管敷设应尽量减少弯管的用量及缩短管线的长度,并且每层用铁架固定在柱侧,楼面用软弹性的材料(如轮胎等)做钢管的支垫。同时,为解决混凝土输送泵水平力对模板支顶系统稳定的影响,在支顶各楼层周边加水平杆顶在周边梁侧。

⑤浇筑顺序为剪力墙、柱、梁板;浇筑范围应从剪力墙、柱开始,分层浇筑、振捣,再主楞、次梁、板向同一个方向分层浇筑、振捣。进行混凝土浇筑前,必须等下部支撑楼板混凝土强度达到要求时才可进行上部高支模部位混凝土浇筑。

⑥仪器设备配置及监测。仪器设备配置详见表5.4。

表5.4 仪器设备配置

名称	规格	数量	精度
电子经纬仪	科维	1	
精密水准仪		1	±2″
全站仪	科维	1	±2″,最大允许误差±20″
对讲机		3	
检测扳手		1	

班组每日进行安全检查,项目部进行安全周检查,公司进行安全月检查。模板工程日常检查以下重点部位:

a.杆件的设置和连接,连墙件、支撑,剪刀撑等构件是否符合要求。

b.连墙件是否松动。

c.架体是否有不均匀沉降,垂直度偏差是否符合要求。

d.施工过程中是否有超载现象。

e.安全防护措施是否符合规范要求。

f.支架与杆件是否有变形现象。

⑦监测频率。架体使用过程中,位移检测频率不应少于每日一次,内力监测频率不应少于2 h一次。监测数据变化量较大或速率加快时,应提高监测频率。

在浇筑混凝土过程中要实时监测,一般监测频率不宜超过20~30 min一次,在混凝土实凝前后及混凝土终凝前至混凝土7 d龄期要实施实时监测,终凝后的监测频率为每天一次。

⑧监测预警值。监测报警值应采用监测项目的累积变化量和变化速率值进行控制,并应满足表5.5的规定。当超出预警值范围时,立即进行加固处理,监测数据超过预警值时必须启动应急预案,立即停止浇筑混凝土,疏散人员,并及时进行加固处理。

表5.5 监测报警值

监测指标	限值
内力	设计计算值
内力	近3次读数平均值的1.5倍
位移	水平位移量:$H/300$
位移	近3次读数平均值的1.5倍

注:H为支撑结构高度。

5.5 应急救援预案

5.5.1 应急指挥机构及职责

项目应急救援指挥组织机构见图5.2,救援电话见表5.6。

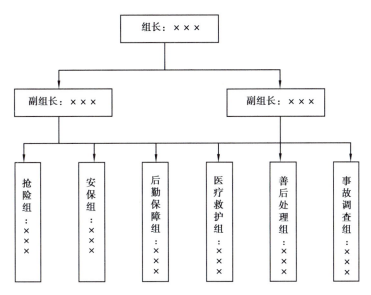

图 5.2 项目应急指挥组织机构图

表 5.6 救援电话列表

最近求援电话					
医院			电话		
公安局			110		
公司安全部电话			×××-××××××××		
急救电话	120	火警	119	交通事故	122	匪警	110
指挥小组联系电话					
组长:×××		副组长:×××		副组长:×××	

应急救援领导小组职责如下:

①项目经理是应急救援领导小组的第一负责人,担任组长,负责紧急情况处理的指挥工作。成员分别由商务经理、生产经理、项目书记、总工程师、机电经理组成。安监部长是应急救援第一执行人,担任副组长,负责紧急情况处理的具体实施和组织工作。

②施工负责人是坍塌事故、高处坠落事故、电焊伤害事故、车辆火灾事故、交通事故、火灾及爆炸事故、机械伤害事故应急第二负责人,分别负责相应事故救援组织工作的配合工作和事故调查的配合工作。

③技术负责人是应急救援的第三责任人,负责通信联络,是后勤保障和善后组的牵头人。

④抢险组:组长由项目经理担任,成员由安全员、施工员组成。主要职责是:组织实施抢险行动方案,协调有关部门的抢险行动;及时向指挥部报告抢险进展情况。

⑤安全保卫组:组长由安全员担任,成员由项目质检员及保卫人员组成。主要职责是:负责事故现场的警戒,阻止非抢险救援人员进入现场,负责现场车辆疏通,维持治安秩序,负责

保护抢险人员的人身安全。

⑥后勤保障部:组长由项目材料员担任,成员由项目库管员、食堂员工组成。主要职责是:负责调集抢险器材、设备;负责解决全体参加抢险救援工作人员的食宿问题。

⑦医疗救护组:组长由项目卫生所医生组成,成员由卫生所护士、救护车队队员组成。主要职责是负责现场伤员的救护等工作。

⑧善后处理组:组长由项目经理担任,成员由项目领导班子组成。主要职责是:负责做好对遇难者家属的安抚工作,协调落实遇难者家属抚恤金和受伤人员住院费问题;做好其他善后事宜。

⑨事故调查组:组长由项目经理、公司责任部门领导担任,成员由项目安全部长、公司相关部门领导、公司有关技术专家组成。主要职责是:负责对事故现场的保护和图纸的测绘,查明事故原因,确定事件的性质,并提出应对措施,如确定为事故,提出对事故责任人的处理意见。

5.5.2　处置程序

事故应急响应流程如图5.3所示。

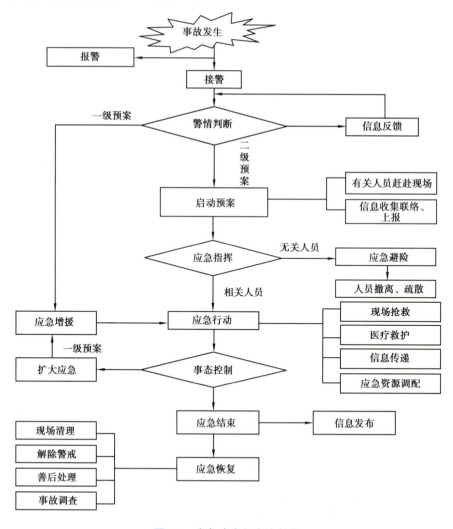

图 5.3　应急响应程序流程图

1)事故报告

①模板坍塌事故发生后,事故单位必须以最快捷的方法,立即将所发生的事故的情况按"分级管理、分级响应"的原则,在规定的时间内报告项目部主管部门、项目业主,同时还要按照规定报告当地政府相关部门。事故报告应包括以下内容:

a.事故发生的时间、地点。

b.事故的简要经过、伤亡人数、直接经济损失和初步估计。

c.事故原因、性质的初步判断。

d.事故抢救处理的情况和采取的措施。

e.需要有关部门和单位协助事故抢救和处理的有关事宜。

f.事故的报告单位、签发人和时间。

②模板坍塌事故发生后,必须分事故情况严重程度按照以下相关要求上报:

a.现场发生未构成人员死亡的一般性紧急事故(事件),项目部均要在24 h内以电话、传真、书面等速报形式,报告公司主管部门,并通过当月相关报表报告。

b.现场发生死亡、多人伤亡的紧急事故(事件),项目部均要在1 h内以电话、传真、书面等速报形式,报至公司安全质量部和主管部门,并通过当月相关报表报告。

c.现场发生重、特大紧急事故(事件),项目部均要在1 h内以电话、传真、书面等速报形式,报至公司安全质量部和主管部门,并通过当月相关报表报告。

d.事故(事件)报告内容,必须按照施工企业事故处理办法的有关规定执行。

e.对于报告的重、特大事故,项目部安全质量部要立即报告项目部经理。同时,项目部安全质量部还要立即报告公司主管部门和当地政府有关部门。

2)应急响应的原则

紧急情况发生后,发现人应立即向应急救援小组成员报警:内部报警需要说明出事地点、出事情况、报警人姓名;外部报警需要说明出事地点、单位、电话、事态现状、报告人姓名、单位、地址和电话。

3)应急响应

①当重大事故发生后,应急救援小组组长或成员接到通知后,立即通知其他相关的领导,控制事故扩大,应急救援小组成员应在第一时间内赶赴现场。

②应急小组应有条不紊、正确有效地组织相关人员进行救援、现场人员的疏散、事故现场的保护及事故情况的控制,立即组织自救队伍实施自救。

③应急小组组长应组织相关人员,对现场的受伤者或受到严重危险源影响的人员进行救援。若事发部门不能控制事故的扩大或抢救伤者,应立即拨打119及120报警,并派人到路口接警。

④在急救过程中,遇到威胁人身安全情况时,应首先确保人身安全,迅速组织人员脱离危险区域/场所,再采取紧急措施;应密切配合专业救护人员做好急救工作。

⑤在紧急情况下,要疏通事发道路,保障救援的顺利进行,现场负责人应派专人保护好现场。

⑥应急小组成员及其他管理人员应协助小组组长进行现场的指挥、救援、通信、车辆使用

等工作。

5.5.3 应急处置措施

1）坍塌事故及造成人员伤亡时的应急措施

①坍塌事故发生时，应安排专人及时切断有关闸门，并对现场进行声像资料的收集。发生后立即组织抢险人员在半小时内到达现场。根据具体情况，采取人工和机械相结合的方法，对坍塌现场进行处理。抢救中如遇到坍塌巨物，人工搬运有困难时，可调集大型的吊车进行调运。在接近边坡处时，必须停止机械作业，全部改用人工扒物，防止误伤被埋人员。现场抢救中，还要安排专人对边坡、架料进行监护和清理，防止事故扩大。

②事故现场周围应设警戒线。

③统一指挥、密切协同的原则。坍塌事故发生后，参战力量多，现场情况复杂，各种力量需在现场总指挥部的统一指挥下，积极配合、密切协同，共同完成。

④以快制快、行动果断的原则。鉴于坍塌事故有突发性，在短时间内不易处理，处置行动必须做到接警调度快、到达快、准备快、疏散救人快，达到以快制快的目的。

⑤讲究科学、稳妥可靠的原则。解决坍塌事故要讲科学，避免急躁行动引发连续坍塌事故。

⑥救人第一的原则。当现场遇有人员受到威胁时，首要任务是抢救人员。

⑦伤员抢救立即与急救中心和医院联系，请求出动急救车辆并做好急救准备，确保伤员得到及时医治。

⑧事故现场取证救助行动中，安排人员同时做好事故调查取证工作，以利于事故处理，防止证据遗失。

⑨自我保护。在救助行动中，抢救机械设备和救助人员应严格执行安全操作规程，配齐安全设施和防护工具，加强自我保护，确保抢救行动过程中的人身安全和财产安全。

2）发生高处坠落事故的抢救措施

①救援人员首先根据伤者受伤部位立即组织抢救，促使伤者快速脱离危险环境，送往医院救治，并保护现场，察看事故现场周围有无其他危险源存在。

②在抢救伤员的同时迅速向上级报告事故现场情况。

③抢救受伤人员时几种情况的处理如下：

a.如确认人员已死亡，立即保护现场。

b.如发生人员昏迷、伤及内脏、骨折及大量失血：立即联系120、999急救车或距现场最近的医院，并说明伤情。为取得最佳抢救效果，还可根据伤情送往专科医院。外伤大出血：急救车未到前，现场采取止血措施。骨折：注意搬运时的保护，对昏迷、可能伤及脊椎、内脏或伤情不详者一律用担架或平板，禁止用搂、抱、背等方式运输伤员。

c.一般性伤情送往医院检查，防止破伤风。

3）触电事故应急处置

①截断电源，关上插座上的开关或拔除插头。如果够不着插座开关，就关上总开关。切勿试图关上那件电器用具的开关，因为可能正是该开关漏电。

②若无法关上开关，可站在绝缘物上，如一叠厚报纸、塑料布、木板之类，用扫帚或木椅等

将伤者拨离电源,或用绳子、裤子或任何干布条绕过伤者腋下或腿部,把伤者拖离电源。切勿用手触及伤者,不要用潮湿的工具或金属物质把伤者拨开,也不要使用潮湿的物件拖动伤者。

③如果患者呼吸心跳停止,可做人工呼吸和胸外心脏按压。切记不能给触电的人注射强心针。若伤者昏迷,则将其身体放置成卧式。

④若伤者曾经昏迷、身体遭烧伤,或感到不适,必须打电话叫救护车,或立即送伤者到医院急救。

⑤高空出现触电事故时,应立即切断电源,把伤者抬到附近平坦的地方,立即对伤者进行急救。

4)火灾事故应急处置

①紧急事故发生后,发现人应立即报警。一旦启动本预案,相关责任人要以处置重大紧急情况为压倒一切的首要任务,绝不能以任何理由推诿拖延。各部门、各单位之间必须服从指挥、协调配合,共同做好工作。因工作不到位或玩忽职守造成严重后果的,要追究有关人员的责任。

②项目部在接到报警后,应立即组织自救队伍,按事先制订的应急方案立即进行自救;若事态情况严重,难以控制和处理,应立即在自救的同时向专业队伍求援,并密切配合救援队伍。

③疏通事发现场道路,保证救援工作顺利进行;疏散人群至安全地带。

④在急救过程中,遇有威胁人身安全情况时,应首先确保人身安全,迅速组织脱离危险区域或场所后,再采取急救措施。

⑤切断电源、可燃气体(液体)的输送,防止事态扩大。

⑥安全总监为紧急事务联络员,负责紧急事故的联络工作。

⑦紧急事故处理结束后,安全总监应填写记录,并召集相关人员研究防止事故再次发生的对策。

⑧紧急情况下上下通道的使用。

5)机械伤害事故应急处置

①发生各种机械伤害时,应先切断电源,再根据伤害部位和伤害性质进行处理。

②根据现场人员被伤害的程度,一边通知急救医院,一边对轻伤人员进行现场救护。

③对重伤者不明伤害部位和伤害程度的,不要盲目进行抢救,以免引起更严重的伤害。

④迅速确定事故发生的准确位置、可能波及的范围、设备损坏的程度、人员伤亡等情况,根据不同情况进行处置。

⑤划出事故特定区域,非救援人员、未经允许不得进入特定区域。迅速核实塔式起重机上作业人数,如有人员被压在倒塌的设备下面,要立即采取可靠措施加固四周,然后拆除或切割压住伤者的杆件,将伤员移出。

6)物体打击事故应急处置

①抢救受伤害者。

②检查事故现场,消除隐患,疏散无关人员,防止事故后续发生。

③设立警戒线,保护事故现场,若为抢救受伤害者需要移动现场某些物体,必须做好现场

标志。

④立即报告。

7)起重伤害事故应急处置

①发生物体打击事故,应马上组织抢救伤者,首先观察伤者的受伤情况、部位、伤害性质,如伤员发生休克,应先处理休克。遇呼吸、心跳停止者,应立即进行人工呼吸和胸外心脏按压。处于休克状态的伤员,要让其安静、保暖、平卧、少动,并将下肢抬高20°左右,尽快送就近医院进行抢救治疗。

②出现颅脑损伤,必须维持呼吸道通畅。昏迷者应平卧,面部转向一侧,以防舌根下坠或分泌物、呕吐物吸入,发生喉阻塞。有骨折者,应初步固定后再搬运。遇有凹陷骨折、严重的颅底骨折及严重的脑损伤症状出现,创伤处用消毒的纱布或清洁布等覆盖伤口,用绷带或布条包扎后,及时送就近有条件的医院治疗。

5.6 应急疏散、应急救援路线

①应急疏散路线:如遇模板坍塌、火灾等事故或征兆时,处于事故现场的人员应及时采取措施,按照疏散标示、标牌就近撤退至安全区域。应急疏散路线如图5.4所示。

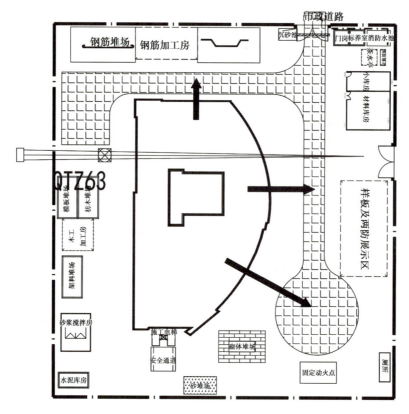

图5.4 应急疏散路线图

②应急救援路线:施工过程中一旦发生人员伤亡的紧急情况,应按照图5.5所述的路线进行应急抢救。

图 5.5　应急救援路线图

6.施工管理及作业人员配备分工

6.1　安全管理人员和特种作业人员计划

本项目模板支撑体系施工的安全管理人员和特种作业人员配备详见表6.1。

表 6.1　安全管理人员和特种作业人员计划

序号	姓名	岗位	证书编号		有效期
1	×××	项目经理	注册证	渝 1500××××847	2020-×-×
			B 证	渝建安 B（2007）××××66	2020-×-×
2	×××	技术负责人	—	—	—
3	×××	安全员	C 证编号	渝建安 C（2007）×××××85	2020-×-×
4	×××	安全员	C 证编号	渝建安 C（2013）××××42	2020-×-×
5	×××	安全员	C 证编号	渝建安 C（2013）××××64	2020-×-×
6	×××	电工	操作证编号	T51222××××××××××	2020-×-×
7	×××	电工	操作证编号	T51022××××××××××	2020-×-×
8	×××	塔吊工	操作证编号	渝 A04201×××××××	2020-×-×
9	×××	塔吊工	操作证编号	渝 A04201×××××××	2020-×-×
10	×××	指挥工	操作证编号	渝 A03201×××××××	2020-×-×
11	×××	指挥工	操作证编号	渝 A03201×××××××	2020-×-×

续表

序号	姓名	岗位	证书编号		有效期
12	×××	架子工	操作证编号	T50011××××××××××××	2020-×-×
13	×××	架子工	操作证编号	T51022××××××××××××	2020-×-×
14	×××	架子工	操作证编号	T52212××××××××××××	2020-×-×
15	×××	架子工	操作证编号	T51022××××××××××××	2020-×-×
16	×××	架子工	操作证编号	T51022××××××××××××	2020-×-×

6.2　作业工人计划

本项目模板支撑体系施工的主要工种劳动力配备详见表6.2。

表6.2　主要工种劳动力配备表

序号	工种	数量	备　注
1	模板工	40	
2	钢筋工	25	
3	混凝土工	12	
4	石工	2	
5	试件工	1	
6	普工	10	

7.验收要求

7.1　验收标准

序号	验收标准依据文件	规范/图纸编号	指导验收内容
1	施工蓝图		架体搭设区域、高度
2	施工组织设计		架体搭设方案
3	模板工程专项施工		指导施工
4	《建筑施工模板安全技术规范》	JGJ 162—2008	检查、验收
5	《建筑施工脚手架安全技术统一标准》	GB 51210—2016	检查、验收
6	《建筑施工扣件式钢管脚手架安全技术规范》	JGJ 130—2011	检查、验收
7	《危险性较大的分部分项工程安全管理规定》	住房城乡建设部 37号令	检查、验收

续表

序号	验收标准依据文件	规范/图纸编号	指导验收内容
8	《住房城乡建设部办公厅关于实施〈危险性较大的分部分项工程安全管理规定〉有关问题的通知》	建办质〔2018〕31 号	检查、验收
9	《重庆市危险性较大的分部分项工程安全管理实施细则》	渝建发〔2022〕110 号文	检查、验收
10	《关于加强我市建筑施工用脚手架钢管与扣件送样检测工作的通知》	渝建安发〔2016〕3 号	检查、验收
11	《××××集团有限公司关于危险性较大的分部分项工程安全专项施工方案管理办法》	××××集发〔2018〕253 号	检查、验收

7.2 验收程序及人员

7.2.1 验收程序

①危大工程验收按照住房城乡建设部办公厅关于实施《危险性较大的分部分项工程安全管理规定》有关问题的通知[建办质〔2018〕31 号]相关要求执行。

②施工的检查验收必须执行"三检制",即:工程完工后班组自检,自检合格后报施工段施工员及质量员检查,施工段施工员及质量员检查合格后,报项目部项目技术负责人及项目经理检查,合格后报项目部专业监理工程师及总监理工程师验收签认。

③上道工序未检查验收通过之前严禁进入下道工序的施工。

④模板及其支撑体系验收程序依次如下:

a.班组自检;

b.施工员过程控制及检查;

c.专职质检员检查和安全员检查;

d.项目经理、技术负责人组织项目部相关人员检查验收;

e.公司技术负责人或授权委派的专业技术人员验收;

f.监理单位项目总监及专业监理工程师验收;

g.建设单位项目负责人验收。

7.2.2 验收人员

由于本工程混凝土模板及支撑工程支撑架属于危险性较大的分部分项工程范围(超过一定规模的危险性较大的分部分项工程,按照建办质〔2018〕31 号文件和渝建安发〔2022〕110 号文要求另行编制专项方案经论证后方可实施),危大工程验收人员包括:

a.总监理工程师;

b.专业监理工程师;

c.总包单位项目经理;

d.总包单位项目技术负责人;

e.总包单位安全总监;

f.总包单位质量工程师;

g.建设单位项目负责人；

h.建设单位现场代表。

7.3 验收内容

7.3.1 支撑架主要验收内容

①支撑架材料是否符合规范及方案要求，是否合格。

②模板安装是否符合该工程模板设计和技术措施的规定。支撑架的搭设参数是否符合方案要求。

③模板的支承点及支撑系统是否可靠和稳定，支撑紧固情况是否满足要求。

④预留件的规格、数量、位置和固定情况是否正确可靠，应逐项检查验收。

⑤支撑架模板上施工荷载是否符合要求。

⑥在模板上运输混凝土或操作是否搭设符合要求的走道板。

⑦作业面孔洞及临边是否有防护措施。

⑧垂直作业是否有隔离防护措施。

⑨架子工是否持证上岗。

⑩临时用电是否满足《施工现场临时用电安全技术规范》。

⑪支撑架基础是否满足设计要求。

⑫验收合格后方可浇筑混凝土，并做好模板验收记录。

7.3.2 模板支架验收

支撑架在原材料进场、基础施工完毕、架体搭设完成、安全设施安装完毕、预压实验完毕（如有）等各阶段验收合格的基础上在浇筑混凝土前，对支撑架进行全面验收以确保架体的使用安全，且经相关技术人员签字确认后方可浇筑混凝土。

现浇结构模板安装的允许偏差及检查方法

项目		允许偏差/mm		检查方法
		国家规范标准	合格结构标准	
轴线位置		5	3	钢尺检查
底模上表面标高		±5	±3	水准仪或拉线钢尺检查
截面内部尺寸	基础	±10	±8	钢尺检查
	柱、墙、梁	+5，−5	±3	钢尺检查
层垂直高度	不大于6 m	8	5	经纬仪或吊线、钢尺检查
	大于6 m	10	8	经纬仪或吊线、钢尺检查
相邻两板表面高低差		2	1	钢尺检查
表面平整度		5	3	2 m靠尺和塞尺检查

地基基础标准

项目		一般质量要求
地基基础	表面	地基表面应坚实平整
	排水	地基表面不得积水,排水设施完备、畅通
	垫板	土层地基上设置厚度不小于5 cm,宽度不小于20 cm 的木垫板,至少跨跃两跨立杆,不晃动
	底座	地基表面有高差时,应设置可调底座调整,底座不得沉降

支撑架搭设的技术要求与允许偏差

序号	项目			一般质量要求	
1	支架立杆间距、水平杆步距尺寸偏差			距离	偏差
				纵距	±30 mm
				横距	±30 mm
				步距	±20 mm
2	立杆的垂直偏差			架高	偏差
				$H=2$ m	±7 mm
				$H=10$ m	±30 mm
				$H=20$ m	±60 mm
				$H=30$ m	±90 mm
3	纵、横向水平杆的水平偏差			一根杆的两端	±20 mm
				同跨内两根纵向水平杆	±10 mm
4	节点处相交杆件的轴线距节点中心距离			≤150 mm	
5	相邻立杆接头位置			相互错开,设在不同的步距内,且隔跨布置,相邻接头的高度差应>500 mm,接头距节点应不大于步距的1/3	
6	相邻纵、横向水平杆接头位置			相互错开,设在不同的步距和跨距内,相邻接头的水平距离应>500 mm,接头距立杆应不大于立杆纵(横)距的1/3	
7	剪刀撑与地面夹角以及与地面抵紧程度			剪刀撑斜杆应与地面抵紧,与地面夹角40°~60°	
8	杆件搭接	杆别	搭接长度	连接要求	
		剪刀撑	>1 m	采用不少于2个旋转扣件固定在水平杆或立杆上,旋转扣件中心线至节点距离不应大于150 mm	
		水平杆		等间距设置3个旋转,端部扣件盖板边缘至搭接水平杆杆端距离不小于100 mm	

续表

序号	项目		一般质量要求
9	节点连接	扣件式钢管脚手架	拧紧扣件螺栓,其拧紧力矩应不小于40 N·m,且达到65 N·m时不得破坏

支架搭设允许偏差

项目		允许偏差/mm
垂直度	每步架	$h/1\ 000$ 且±5
	支架整体	$H/600$ 且±15
水平度	一跨距内水平架两端高差	$±l/600$ 且±5
	支架整体	$±L/600$ 且±15

注:h—步距;H—支架高度;l—跨距;L—支架长度。

扣件拧紧抽样检查数目及质量判定标准

抽检项目	安装扣件数量/个	抽检数量/个	允许不合格数量/个
连接立杆与纵(横)向水平杆或剪刀撑的扣件;接长立杆、纵向水平杆或剪刀撑的扣件	51~90	5	0
	91~150	8	1
	151~280	13	1
	281~500	20	2
	501~1 200	32	3
	1 201~3 200	50	5

扣件质量检验要求

项次		检查项目	要求
新扣件	1	产品质量合格证,生产许可证,专业检测单位的测试报告	必须具备
	2	表面质量及性能	应符合技术要求(2)~(6)的规定
	3	螺栓	不得滑丝
旧扣件	4	同新扣件的项次2、3	

模板支架与方案符合性检查验收表

项目名称			搭设部位		
搭设班组			班组长		
操作人员持证人数			证书符合性		
安全专项方案编审程序符合性			技术交底情况	安全交底情况	
架体构配件	进场前质量验收情况				
	材质、规格与方案的符合性				
	使用前质量检测情况				
	外观质量检查情况				
检查内容			实测抽查合格率(不低于90%)抽查率不低于30%		结论
地基承载力与方案的符合性					
支承层传力构造与方案的符合性					
立杆	梁底纵、横向间距				
	梁底支撑纵横杆是否完整				
	板底纵、横向间距				
步距	自由端长度与方案的符合性				
	顶步架步距与方案的符合性				
	非顶步步距与方案的符合性				
剪刀撑	竖向剪刀撑与方案的符合性				
	水平剪刀撑与方案的符合性				
可调顶托	外伸长度≤200 mm				
	插入立杆深度≥150 mm				
主次梁	板模主次梁构造与方案的符合性				
	梁模主次梁构造与方案的符合性				
施工单位检查结论	结论: 项目技术负责人: 项目经理:				
监理单位验收结论	专业监理工程师: 总监理工程师:				
建设单位验收结论	现场代表: 项目负责人: 验收日期:　　年　　月　　日				

高大模板支架安全要点检查表

工程名称				支架材质	钢管	
施工单位			监理单位			
资料检查						
有专项施工方案	☐	不少于5人的专家组论证专项施工方案并出具论证意见	☐	论证后经修改的方案	经施工企业技术负责人批准	☐
					经总监理工程师批准	☐
有计算书(纵横两向立杆间距、步高取值,立杆稳定计算或可以不计算的说明)	☐			有技术交底记录		☐
现场检查						
保证支架内容稳固的措施	设置纵横两向扫地杆,扫地杆位置有水平剪力撑		☐	外连装置设置	梁底位置、每楼层(或沿柱高每≤4m)设抱柱装置,危险区域每步高设抱柱装置	☐
	沿立杆每步均设置纵横水平杆且纵横两向均不缺杆		☐			
	设置纵横两向封顶杆,封顶杆位置有水平剪力撑		☐		每楼层设连板装置	☐
	竖直方向沿纵向全高全长从两端开始每≤4m设一道剪力撑	剪力撑倾角45°～60°,跨越5~7条杆,宽度≥6m	☐		连墙装置在水平剪力撑位置上设置(禁止在砌体上设置)	☐
	竖直方向沿横向全高全长从两端开始每≤4m设一道剪力撑		☐		在无墙无板处设连梁装置	☐
	水平方向沿全平面每≤4.5m高设一道剪力撑,架顶部位加密水平剪力撑		☐		在无法采用以上4种方法处设辅助装置	☐
立杆支承	支于地面时,必须在混凝土地面上支立杆,支承面的处理符合规定	建筑物悬挑部分的模板支架	☐	立杆支在混凝土地面上,支承面的处理符合规定		☐
	支于楼面时加支顶,需支顶层数由验算定,但不少于1层		☐	从楼面(悬臂结构除外)挑出型钢梁作上层作业平台的立杆支座,型钢梁搁置在楼板上的长度与挑出长度之比≥2,型钢梁与楼面接触部分的首尾两端均与结构有可靠锚固、保证立杆不滑移的限位装置,型钢梁平面外约束		☐
	伸出长度:可调底座不大于300 mm;可调顶托不大于200 mm		☐			

续表

现场检查				
禁止事项	支承梁的立杆应对接,禁止搭接	☐	水平杆在禁止区域内,禁止对接	☐
	禁止用钢管从楼层挑出作为立杆支座	☐	禁止从外脚手架中伸出钢管斜支悬挑的模板	☐
	禁止使用叠层搭设的木材支撑体系	☐	禁止用水平杆相互扣接代替水平杆与立杆扣接	☐
	禁止用木杆接长作立杆	☐	禁止输送混凝土的泵管与支架连结	☐
	禁止不同形式的钢管支架、钢材木材支架混用			☐
其他	立杆间距、水平杆步高符合要求	☐	截面高度1 m及以上的梁的支承情况	☐
	扣件螺栓拧紧符合规定	☐	格构框架体系设置	☐
检查结论	☐1 通过　☐2 整改 ☐3 停止搭设 整改或停止范围如下:		检查单位:施工☐　监理☐ 检查人: 　　　　　年　　月　　日	

扣件拧紧抽样检查表

检查日期　　　年　　月　　日

工程名称				支架所在部位		
抽样部位	安装扣件数量/个	规定抽检数量/个	允许不合格数/个	实抽数/个	不合格数/个	所检部位质量判定
封顶杆位置及封顶杆往下一步高 h 范围内	不限	所抽部位的5%,且不少于10 个	0			合格　☐ 不合格　☐
截面高度≥1 m 并<1.2 m 的梁,承托梁底模的水平杆与立杆扣接的扣件(注5)	不限	全数	0			合格　☐ 不合格　☐

续表

抽样部位		安装扣件数量/个	规定抽检数量/个	允许不合格数/个	实抽数/个	不合格数/个	所检部位质量判定
其余部位	在 H_0 范围内抽80%, H_0 范围外抽20%	51~90	5	0			合格 □ 不合格□
		91~150	8	1			合格 □ 不合格□
		151~280	13	1			合格 □ 不合格□
		281~500	20	2			合格 □ 不合格□
		501~1 200	32	3			合格 □ 不合格□
		1 201~3 200	50	5			合格 □ 不合格□
		>3 200	n	$n/10$			合格 □ 不合格□
检查结论							
处理意见							
检查人							

注:①使用力矩扳手检查,拧紧力矩为45~65 N·m;②"其余部位"栏中,按所检支架实际安装的扣件数填写栏目;③扣件安装数量若超过3 200个,抽样数应增加;④对检查不合格的部位,应重新扣紧后再次抽样检查,直至合格。

8.应急处置措施

8.1 应急处置领导小组与职责

8.1.1 应急处置领导小组

应急救援小组成员表

救援小组内职务	姓名	职务	联系电话
组　长		项目经理	
副组长		项目总工	
副组长		项目副经理	

续表

救援小组内职务		姓名	职务	联系电话
组员	通信联络组		施工主管	
	技术处理组		质量员	
	医疗救治组		安全主管	
	抢险救援组		驾驶员	
	后勤保障组		资料主管	

8.1.2　应急小组工作职责

①应急领导小组职责:负责本单位或项目"预案"的制订和修订;组建应急救援队伍,组织实施和演练;检查督促做好重大事故的预防措施和应急救援的各项准备工作,配合各级主管部门做好事故调查处理。建设工地发生安全事故时,负责指挥工地抢救工作,向各抢救小组下达抢救指令任务,协调各组之间的抢救工作,随时掌握各组最新动态并做出最新决策,第一时间向派出所、消防队、当地医院、企业救援指挥部、当地政府安监部门、公安部门求援或报告灾情。平时应急领导小组成员轮流值班,值班者必须住在工地现场,手机24小时开通,发生紧急事故时,在项目部应急组长抵达工地前,值班者即为临时救援组长。组织事故调查和总结应急救援工作的经验教训。

②通信联络组职责:负责各救援小组的联络协调工作,及时把现场救援情况汇报给救援领导小组。

③技术处理组职责:对出现的安全事故制订必要的抢险技术措施,配合相关部门对方案进行讨论、修改、定稿,向相关人员交底并在实施中进行指导检查,随进展情况对措施进行调整,从技术角度确保应急抢险的安全实施。

④医疗救治组职责:采取紧急措施,组织人员、物资、机械设备对出现的安全事故抢险,尽一切可能抢救伤员及被困人员,防止事故进一步扩大。对抢救出的伤员,视情况采取急救处置措施,尽快送医院抢救。

⑤后勤保障组职责:负责交通车辆的调配,紧急救援物资的征集及人员的餐饮供应,指定当日值班工长进行社会车辆的接送。

8.1.3　应急救援流程

应急救援的步骤可分三步进行。

①事故发生后,现场发现人员首先应立即报警。报警可根据事态的严重性分内部报警和外部报警。

②应急救援。在发生事故或接到报警后,应立即组织人员进行救助和工程抢险。在抢险救助过程中,遇有威胁人身安全的,应首先确保人身安全,迅速组织脱离区域后,再实施紧急措施。对于危险区域要在现场设立警戒线。

③应急恢复。恢复工作应在救援行动结束后进行,使事故影响区域恢复到相对安全状态,防止二次事故的发生,再逐步恢复到正常状态。立即恢复的工作包括清理现场、人员清点和撤离、警戒解除、善后处理和事故评估。

8.2 重大危险源清单及应急措施

重大危险源清单如下:

序号	事故类型	发生场所	风险源或产生原因	预防措施
1	坍塌	脚手架区域	1.脚手架架体材料不合格; 2.脚手架架体未按方案搭设; 3.脚手架构造措施未按规范及方案设置	1.脚手架架体材料必须满足方案及规范要求,材料进场组织验收; 2.脚手架架体必须按照方案进行搭设; 3.脚手架的构造措施必须按照规范及方案设置
2	高处坠落	高处作业	1.脚手架周边无围护或围护不当造成的高空坠落; 2.作业人员未佩戴并悬挂安全带	1.按规范要求及时做好临边安全围护设施; 2.临空超过2 m作业时佩戴安全带
3	物体打击	脚手架区域	1.脚手架架体上的物体放置不当掉下造成的物体打击	1.尽量不要同区域上下操作,两人协同操作时,密切配合,加强沟通; 2.临边围护栏杆上用密目网扎牢,做好全封闭施工
4	起重伤害	脚手架区域	1.起重机械操作不当; 2.起重设备超载使用; 3.起重作业半径内无警示标志	1.严格起重机械作业人员交底; 2.严格执行"十不吊"; 3.施工现场拉设警戒线
5	触电	所有用电场所	1.工地施工用电及生活用电、配电线路不符合安全规定造成漏电; 2.电缆线老化、与使用功率不匹配造成漏电; 3.线缆接头未用绝缘胶布包扎,接头处搭接造成脱落; 4.各种电器没有防雨、防潮措施造成漏电; 5.穿越各路口明设电缆没加设防护套管而产生漏电	1.生活用电与生产用电严格分开,使用的电缆及用电设备必须符合国家有关规范要求,老化的设备及时淘汰; 2.非专业电工严禁布置任何用电线路、电器插座
6	火灾	生活区模板加工区	1.电线老化或使用不当引起火灾; 2.违规使用电器或使用了无3C认证的电器设备; 3.违章吸烟; 4.在可燃区使用明火作业	1.加强日常巡查,易燃物放至指定区域; 2.严格执行防火制度; 3.加强教育,提高工人防火意识,严禁违规用电、私拉乱接; 4.在宿舍及易燃品区放置足够的灭火器

8.3 应急措施

8.3.1 触电

①触电者伤势不重,神志清醒,但内心惊慌,四肢发麻,全身无力,或触电者在触电过程中

曾一度昏迷,但已清醒过来,救护人员则应注意保持触电者的空气流通和保暖,使触电者安静休息,不要走动,严密观察,有恶化现象时,赶快送医院救治。

②触电伤势较重者,已失去知觉,但心脏跳动和呼吸存在,救护人员应使触电者舒适、安静、温暖地平卧,使空气流通,并解开其衣服以利呼吸。

③触电者伤势严重,呼吸停止或心脏跳动停止,不可以认为已经死亡,救护人员应立即施行人工呼吸或胸外心脏按压,迅速送往医院救治,在送往医院的途中,也不能停止急救。

④如果触电者有外伤,救护人员可先用无菌生理盐水和温开水清洗伤口,设法止血,用干净的绷带或布类包扎,同时送往医院救治。

8.3.2 高空坠落、物体打击、机械伤害等创伤

①严重创伤出血及骨折人员,由救护小组人员根据现场实际情况,在医院急救人员到达之前,及时、正确地采取临时性清洁、止血、包扎、固定和运送等措施。

②止血可采用压迫止血法、绷带止血法。先抬高伤肢,用消毒纱布或棉垫覆盖伤口表面,再进行清理。

③止血后,创伤处用消毒的纱布覆盖,再用干净的绷带或布条包扎,可保护创口、减少出血,预防感染。

④对于肢体骨折现象,可借助夹板、绷带包扎来固定受伤的部位的上下两个关节,可减少伤痛,预防休克。

⑤经现场临时止血、包扎的伤员,在救护车到达后应尽快送往医院救治。在搬运伤员时,救护人员要特别注意:在肢体受伤后局部出现疼痛、肿胀、功能障碍或畸形变化,就表示有骨折存在,宜在止血、固定、包扎后再移动,以防止骨折端因移动振动而移位,继而损伤伤处附近的血管神经,使创伤加重;对于开放性骨折,应保持外露的断骨固定,若有外露的断骨回到皮肤以下时,应告知医院救护人员;在移动严重创伤伴有大量出血或休克现象的伤员时,要平卧伤员,头部可放置冰袋,路上要避免震荡,在移动高空坠落伤员时,因有椎骨受伤的可能,一定要有多人抬护,除抬上半身和腿外,一定要有专人护住腰部,这样才能不会使伤员的躯干过分弯曲或伸展,切忌只抬伤员的两肩与两腿或单肩单背运伤员,使已受伤的椎骨移动,甚至断裂造成截瘫,严重者可导致死亡。

⑥护送伤员的人,应向医生详细介绍受伤经过,如受伤时间、地点、受伤时所受暴力的大小等现场情况。高空坠落受伤还应介绍坠落高度、伤员先着地的部位或受伤的部位,着落时是否有其他阻挡或缓冲,以方便医生诊断。

8.3.3 坍塌

①坍塌事故发生后,事故现场有关人员立即向周围人员报警,同时向本单位领导报警,单位领导接到报警后,立即到达事故现场。

②有人员被坍塌架体掩埋,事故现场人员主动积极抢救被埋人员。

③单位领导到达事故现场后,立即启动应急预案,发出命令,使应急小组到达事故现场履行职责,疏散无关人员。

④现场指挥人员及时拨打急救中心电话,由医务人员现场抢救受伤人员。

⑤被埋人员被救出后,应搬运到安全地方,进行现场抢救。

8.3.4 发生火灾和爆炸事故的应急救援

①发生火灾时,立即拨打"119"报警电话和向公司质安部报告。

②迅速指挥作业人员撤离火场,搬运附近的可燃物,避免火灾区域的扩大和减少人员的伤亡和财产的损失。

③出现人员伤亡后,要马上进行施救,将伤员撤离危险区域进行救护,同时拨打120救护电话,请求援助。

④组织人员扑救火灾时,按照不同类型的火灾和爆炸,采取相应的扑救措施:

a.属于燃油类引起的火灾,采用泡沫灭火器、干粉灭火器、沙子进行扑救,不宜用水灭火;

b.属于电气设备着火,采用二氧化碳灭火器、干粉灭火器等进行扑救,同样不能用水灭火;

c.属于木材引起的火灾,可以直接采用水进行扑救。

⑤火灾初期是扑救的最佳时机,救援人员要把握好这一时机,争取在最短时间内,尽快将火扑灭。

⑥组织应急救援人员对事故区域进行保护,同时打扫和清理事故现场。

8.4 救援医院

此处略。

9.梁计算书及相关图纸

9.1 相关图纸

参见"模板支撑架设计施工图",此处略。

9.2 梁板支撑架计算书

参见"模板支撑架计算书(一)、(二)、(三)、(四)",此处略。

参考文献

[1] 中华人民共和国住房和城乡建设部. 施工脚手架通用规范：GB 55023—2022[S]. 北京：中国建筑工业出版社，2022.

[2] 中国建筑一局（集团）有限公司，等. 建筑施工临时支撑结构技术规范：JGJ 300—2013 [S]. 北京：中国建筑工业出版社，2013.

[3] 中国建筑科学研究院，等. 建筑施工扣件式钢管脚手架安全技术规范：JGJ 130—2011 [S]. 北京：中国建筑工业出版社，2011.

[4] 南通新华建筑集团有限公司，等. 建筑施工承插型盘扣式钢管脚手架安全技术标准： JGJ/T 231—2021[S]. 北京：中国建筑工业出版社，2021.

[5] 江苏兴厦建设工程集团有限公司，等. 建筑施工碗扣式钢管脚手架安全技术规范：JGJ 166—2016[S]. 北京：中国建筑工业出版社，2016.

[6] 上海市建工设计研究院有限公司，等. 建筑施工高处作业安全技术规范：JGJ 80—2016 [S]. 北京：中国建筑工业出版社，2016.

[7] 上海市安全生产科学研究所，等. 高处作业分级：GB/T 3608—2008[S]. 北京：中国标准出版社，2008.

[8] 沈阳建筑大学，等. 施工现场临时用电安全技术规范：JGJ 46—2005[S]. 北京：中国建筑工业出版社，2005.

[9] 高明远，岳秀萍. 建筑设备工程[M]. 北京：中国建筑工业出版社，2005.

[10] 李钰. 建筑施工安全[M]. 北京：中国建筑工业出版社，2019.

[11] 廖亚立. 建筑工程安全员培训教材[M]. 北京：中国建材工业出版社，2010.

[12] 王云江. 建筑工程施工安全技术[M]. 北京：中国建筑工业出版社，2015.

[13] 王海滨. 工程项目施工安全管理[M]. 北京：中国建筑工业出版社，2013.

[14] 门玉明. 建筑施工安全[M]. 北京：国防工业出版社，2012.

[15] 高向阳，陶延华. 建筑施工安全管理与技术[M].3 版. 北京：化学工业出版社，2022.

[16] 中国建筑第五工程局有限公司，等. 建设工程施工现场消防安全技术规范：GB 50720—2011[S]. 北京：中国计划出版社，2011.

[17] 江苏省华建建设股份有限公司，等. 建筑机械使用安全技术规程：JGJ 33—2012[S]. 北京：中国建筑工业出版社，2012.